商管叢書 全華圖書 BUSINESS MANAGEMENT

TECHNOLOGY MANAGEMENT

科技管理

第**5**版

財・黃廷合・賴沅暉・李沿儒・梅國忠
鴻・吳贊鐸・李漢宗・邱奕嘉

編著

全華

五版序

　　全華版「科技管理」的第五版又出版了，感謝全華圖書公司大專事業群主管們及編輯同仁之努力。在改版過程中，經充分討論與精心設計，並配合現代科技與管理跨領域學習之需求，增加現代創新科技正推動的議題，祈所有讀者更喜歡「科技管理」之學理與應用。茲將本版的特色說明如下：

一、全書進行統整並重新定位，更新第15章及新個案，適合大專院校各學系一學期3學分課程使用。

二、更新個案之後，讓個案的意涵與時俱進，並在每一個案附有「討論與活動」之設計。

三、在每一章章首設計「學習指引」之圖解表，讓每位讀者很清楚瞭解本章的學習要項與方向。章末增加「學習心得」之圖解表，給予讀者在學後有重整本章重點與自我評量的機會。

四、在本書後面，亦特別設計「學後評量」的隨堂測驗試題，可以依摺頁線取下，方便教師與學習者使用。

五、本書在各章加入數張與本章相關的照片、以活潑本書，讓本版有圖文並茂的感覺。

六、本版亦加強教學之方便性，重視教學媒體的呈現，結合現代科技的進步，生動的科技報導融入科技管理議題中。

　　最後，本版可以再順利進行，特別感謝李漢宗教授、李沿儒教授、梅國忠教授為第15章更新付出心力，非常感謝。誠盼喜愛本書的各位師長同學，能繼續支持與愛護，敬盼第五版更新及更完美的呈現。但疏漏之處，在所難免，尚祈各界賢達之士，不吝指教，企盼之至。

黃廷合 謹識

中國科技大學講座教授

2019年11月

目錄

第4章

科技規劃與評估

第5章

技術創新與產品開發

第6章

創新策略與管理

目錄

目録

第13章

策略聯盟與生態系統

第14章

科技前瞻與影響評估

第15章

人工智慧、物聯網、大數據、工業4.0

第16章

綠色產業開發與設計

學後評量

CHAPTER

01

科技管理演變與影響

Technology Management

學習指引

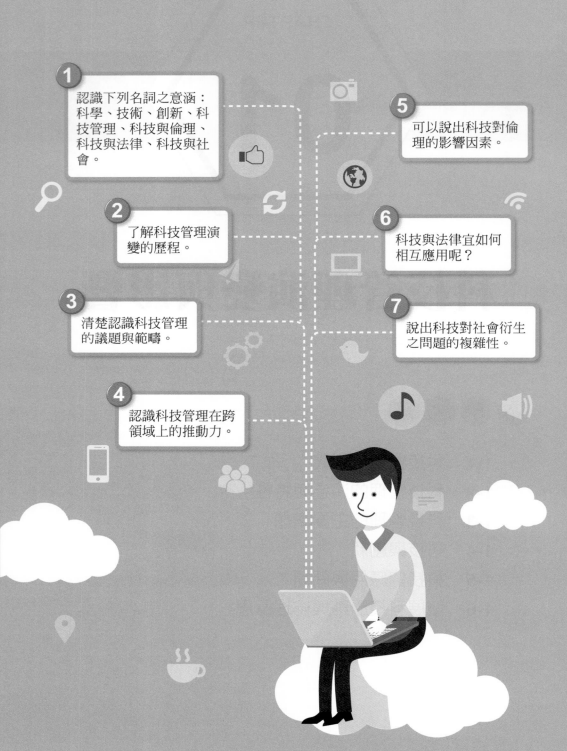

1. 認識下列名詞之意涵：科學、技術、創新、科技管理、科技與倫理、科技與法律、科技與社會。

2. 了解科技管理演變的歷程。

3. 清楚認識科技管理的議題與範疇。

4. 認識科技管理在跨領域上的推動力。

5. 可以說出科技對倫理的影響因素。

6. 科技與法律宜如何相互應用呢？

7. 說出科技對社會衍生之問題的複雜性。

科管最前線

臺灣IC之父　張忠謀：第三個數位時代來了

　　張忠謀博士是臺灣積體電路公司（簡稱臺積電）創辦人，在1987年左右創辦臺積電，至今已有30年餘，於2019年5月24日在交通大學全球校友商界領袖峰會發表演講。他指出：現在正開始第三個數位時代，最重要的是物聯網（IOT）與人工智慧（AI）。自2020年至2045年的25年將看到物聯網與人工智慧廣泛之應用，並改善各項生活及生產技術，將導致貧富差距可能擴大。現代政府應設法從教育全面改善，培養有足夠技術、終身學習與思考的現代年輕人。

　　張忠謀博士將數位時代分為三個階段：第一階段（1980年至1995年），是IBM宣布進入電腦市場時代，稱為數位時代的先驅。第二階段（1995年至2020年）是手機的時代，改變了幾十億人的生活及工作方式。第三階段（2020年開始，例如：2020年至2045年），是正在展開的第三個數位時代，AI將會取代很多價值，而很少人能無可取代。人們可能會有工作，但未必利用到人的潛力或既有技能，可能只能拿低薪，拉大社會貧富差距，這對社會和諧與穩定，帶來很大危險。

　　張忠謀博士認為：在第三個數位時代來臨時，應當從教育著手，由政府主導教學系統，培育下一代年輕人具有足夠技術，更具備有終身學習的習慣。不只是活到老學到老，而是要有系統、有計劃、有紀律的終身學習。

　　何謂有系統學習呢？張忠謀博士認為是：有系統就是規劃，今年或是未來五年要學什麼？例如他是機械碩士，但第一個工作是半導體相關，所以他的第一個終身學習系統就是半導體技術，每天晚上讀二、三個小時的書，這個系統維持好幾年。之後他的終身學習系統陸續轉到半導體物理、管理與會計、世界經濟、企業文化等領域。而這些教育改革應該是從小學開始，過幾年陸續再改中學、大學等，並要重視學用落差，特別注意到產學一體，學以致用。

資料來源：經濟日報2019.5.25，A5版，鐘慧玲撰

活動與討論

1. 請敘述數位時代的三大階段，並說明每一個階段的特色。

2. 請討論臺灣半導體之父張忠謀博士，建議的教育與終身學習系統之內涵為何？做法要注意哪些要領？

1-1　科技管理的定義

本節針對科技管理的定義進行探討，期望協助讀者了解科技管理的重要。

一、科技管理的定義

科學乃是指對自然現象的探究，而技術則是指應用系統化的知識以達成特定的目的。接下來的問題是，如何管理科技？意即科技管理（Management of Technology, MOT）的定義為何？科技管理乃是包含了科技與管理兩部分，意即如何透過管理的方法，使科技的開發、運用與擴散能對組織帶來最大的利潤。Khalil（2000）指出，所謂的科技管理即是在研究如何管理科技的創造、取得以及開發技術的系統，以創造出最大價值。由此可知，科技管理的核心在於「科技」，意即透過科技的運用為組織創造最大的價值。在科技管理的領域中，科技是價值創造中最具影響力的因素。而科技管理可分為國家、組織、以及個人層次。在國家／政府層次（整體面），科技管理提供適切的政府政策；在企業層次中（個體面），科技管理幫助組織建立和維持競爭優勢；在個人層次中，科技管理則是提供個人如何增加其社會價值。美國國家研究委員會（NRC）在1987年的報告中將科技管理定義為：「科技管理是一個涵蓋科技能力的規劃、發展和執行，並用以規劃和完成組織的營運和策略目標的跨學科領域。」

但是，一般人常會以為科技管理僅適用於高科技產業，對於傳統產業或是流通業等是不適用的。事實上這是一個很嚴重的誤解，任何的產業與企業皆需使用到技術，即便是百貨服務業，其差異僅在於技術的形態與類型有所不同而已。技術的引進與利用對大部分企業的經營績效皆有相當重大的影響。因此，科技的管理對企業競爭力的提升扮演著重要的角色。也就是說，當技術是驅動企業成長的關鍵時，經營者必須思索如何掌握技術的優勢，並進一步研究如何將此優勢化為公司整體競爭力，這一連串的思維與議題都屬於科技管理的範疇。因此，任何產業，包括傳統產業也需要科技管理，也因為此種特性，科技管理是一門結合各種知識，諸如科學、工程學、管理知識，理論與實務並重的跨領域學科。

過去由於科技管理是解決美國競爭力的一個重要關鍵，因此美國國家研究委員會在1986年的專題研討會中提出，科技管理是一種隱性的競爭優勢，並建議採取相關的措施以深入了解科技管理的策略價值。美國國家研究委員會的研討會報告中，定義了產業對於科技管理需求包含以下幾點：

1. 如何整合科技和企業的**整體策略目標**。
2. 如何能更快且更有效的引進和導出技術。
3. 如何能更有效評估科技的價值。
4. 如何能完成最佳的技術移轉。
5. 如何縮短新產品開發的時程。
6. 如何管理一個大型且複雜的跨組織專案和系統。
7. 如何管理組織內部對於科技的運用。
8. 如何有效分配科技專業人員。

二、科技管理的構面

Betz（1998）將科技管理區分成兩個構面：

1. 管理上的焦點：科技管理在策略或是作業管理考量。
2. 層級上的焦點：對於科技管理的宏觀看法與微觀看法。

科技管理在宏觀的角度下，主要考量如何形成與執行科技政策，以及如何管理創新的過程。相對之下，微觀角度者關心的是如何針對工程與研發上的活動作最有效的管理，重點在於如何在公司內形成與執行技術策略，並將上述說明列於表1-1。

表1-1 Betz區分科技管理的二個構面

	策略管理焦點	作業管理焦點
宏觀層級焦點	科學與科技政策	創新過程
微觀層級焦點	技術策略	工程與研發活動管理

而林泰穎（2002）將科技管理有效發展須賴全面系統化的管理。基本上，科技管理的內涵，可分三個不同層次分別加以探討，包含「主題領域層次」、「內部結構層次」、「企業活動層次」。分述如下：

1. 主題領域層次：科技管理的概念，可以具體落實於若干主題領域上，以下即分別加以說明：
   (1) 科技管理領域：在科技發展策略方面，強調科技發展的方向，企業應該選擇適合自己發展的科技範疇；在科技預測與評估方面，尋求企業的最大利益，技術

發展的策略必須針對科技內涵加以評估，進行情境分析；在研究發展與創新活動方面，企業的永續發展，科技的研究發展與創新必須受到重視，方能有效提升科技水準；在技術移轉方面，積極目的在於以最低的成本投入，來移轉特定的技術。另一方面，在防範不當的技術輸出，以免損及科技擁有國的優勢地位。

(2) 高科技企業管理領域：由於科技的發展與突破，必須依賴政府及企業組織來共同完成，通常從事高科技的工作者，屬於高級知識分子，在管理方式上不同於一般傳統產業和勞力密集產業。如何拓展行銷網路、界定產品目標市場，都是要加以重視的議題。

(3) 科技發展與人文社會及環保政策領域：科技發展之終極目的在於提升人類的生活品質。各種能源及資源的利用，都是為了追求更高附加價值與快速經濟、社會發展。因為科技利用導致環境惡化與資源的枯竭，已經嚴重的破壞大自然生態原有的品質。由此可見，科技利用與環境保育之間存在許多衝突與矛盾，在這個情形下，如何發展一套兼顧科技與人文、環境相互調和的永續發展政策，是目前科技管理最重要的議題。

2. 內部結構層次：進一步就科技管理的內部結構來看，以上、中、下游的理念區隔。

(1) 上游部分：在探討科技規劃的外在連鎖關係，企業視野及策略是否能提供科技規劃一個明確方向，對科技的未來發展方向與水平，進行一個有系統的預測。

(2) 中游部分：強調科技規劃與其他業務規劃之間的合作協調關係。

(3) 下游部分：研究科技規劃所帶來衝擊影響。包括計畫管理，投資活動組合，產品、製程與服務產出的成本。

3. 企業活動層次：在企業活動層次，科技管理依研究發展定義領域的不同，可切割成知識創立階段、策略定位階段與工程發展階段，在分別設定不同的科技發展重點，最後經由科技投資活動的進行，進行技術衝擊分析。

事實上，不同學者對於科技管理的內涵與架構有著不同的看法。Kocaoglu（2002）整理各家說法，將科技管理分為幾個子系統，分別為人員系統、計畫專案系統、組織系統、資源系統、創新系統、策略與政策系統。不同的系統代表著不同的理論與學理基礎，此分類也讓科技管理的研究範疇有更清楚的概念。

1-2 科技管理的演進與特性

　　有關於科技管理的研究最早始於1950年代中期，由美國麻省理工學院三位教授Al Rubenstein、Herb Shepard、與Maclauren開始，當時多以研發管理（R&D）名義出現。到了1960年年代早期，美國國家太空總署（NASA）主持人Jim Whff發現，由NASA協助美國大學的研究大都集中在基礎科學上，但其所面臨的則多為管理問題，因此開始大量支持MIT進行有關研發管理方面的研究。

　　到了1987年，有關科技管理的研究主題有了以下的改變：

1. 資訊技術的衝擊。

2. 政府科技政策。

3. R&D人員的管理。

4. 組織結構的改變。

5. R&D策略。

6. 溝通（強調R&D／行銷，或R&D／製造之間的溝通）。

7. 技術移轉。

8. 專案規劃、管理與控制。

9. 其他。

　　根據學者Betz（1998）的看法，認為科技管理發展到現在已經長達四十年的歷史，並且根據其主要議題、與相關研究人員的投入，大致可以區分成幾個時期：

1. 經濟學家：在國家的層級上研究宏觀層級創新過程，所強調重點是科技如何產生？以及科技對經濟發展、產業生產力的貢獻。

2. 工程管理研究者：他們的興趣在於研究產業面微觀層級的創新過程，強調如何針對工程和研發活動進行管理。

3. 商學院研究者：針對高科技產業進行微觀的研究，重點在於企業家精神與新創事業應如何募集資金。

4. 政治學家、社會學家和有經驗的研發者：研究宏觀層級的國家對研發活動的支援。他們強調如何管理政府的研發計畫以及如何形成一個有效率的科學與科技政策。

　　在1980年代中期，許多不同的研究者將重點放在管理整個科技創新的過程，整合出一個新的領域，這就是科技管理的起源。1986年由美國國家科學基金會舉辦的研討會中，更鼓勵大家將這個新的領域稱作科技管理。

一、科技管理的跨領域特性

　　科技管理的基本概念是結合學術理論與實務的跨領域學科，主要是應用在技術導向型產業。因此，科技管理必須要連接科學、工程和管理等相關學問。在傳統科學和工程學領域之中，著重於科學的發現以及技術的創造與創新；而在傳統企業管理的領域中，則提供企業的管理、經濟、財務、行銷以及公共政策等知識。因此科技管理是一門跨領域的學科，它提供了一個介在管理與科技中間的平臺，使得管理者與技術研發人員可以利用此相關知識，管理科技以創造企業競爭優勢。

　　科技管理的重點在於探討如何將技術創造轉換為價值、如何創造技術、如何開發技術以創造商機、如何整合技術策略與企業策略、如何利用技術獲得競爭優勢、技術如何改善製造以符合系統的彈性、如何建立技術變革的組織架構，及選擇進入或退出技術的時機等。

二、科技管理的複雜性

科技管理基於上項主要理由形成其複雜性：(1)互動；(2)系統；(3)動態（Betz, 1998）等三大特性。由於科技的產生必須透過部門與個體間的互動，此互動的過程造成複雜性的增加。另一方面，科技創新的概念是相當複雜的，因為科技創新是屬於「科技、企業、產業、大學、政府」與「科技、產品、顧客、應用」之間所進行一連串的互動過程。而如何在不同系統間，求得最佳綜效，是科技管理的另一挑戰。最後，科技的演進是一個動態的過程，上述的兩大議題，也必須隨著時間的改變而有所調整。換句話說，除了追求各靜態系統互動的效率外，更必須注意此互動是否符合動態競爭的需要。故科技管理是一項複雜的管理程序。

1-3 科技管理的主要議題

科技管理的本質在於如何利用科技提升企業的競爭力，而「創新」與「科技」乃是科技管理主要探討的主軸。

然而，科技管理常被誤以為只適用於管理研發部門的技術開發，雖然研發工作是使科技進步的動力，但企業需求的卻不一定只是這種全新的基礎。從經濟考量的角度來看，企業需要的是功能更強、更具效率的技術，而這些技術可能是既有技術的一部分，並且可透過各種技術移轉的方式取得。科技管理領域所研究的主題應包含技術移轉、跨國企業的角色、技術風險、經濟分析、人類、社會和文化議題、教育訓練、生產力和品質、組織架構、技術專案管理、資訊科技發展、技術行銷、技術發展與財務議題、環境及生態保護等。而所有的議題之間都是環環相扣、互相影響的（Khalil, 2000）。

技術藉由一些促動因子（Enabler）連絡製造業與服務業組織，這些啟動器包括技術與財務資源、企業環境、組織結構、專業及人力資源。因此，藉由探討以下五個主題便可以發現與科技管理相關議題：

1. 有效管理資源與方法的工具。
2. 組織內部與外部環境的管理能力。
3. 組織結構與管理。
4. 研發與專案管理。
5. 人力資源管理。

　　Betz（1998）認為就學術上的角度而言，科技管理包含了許多複雜的議題：(1)科學是什麼？以及它是如何發生的？(2)什麼是科技？以及它是如何發生的？(3)科學與技術如何互動？以及如何影響社會變革與經濟發展？就專業方面，科技管理也提供許多觀念上的思維：

1. 國家如何管理科技研發基礎設施（Infrastructure），以產生科學和技術上的發展？並對國家經濟與社會產生貢獻？

2. 在產業競爭與機會中，技術功能在商業上如何應與管理，以產生技術創新？

　　Harrison&Samson（2002）則認為科技管理與相關領域的議題，和政府政策制定者、產業領導者、商學院學生息息相關，這些議題包含：

1. 技術策略。

2. 科技能耐的發展。

3. 創新管理。

4. 技術預測。

5. 科技管理、製造策略，以及商業競爭介面。

6. 採用新科技的障礙。

7. 科技和生產的彈性。

8. 電子商務的興起。

　　整理上述各家學者的看法及臺灣目前科管研究的趨勢可以發現，基本上科技管理的構面可分為：國家面、產業面、企業面、個人面。在不同層次代表分析的主體不同，衍生的研究議題也會不同，如下表1-2所示，提供參考：

📍 表1-2　科技管理的研究構面與議題

層次	主要議題
國家／政策面	國家創新系統、科技政策、產業政策、創新政策
產業面	高科技產業分析、產業群聚與創新
企業面	技術策略、技術採用、技術評估與預測、技術移轉、新興技術開發與管理、創新管理、組織創新與學習、研發管理、智慧財產權的管理、企業評價、創業與創業投資
個人面	創造力的提升、創意思考

科管亮點

為了企業生存非要創新不可嗎？

　　管理大師彼得杜拉克曾說：「企業不創新，即滅亡。」的名言；近來坊間出版了乙本書，書名為《為什麼非要創新不可》，剛好是現任經濟部部長李世光博士所推薦，其推薦序言在此給予介紹之，供讀者參考。

　　大家針對科技管理的核心理念有多種方式說明，其中一個必須要多給予思維的觀念就是「企業創新」。現階段臺灣經濟正面臨產業轉型升級的挑戰，應積極將創新的 DNA 內化為企業之價值觀，在大家重視「創新驅動」引擎後，才能將生產力轉化為國家產（企）業競爭力的動能。

　　我國經濟部推動產（企）業政策，除了協助產（企）業強化生產力基礎外，也透過產業、學界、法人機構，幫助企業自主性的強化體質，若能以「科技」為媒介，並以「科技管理」思維，再加上開放、創新的策略因子，讓產業創新思維模式轉化成具有高附加價值的創新產品或服務，便能成為臺灣整體產業的實力，在國防市場脫穎而出。

　　我國工業技術研究院的發展後盾，大家學習工研人文化中的創新 DNA，讓產業界的先進人士，人人有創新 DNA，一起帶動產業往創新之路前進，真正展現「科技管理」思維，從「效率經濟」邁向「創新經濟」。

資料來源：經濟日報 2016/12/09，A19 版，李世光撰

1-4　科技與創新

　　根據韋氏字典的定義，科技是指「達成某一使用目的的技術方法」，亦包含所有能增進個人生活及延續人類生存所必須依賴的各種方法。科技預測學家Ayres（1969）則將科技定義為：「將一套有條理的知識，應用到實際活動中的系統方法」。社會學者Ellil（1964）認為：「科技是人類各種活動領域中，為達成目的具有合理性與效率性的各種方法。」。

　　然而科技包含了科學與技術兩部分。因此，有必要分別了解兩者之定義與源起，才能更深入明瞭科技的內涵。所謂的科學（Science）乃是對自然的一種發覺與了解，其目的在於：(1)發現自然界許多不同種類的物質；(2)透過觀察與實驗，了解自然狀態以建

立理論。科學知識透過觀察與實驗的累積，被歸納為許多不同的科學理論。為了建立相關理論，所進行的不同觀察與實驗的方法，稱為科學方法（Betz, 1998）。

Betz（1998）更明確提到科學對技術的影響：

1. 科學家研究事物的基本原理，與宇宙之間所產生的問題。對於事物如何存在？事物如何運作？均進行深入的探討。

2. 為了回答這些問題，科學家需要使用新的設備或儀器，進行這些發現與研究的工作。

3. 這些研究可能被不同的團隊，以不同的理論或是儀器進行研究。

4. 當混亂的大問題，有逐漸被了解、觀察、並進行整合時，是科學進展開始的進步。

5. 科學研究必須耗費很多時間、耐心、持續投入、經費。並持續不斷進行儀器的發明與發展。

6. 從經濟的觀點來看，科學可被視為對社會及未來技術開發的投資。

7. 雖然科學是創造出一種新知識的基礎，但對新科技的發明，可能來自於科學家或是技術家。

8. 當許多不同的階層已經普遍應用新科技時，科技革命可能形成新的競爭。

9. 對管理有很多的一般性意涵。企業必須支持大學的基礎研究，以了解核心技術。

技術則可定義為所有的知識、產品、製程、工具、方法以及創造產品和提供服務的系統。簡單來說，技術是幫助我們達到各種目標以及實際應用的知識（Khalil, 2000）。

一般對技術的認知僅止於硬體方面，如機械、電腦或是先進的電子設備。然而科技所包含的範圍絕不僅是指機器本身，它亦包含與硬體配合的軟體和其他相關技術。在1986年Zeleny提出科技是由四個互相依賴、共同決定、而且相等重要的因素組成的概念，分別是：

1. 硬體（Hardware）：實體的設備和機器。

2. 軟體（Software）：如何使用硬體的知識。

3. 智慧（Brainware）：詳細了解技術的知識，也可以說是系統原理緣由（Know-why）。

4. 技術（Know-how）：將所了解的知識專業技能，付諸執行。

Kocaoglu（2002）將科學與技術合併，稱為「科技」並認為它是一種知識的基礎，其產出可能是硬體、軟體、程序或是技術（Know-How）等，這些要素被整合以及應用

在工程系統，並以人類為福祉。

因此，科學是一種知識的基礎，而技術講究的是如何有效運用此科技知識，以促進人類福祉。科技是一種為人類特定目的，操縱自然知識的方法。根據詞源學來說，科技這個詞彙指出了科技是某一種型態知識。古希臘語"technos"指的是做一件事情的過程；而"ology"指的是對事物系統性的了解。所以科技是一種作某件事情的知識。

科技最早的使命是改善我們的生活，最早形式科技指的是簡單工具像是斧頭、弓、箭，以及其他協助人們繼續存活的工具。稍後車輪、蒸汽引擎、自動收割機、疫苗、核能發電、網路、生物科技的出現，使人類的生活更加方便，這些發明可以被視為新科技。

圖1-2 科技部，是國內管理科學創新的主導單位之一（圖片來源：維基百科）

一、科技的種類

根據Khalil（2000）的定義，科技可區分為如下數種：

1. 新科技（New Technology）：凡是組織從未使用過的技術，它對組織而言是一種新的技術，即使這種技術已發展多年，也被其他的領域廣泛使用。例如以電腦繪圖軟體取代人體繪圖，以及運用網際網路提供企業新的行銷通路等。

2. 新興科技（Emerging Technology）：新興科技是指尚未完全商品化的技術，但是有可能在未來五年可以商品化，而且未來的應用領域將非常廣大。目前的新興科技包括基因工程、超導體以及網際網路。新興科技可能創造出一個產業，相對地也可能瓦解現有產業，對社會結構將引起極大的改變。

3. 高科技（High Technology）：高科技是先進且複雜度高的技術，大量運用在許多特定的產業領域之中。

   符合以下所述的特性便歸類為高科技產業：

   (1) 雇用了許多高學歷的科學家或工程師。

   (2) 技術變革的速度高於其他產業。

   (3) 競爭的要素是技術創新。

   (4) 研發的費用佔相當大的比例（研發費用佔總銷售額的10%以上，或是其他同業公司的兩倍）。

   (5) 藉由運用科技快速成長，而最大的威脅在於競爭技術的出現。

4. 低科技（Low Technology）：低科技是已經普遍存在於社會中的技術。

   符合以下特性的產業便可以歸納為低科技產業：

   (1) 企業內大部分為低學歷或是擁有低層次技術的員工。

   (2) 屬於人工或是半自動化的生產模式。

   (3) 研發費用的比例相當低（在產業平均值之下）。

   (4) 科技的基礎是穩定、少有變化的。

   (5) 生產和商品大多數與基本的日常生活必需品或服務。如食品、鞋子、衣服。

5. 中等科技（Medium Technology）：中等科技是介於高科技和低科技中間者，一般是指成熟且適合做技術移轉的技術。如消費性產品以及汽車產業。

6. 適當的技術（Appropriate Technology）：不論高科技、中等科技、或低科技，只要能夠配合組織所擁有的資源創造最大的價值的技術，便是最適合組織的科技。

7. 有形的科技和無形的科技（Codified Versus Tacit Technology）：可以用具體形式如文字表達出來的技術稱之為有形的科技，它可以被有效的保存並在使用者之間移轉，例如電腦程式內的最佳演算法便是一種有形的技術。無形的科技通常是科技研發者，在研發過程中所累積的經驗，存在於研發者的智慧之中，無法明確清晰的表達出來。

二、發明、創新與科技

　　科技變革經常成為討論創造力的主題，有兩個關係相當密切的名字常常被提起，那就是「發明」和「創新」。科技發展的源動力來自於不斷的創新，而到底何謂創新？所謂創新乃是指使用新的知識，提供顧客所需要的服務及產品。它包括了發明（Invention）及商業化（Commercialization）。依據Porter解釋：「商業化乃是指使用新的方法（其他作者將此定義為發明），而創新的過程不能與企業策略和競爭環境分開」。新的知識可能與技術或市場相關。技術的知識包括：組件的知識、組件間的結合、方法、製程以及那些與產品及服務有關的技術等。市場知識包括：配銷通路的知識、產品應用、顧客的期望、偏好、需要、及慾望等。新的產品或服務乃是指其成本較低、屬性已改善、擁有前所未有的屬性、或未曾於市場中出現的產品。通常新產品或服務本身即被稱為創新，因為它即是新技術或市場知識的創造物。

　　創新也曾被定義為「對採用創新的組織而言，是項全新的構想」。創新同時需要發明及商業化。技術創新與經營創新有所差別，技術創新指產品、服務、程序上的改良或全新的產品，而經營創新乃是指組織結構與管理程序上的創新。經營創新可能會也可能不會影響到技術的創新，技術創新不一定不需要經營的創新。技術的創新可以是產品或流程的創新。依據Damanpour（1991）定義，產品創新乃是指引進符合市場需求的新產品或服務，而程序創新乃是指引進新的元素於生產產品或服務程序中—輸入原料、特殊的工作、工作及資訊流程的機制、生產產品及服務所需的設備等。

科管亮點

「知識創新」與經濟發展－一位大師的剖析

2018 年諾貝爾經濟學獎得主之一——羅默教授，在 2019 年 5 月於臺北參加「2019 年大師論壇」，特別針對「科技創新、知識創新與經濟成長」進行剖析。羅默教授認為「若有更多人口參與創新，能給經濟提供更多增長動力，倘若人類能夠集中精力做正確的事，人類就能夠擁有美好未來。」

羅默教授進一步提及，當知識是生產的要素之一，它與其他的生產要素不一樣，例如：資本、土地等。知識的重要性在知識經濟時代更為重要。演變為「知識創新」的重要性不斷提升。如果將世界的經濟活動想成一家工廠，知識量的成長率，就決定了工廠產量的成長率，當知識停止增長，沒有創新，此家工廠就受到邊際報酬遞減的約束，只能保持現狀。

人類的知識如何增長？羅默教授分析，讓人產出知識的誘因，不外名、利與功德。從國家或全人類的立場，愈多人使用的知識，其價值愈高，而相互交流的人口愈多。羅默教授認為：「人口成長與知識成長是正相關，而知識成長與經濟成長也是正相關的。」知識創新需有市場的配合，才能發揮其價值。

資料來源：經濟日報 2019.5.27，A2 版，經濟日報社論

1-5 科技的應用與問題

一、網際網路的倫理、法律及社會問題

在今日的資訊時代裡，無論是整個社會或社會中的組織、個人都愈來愈依賴資訊網路科技，而此科技亦正漸漸地改變我們工作及生活的方式；隨著網路空間（Cyberspace）的快速擴充與全球化連結，這個虛擬電腦網路空間，將令未來的人類透過這個系統能共同建構一個理想的虛擬世界。但是這條路途還有許多無法預測的變數，其中，傳統的規範與倫理已無法完全適用於此一新的世界，因而一些適用於網路社會的規範與倫理也逐漸由資訊科技發展中之基本規範與倫理衍生而出，以適度規範此一新環

境的社會行為。只有網路規範與倫理將會犧牲網路社會的自由特質，因誤用或濫用網路自由所引起的網路倫理問題，就為這條路途佈滿障礙。如何消除這些障礙，即構成探討解決網路倫理問題的中心議題，而如何拿捏一個適當的平衡點，更是一件高難度的藝術工作（戚國雄，1998）。

何謂網路規範與倫理？由於資訊技術（IT）應用的多元化及使用層面的快速擴張，在此一虛擬的網路社會中已經產生了很多道德（Moral）、倫理（Ecs）及法律（Laws）上的爭議。按社會學者的定義，道德主要是涉及最具社會力量之性、金錢及權力的控制（SMP），而其原則由環境與社會集體信念、態度與價值所形成。倫理乃源自於道德原則可接受的行為規範。換言之，倫理行為規範是受制於環境與社會集體信念、態度與價值。而法律是明確定義一個社會之行為準則，及違背此行為準則所應該接受處罰之一套規則。因此「網路倫理」乃是在一虛擬之網路社會中將是非之倫理規範，應用於其運作管理與各種應用之行為上。網路倫理是希望能透過某些行為規範，來彌補無法經由法律制約限制，又亟需對該使用社群的行為有所規範者。惟不同的社會對網路倫理的是非標準可能不同。如在西方社會比較重視個人權利，東方社會比較重視社會及群體之權利。故網路倫理中涉及是非判斷，必需和自己的社會文化價值相結合，否則將會淪為文化殖民地的地位。

🧭 圖1-3　經濟部資策會，是國內資訊技術推動的單位之一（圖片來源：維基百科）

綜觀前述，網路社會的規範與倫理應與以下各項主題有密切關聯：

(一) 資訊知識之貧富不均

誠如戚國雄教授在其大作《資訊時代的倫理議題》中所述：在傳統的社會中，富裕者主要都是受過良好教育的中產階級公民，其他下層階級多成為貧困者；而在網路社會中，由於資訊是此社會的重要資源，「資訊富裕者」或創造資訊科技並成功運用此科技的人，更容易擁有知識、財富和權力；相對地，「資訊貧困者」則在各方面發展大都處於劣勢。貧富不均的結果會隨著就業機會、教育、醫療保健、選舉，甚至是購物和其他生活層面進入虛擬空間，而日益擴大。由此形成的不平等問題，更可能引起不滿和社會動盪。放在網路社會中，應建立一個平衡機制避免資訊富裕與資訊貧困之間的差距過大而影響網路社會之安定與健全。目前行政院所推廣的國家資訊基礎建設（Nil）計畫，即已考量到此一問題，亦即如何縮短資訊之「城鄉差距」。

(二) 隱私權之問題

隱私權的議題在百年以前即已出現，當時的隱私權爭議只是單純的限制報紙報導個人的私生活，而且尚無法律可依循，且未與科技發生牽連。但是隨著科技的發展，個人隱私權的保障不僅已列入法律規範，而且也與科技的關係愈來愈密切。近來年，網路使用者對線上隱私權的議題逐漸重視，而且要求以隱藏身份的方式（匿名或假名）來達到保護網路使用者。但是隱私權再加上匿名的主張對企業卻如洪水猛獸，更有甚者，將這種現象寓為回到野蠻世界的第一步。而隱私權的主張再加上匿名或假名真的會損失巨大的社會成本嗎？

在傳統的社會中，與我們個人有關的資訊分布在社會中不同的組織及檔案中；由於缺乏整合，故不曾衍生出一些新的資料關係而洩露隱私，但是在網路社會中，由於資訊科技發達，隱私的議題層出不窮，而資訊科技的應用對隱私的威脅與侵犯，像鴨子滑水一般，在不知不覺中形成。特別是，當分散在不同機關及不同年代的個人及活動資料檔案（諸如，我們的個人興趣、政治立場、宗教信仰、報稅記錄、交通違規記錄、健康檢查記錄、從小到大的學業成績、工作的考核…等資料），被整合在一起時，可形成新的資料關係。這種整合愈綿密，個人就愈來愈像透明人般被看透。掌握資料庫的人比我們自己還要了解自己，這是任何人所不願見的。由電影「網路上身」中所描述之情節即可印證此一結果，利用電腦快速之計算、傳播、搜尋和整合能力，對我們個人的隱私有相當大的潛在威脅。此外如在當事人不知情，或違反其意願的情形下，做二手甚至多手的傳播；在當事人不知情或違反其意願情況下，扭曲原始的資訊亦屬隱私權的問題之一。在網路社會中，如何防止隱私權之被威脅，將是一個重要的課題。

(三) 資訊精確性之問題

　　網路社會是一個資訊爆炸的社會，使用者很難就所獲得之資訊去一一求證，所以部分學者認為，資訊的正確與否，將對所有的成員有極大的影響，特別是故意提供錯誤資訊或提供錯誤資訊的一方處於較有利、較有權威的地位，更易造成使用者因信賴而做成錯誤的判斷與決策。日前「非凡電視臺」因工程人員誤失，誤報華航墜機事件，造成華航股價大跌及網路流傳某品牌之衛生棉會生蟲，造成使用者子宮發炎與不孕事件均為明顯的例子。在網路社會中需建立相互信賴機制以維護網路社會之運作與發展。

(四) 傾倒電子信件垃圾

　　在傳統的社會中，住家的信箱常會被廣告商塞滿一疊疊的廣告傳單，正常的信件或訂閱雜誌無法投入，造成郵務人員及使用者之困擾與不便，我們稱此種類信件為「垃圾信件」。不幸的是，相同的狀況也發生於網路社會中。南華管理學院戚國雄教授認為：許多商業廣告或其他沒有意義的電子信件，以電子郵件方式，四處寄放，迫使別人不得不接受。受害者除了可能因儲存空間不足而無法收取正常的電子信件外，還需花費額外的時間與金錢去清除電子信箱的垃圾。尤有其甚者，這些製造者往往使用自動化的工具去加入許多電子郵件論壇，不但藉此取得個別使用者的地址，更是直接以之為傾倒垃圾的對象，使得電子郵件論壇變成是垃圾的思想集散地。故如何防止此現象之擴大及保障合法使用者之權益，將為另一重要之課題。

二、生物科技的應用及衍生的問題與爭議

　　生物技術是1970年代在美國華爾街股票市場所新創的名詞。原始意義是指利用生物（動物、植物及微生物）的機能來生產人類有用產品的科學技術。由生物技術衍生出來的產業稱為生物產業或生技產業。

　　近代的生物技術源自於60年代的分子生物學，當初被認為是象牙塔內基礎生物學的研究，到了70年代之後，結合了傳統發酵學、近代生物化學、生化工程學、電子工程學與微生物學等，使得這項基礎研究搖身一變，成為生物學上一項重大的「革命」，這就是目前被視為重點科技的新生物技術。

　　生物技術是利用細菌、酵母菌等微生物以及動植物的細胞培養，然後將其代謝機能用以製取特定物質。也就是說，生物技術是一項綜合生物化學、微生物學、遺傳學、化學工程學等技術的學問，而能夠由微生物與細胞培養的過程中得到有用物質。生物技術應用於工業上即是生物工業（Bioindustry），或稱生物技術產業。生物技術產業不但能

改良現有工業生產程序，更能製取自然界不存在或難以大量生產的物質，所以它是一項應用生物學的突破性技術，且包括的範圍很廣，如醫藥品、化學品、食品、能源、農業等。如依生物技術的定義，此種科學技術產品自古以來就有，如傳統的醬油、酒類、麵包、酸酪乳，20世紀以後興起的發酵工業都包括在內。但以生物技術所創出的產物來說，則是專指利用遺傳工程、細胞融合、組織培養及酵素工程，反應器等新創技術的科技（江晃榮，2002）。

(一) 基因圖組的倫理、法律及社會意涵

目前快速發展的基因科技隱含巨大的商機，在我們慶賀人類基因圖組草圖完成後，基因治療實驗即將成為廣泛應用這項科技成果的新挑戰，可是這樣的新挑戰卻面臨更為複雜的國際關係與國內環境的挑戰。國際關係方面牽涉到的是全球化加速進行的世界脈動中，必須符合更為前瞻性的道德倫理公約、更為嚴苛的國際法律規範，可說是新醫藥科技產品上市前必然面臨的挑戰。而資源有限的臺灣，多元紛亂的社會使得科技發展不易，又能如何稱職地面對國際規約的挑戰，務實地研發適當的產品，打入國際市場？確實地凝聚社會共識，掌握時代脈動，發揮團體力量迎向國際社會，開創技術上有競爭力、符合國際產品檢證規範的產品、以滿足獨特需求的市場、為當務之急。

以歐美經驗為例，我們了解在法律與道德規範下的科技品質與人權保障，是基因治療發展必須要有的完善規範。如過去基因治療實驗中，病人不幸死亡的案例，引起美國學界對於基因治療實驗應當如何規範進行反省。美國政府於2000年8月25日正式公布National Institute of Health Guidelines for Research Using Human Plunpotent Stem Cells，以確保所資助的相關研究是在一道德和合法的方式下進行。藉由務實的法律規範，美國政府希望落實Belmont Report、紐倫堡倫理規範、世界醫學會之赫爾新基宣言（Helsinki Declaration）等等關於基因科技發展的倫理要求。

這樣的趨勢也為國內基因科技的發展帶來全新的隱憂，如B型肝炎研究所發展的基因科技，曾為臺灣贏得國際的聲望，但遺憾的是，在國內相關法規不夠周延，相關社會共識也付之闕如的情況下，將對目前進行中的肝炎和基因科技研究產生嚴重的影響。因為沒有社會共識的建立，法律無從訂定，即使勉強依據美國的相關法規來訂定，社會爭議仍是不斷，法律對於相關人員的保障可說是相當欠缺。沒有法律規範的保護之下，無論是研究者或是被研究者都視參與或執行臨床試驗為畏途。沒有臨床試驗來落實研究成果，所有邁向商品化的努力和理想可說是空談，更可能嚴重地阻礙臺灣國際學術地位的提升。

(二) 人工生殖－代理孕母所引發的爭議

隨著人工生殖科技的迅速發展，70年代以來，歐美各國陸續開始有人委託代理孕母懷孕生子，以完成生兒育女的願望。美國至今至少已有兩百名以上的小孩是藉由這種方式出生的。許多州都有代理孕母中心，它們還共同還組織了一個名為「白鶴」的代理孕母協會。之所以用這個名字，是因為相傳白鶴會給人帶來嬰兒，是故以之來象徵代理孕母。

「代理孕母」這個概念是衛生署人工生殖技術管理辦法所使用的術語，譯自英文的 surrogate motherhood，由於代理母職的時機特指懷孕的過程，因此，「代理孕母」可說是相當貼切的翻譯。當然，若按照原文逐字翻譯，將它譯為「代理母親」或「代替母職」，也並無不可。

其次，由於代理孕母涉及人工生殖技術，而人工生殖技術如同前述有許多傷害人類生命的可能性。因此，相關立法如何保障人工生殖過程符合人性尊嚴，並使人類初始生命受到應有尊重，是立法時不可忽略的課題。

最後是商業化的問題。衛生署官員坦承，代理孕母一旦合法化，很難管制是否牽涉交易行為。如何解決這個問題，顯然還需要集思廣益。否則，一旦立法給倫理上沒有爭議的代理孕母開了方便之門，但在另一方面也容易鼓勵「金錢可以買到任何服務」，「有錢人更適合繁衍後代」等扭曲人性的價值。

(三) 基因歧視與相關法律

基因歧視是一個基因科技發達後產生的新興社會現象。當人類已經能夠使用基因檢驗方法探知個人基因組成時，我們開始面臨選擇知或不知的難題。例如，在保險脈絡下，利用個人基因資訊可能違反被保險人保持基因隱私的意願，也可能導致某些帶因者難以購買保險，但是如果保險人無法知悉被保險人基因資訊，則可能導致逆選擇而影響保險業的經營。在職場脈絡下，利用個人基因資訊可能違反應徵者或受僱人保持基因隱私的意願，也可能導致某些帶因者的就業機會受到影響，但是如果雇主完全不得使用基因資訊，則我們將喪失利用基因資訊預防職業疾病與改進生產效率的機會。

以上的難題反映出科技變遷對於公共政策所帶來的兩難處境：

1. 在基因歧視問題方面：原則上法律不宜干涉保險人與雇主使用基因資訊或根據基因從事差別待遇的決策。是否進行法律干預，應取決於法律禁令與其他政策工具之間的相對優劣，並應進行干預及不干預的評估比較。除了法律禁令之外，我們可以透過建立制度性保障機制與關於基因科技的利益分享機制調和基因科技所衍生的社會問題。

2. 在一般性法律理論方面：科技快速變遷為法律不確定的傳統問題帶來更多挑戰。為了彌補法律規範的不足，理性選擇的思考方式比道德主義的思考方式更能幫助我們在公共事務層面處理新興科技問題。為了界定隱私權的適當範圍，我們應當區分「隱私本身的價值」與「因隱私產生的影響」，並針對這兩者進行價值權衡。平等是一個空洞概念，我們必須在使用平等概念之前先確立實質價值判斷基準，才能有意義地使用平等概念處理資源分配的法律爭議。分配正義是我們判斷法律制度優劣的價值基準。筆者認為，在高度分化的當代工業社會，為了兼顧產業體系運作與維護個人價值，多元正義理論比單一標準的正義理論具有更多優點。

科管亮點

2019 年 CEO 心目中的英雄——「資料科學家」

　　企業為因應人工智慧（AI）、大數據、精準廣告（行銷）等新趨勢；而「資料科學家」成為 2019 年最受全臺 CEO 重視的職能項目，高達九成臺灣 CEO 有感於資料專業的貢獻，尤其以精準行銷、科技產品資料分析等領域，在今日就業市場上需求最強。依照 yea123 求職網的發言人楊先生表示：「資料科學家」在廣義上是指涉及金融科技、電子商務及廣告精準投放等領域，且企業主期待的人才還要有下列之能力，例如：兼任後臺數據分析、廣告投放能力、能夠在前臺做行銷、會客服及公關經營等。這些資料科學家新鮮人挑戰年薪百萬元，而資深科學人員，年薪更上看 200 萬元等級。依照安侯建業聯合會計師事務所的數位轉型服務負責人賴先生指出：企業主多半對於數據處理中心的表現感到好評，尤其近年來 AI、大數據風行，客戶對數據分析的重視與需求越來越高，企業間最常見的做法是將數位轉型業結合數據發展，成為數位與數據發展部門。

　　資料科學家是要跨三個不同領域：如 1. 資訊、2. 科技、3. 商業等三個領域。其中統計能力是根本，還要有具備下列能力：資料擷取、資料清洗的能力及商業分析、熟悉市場與產業發展狀況，及又能進一步做出未來預測並建立數據模型。這當然涉及到 AI 或科技領域的專業知識。

資料來源：經濟日報 2019.7.19，A4 版（焦點），程士韋撰

1-6 發展科技原則與倫理反思

　　科技與科技的運用後果並非絕對分立，把科技視為工具或視為奴役者都是對人類責任的放棄和逃避。科技本身附帶著價值，科學的社會規範與科學家的倫理責任是一致的。當代科技主體在科技─倫理實踐中應當發揮主動性和創造性，遵循客觀公正性和公眾利益優先性的基本倫理原則，在科技與社會倫理價值體系之間建立有效的緩衝機制（劉大椿, 2002）。

　　科學的社會規範與科學家的倫理責任隨著科學建制化的發展，科學研究逐漸職業化和組織化，科學家和科學工作者也隨之從其他社會角色中分化出來，並成為一種特定的社會角色。集合為有形的或無形科學共同體。

　　當我們將科學建制放到社會情境中時，科學建制的職責不再僅僅是拓展確認無誤的知識，更重要的目標是為人類謀取更大的福利。因此，科學研究中的責任成為對科學進行全局性倫理考慮的一個主要方面，而以社會責任為核心內容的科學工作者的職業倫理規範，也得以廣泛地建構。

　　如果說在以求知為主要目標的時代，依靠科學的社會規範內化於科學家意識中的「科學良心」和「超我」，可以發揮有效的規範作用，那麼，在功利和求知雙重目標並行的大科學時代，除了訴諸科學家個體的道德自律，還必須強調外在有力的規範結構的建構。只有建立完善的調節科學工作者行為評審體制、社會法規和政策制度，才能有效地嚇阻違規行為。

　　科學的職業倫理和研究倫理使科學成為社會分工的一種職業，其不可推卸的社會職責應是正確有效地行使繼承、創造和傳播實證科學知識，回饋社會的支持與信任。這一職責的行使，不可避免地涉及到職業倫理規範問題。如果將科學的社會規範與科學的職業倫理規範進行比較，我們可以看到它們的區別和共同之處。前者對認知目標負責，後者對社會、雇主和公眾負責。因此，如果說後者是倫理的，那麼前者是準倫理的。

　　科學活動的基本倫理原則是什麼？它應該是對科學社會規範的倫理拓展。科學的社會規範強調科學研究的認知客觀性和科學知識的公有性。科學活動基本倫理原則的目標是從認知視角向倫理視角轉換的過程，通過這一轉換，認知的客觀性拓展為客觀公正性，知識的公有性拓展為公眾利益優先性，由此產生了科學活動兩大基本倫理原則。

　　科學活動的客觀公正性原則強調科學活動應排除偏見，避免不公正，這既是認知進步的需要，也是人道主義的要求。如果說客觀性所強調的是確保認知過程中信念的真實

性，那麼客觀公正性則在此基礎上，進一步凸顯科學活動中涉及人的行為的公正性。這一原則要求在研究過程中，研究的風險得到公平合理的分擔；在研究結果形成之後，要審慎地發布傳播和推廣運用。研究者不僅要對知識和信念的客觀真實性負責，更要為這些知識和信念的正確傳播和公正使用負責。

公眾利益優先性原則是科學活動的另一項基本原則。其出發點是，科學應該是一項增進人類公共福利和生存環境可持續性的事業。一切嚴重危害當代人和後代人的公共福利，有損環境的可持續性的科學活動都是不道德的。這一原則是對科學活動中的各種行為進行倫理甄別的最高原則。因此，根據這一原則，可以對某項研究發出暫時或永久的「禁令」。

為此，首先科學工作者應向有關個人和公眾客觀公正的傳播有關知識，保障他們的知情權，使其具有實際參與決策（決定）的能力。其次，要對知識的壟斷作出合乎公眾利益的限制，避免企業等利益集團利用投資，控制科學研究，獨享研究成果這一公共資源。最後，當第二者或其他研究者的目的將嚴重損害相關個人和公眾利益的時候，科學研究者有義務向有關人群乃至全社會發出警示。這樣一來，由客觀公正性和公眾利益優先性兩條原則，可以構建一種兼顧科學建制和全社會的目標開放規範框架。

如對科技附帶價值的倫理反思，有關科技的哲學、歷史、社會學等方面的進一步研究表明，科技與科技的運用後果並非絕對分立，科技本身是附帶價值的。它所附帶的價值是社會因素與科技因素滲透融合的產物。

首先以站在一個相對中性的立場，可以認為，科技的核心機制是「設計」。如果說現代科學把世界帶進了實驗室，現代技術則反過來把實驗室引進到世界之中，最後，世界成為總體的實驗室，科學之「眼」和技術之「手」將世界建構為一個人工世界。

從積極的意義上來講，設計是人類最為重要的創造性活動之一，創新則是經濟化和社會化的技術體系的主要發展動力。但在很長一個階段，技術設計和創新的主體只重視技術的正面效應，或者僅將技術視為工具，只是等到技術的負面後果成為嚴峻事實的時候，才考慮對其加以倫理制約。許多具有政治、經濟和軍事目的的技術活動往往只顧及其功利目標，絕少顧及其倫理意涵。20世紀以來，類似核危機之類的「先污染，後治理」現實對策，都反映了這種思路的局限性。

技術過程與倫理價值選擇其有內在的關聯性，故可以將它們視為技術相關行為主體的統一技術－倫理實踐。顯然，技術－倫理實踐的理想目標應該是使技術造福人類及其

環境，而達至此目標的基本途徑是以非暴力的方式解決技術發展所可能遭遇的社會衝突。為此，必須促成技術與社會倫理體系兩種因素的良性互動，將技術活動拓展為一種開放性的技術－倫理實踐。

我們看到，迅速發展的當代科技與倫理價值之間的互動往往陷入一種兩難困境：一方面，可能對人類社會帶來深遠影響的革命性技術出現，常常帶來倫理上的巨大恐慌；另一方面，如果禁止這些新科技，我們又可能喪失許多為人類帶來巨大福利的新機遇，甚至與新的發展趨勢失之交臂。為了克服科技的加速變遷與社會倫理價值體系的矛盾，將當代科技活動拓展為開放性的科技－倫理實踐，必須建立一種互動協調機制－當代科技的倫理「軟著陸」機制，即當代科技與社會倫理價值體系之間的緩衝機制。

它包括兩個方面：(1)社會公眾對當代科技所涉及的倫理價值問題進行廣泛、深入、具體的討論，使支持方、反對方和持審慎態度者的立場及其前提充分地展現在公眾面前，通過磋商，對當代科技在倫理上可接受的條件形成一定程度的共識；(2)科技工作者和管理決策者，盡可能客觀、公正、負責任地向公眾揭示當代科技的潛在風險，並且自覺地用倫理價值規範及其倫理精神制約其研究活動。在現實的技術活動中，當代科技的倫理「軟著陸」機制已得到較為普遍的運用。

各國相繼成立了生命倫理審查委員會，在一些新技術領域，科技工作者還提出了暫停研究的原則。這些實踐雖不能徹底解決當代科技與社會倫理價值體系的衝突，但也扮演良好的緩衝作用。

學 習 心 得

①
科技管理是一門結合各種知識，諸如科學、工程學、管理學的整合跨領域學科。

②
依據美國研究委員會（NRC）定義了科技管理，是指一個涵蓋科技能力的規劃、發展與執行，並用以規劃與完成組織的營運和策略目標的跨學科領域。

⑥
了解科技與倫理、法律與社會之互動關係，有其複雜性、爭議性及發展性。

⑤
科技管理的演進中，其研究主題範圍可以很廣：
(1)R&D策略
(2)科技政策
(3)組織結構創新
(4)行銷與R&D之互動
(5)技術移轉

③
學到科技管理的二個構面：管理上的焦點及層級上的焦點。

④
了解科技管理內涵，包括：主題領域層次、內部結構層次及企業活動層次。

公司法的變革是科技管理的焦點

科技管理之目的有多項，其中一項是建立更有績效及價值的現代化科技企業營運機制，而除了技術之外，就得靠公司的各項管理制度之建構。因此，政府各相關單位，為因應時代變革的需求，正積極研究「公司法」之翻修。我國在民國**20**年就上路的「公司法」將出現革命性修法，據相關專家及官員說明，本次變革之主要在：「賦予新創企業彈性與活力」為宗旨，茲將修法之四大方向，說明如下：

1. 公司籌資制度：過去公司出資都要現金，將來包括信用、勞務、技術、智慧財產、公司所需的財產皆可當成出資。公司章程可以自己決定，是否發行「無面額股票」，給予新創企業籌資彈性。

2. 公司治理：約定賦予小公司彈性，例如：過去規定董事會七天前通知，未來可在公司章程自行約定之。

3. 公司登記及組織：法定公司組織由目前四種變成二種，廢除：無限公司和兩合公司，只剩「有限公司」及「股份有限公司」二種。

4. 股東權益之變化：公司若要增資，無須現有股東依認股比例認購，也未必有優先認購權。

資料來源：經濟日報2016/11/6，A4版，吳馥馨撰。

活動與討論

1. 請列出公司法的變革內容，並分析對未來新創公司有何助益？

2. 請同學上網到經濟部相關網站，了解公司法的主要內容有哪些？並討論公司法對公司科技創新有何影響？

問題與討題

1. 請說明科技管理的意涵與特性。
2. 請說明科技管理的主要議題。
3. 請說明科技與創新的應用與問題。

參考文獻

1. 林泰穎（2002），課程規劃與就業能力之研究分析—以科管所為例，中華大學科技管理研究所論文。

2. 2002年國科會管理卓越營演講稿。

3. 劉大椿（2002），現代科技的反思，http:// book. peopledaily. com. cn/ big 5 / paper 18 / 8 / class001800006/hwz63883.htm。

4. 洪裕宏（2002），歷史的終點，就在眼前、科學人雜誌8月號。http://www.sciam.com.tw/book/bookshow/asp?FDocNo=98&CL=12（last visit 2003/08/19）。

5. 戚國雄（1998），資訊時代的倫理議題兼談網路倫理，應用倫理研究通訊，第五期，臺北：中央大學哲學研究所應用倫理研究中心。

6. 江晃榮博士（2002），工研院經資中心。

7. 顏厥安計畫主持：林正弘，張苙雲共同主持。（行政院國科會推動規劃輔助計畫成果報告：基因科技之倫理、法律與社會影響）（ELSI）

8. 孫效智，代理孕母的倫理與法律問題。

9. 黃崑巖，科技倫理教育問題，相關網址：http://www.ncku.edu.tw/~publish/chinese/new183/n183c2.htm（last visit 2003/08/21）。

10. 福山·法蘭西斯（Francis Fukuyama）（2000），後人類未來，杜默譯。臺北：時報。

11. 艾可，安伯托，卡羅·馬蒂尼（Umberto Eco Carlo Maria Ma非信仰）（2002），林珮瑜譯。究竟。

12. 鄭泰丞（2002），科技、理性與自由：現代及後現代狀況。桂冠。

13. 吳宏一，沈青松，趙金祁等（1999），人文社會科技的展望，臺灣書店。

14. 顏厥安（1999）行政院國科會推動規劃輔助計畫成果報告：基因科技之倫理、法律 與社會 影響）（ELSI)/顏厥安計畫主持：林正弘，張五雲共同主持。

15. 行政院國家科學委員會（1999）。

16. 毛榮富（2001），網路社會的神話塑造：政治經濟學的批判。

17. Afuah, A.（1998）. Innovation Management: Strategies, Implementation, and Profits. Oxford University Press, New York.

18. Ayres, R. U.（1969）. Technological Forecasting and Long-Pange Planning, McGraw-Hill, New York.

19. Betz, F.（1998）. Managing Technological Innovation. Wiley, New York.

20. Bozdogan, K.（1989）. "R&D Project Selection and Scheduling for Organizations Facing Product Obsolescence", R&D Management 19（2）, pp.103-113.

21. Damanpour, F.（1991）. Organizational Innovation: A Meta-Analysis of Effects of Determinants and Moderators, Academy of Management Journal 34, pp.355-390.

22. Ellil, J.,（1964）The Technological Society, Vintage Books, New York.

23. Freeman, C.（1988）. The Economics of industrial Innovation. MIT Press, Cambridge, MA.

24. Harrison, N. and Samson, D.（2002）. Technology Management: Text and International Cases. McGraw-Hill. New York.

25. Khalil, T.（2000）. Management of Technology. McGraw-Hill, New York.

26. Larsen, J., and Rogers, E.（1988）. Silicon Valley; The Rise and Falling of Entrepreneurial Fever, Chapter 7 in Smilor, R., Kozmetskyt, G., and Gibson, D.（eds）, Creating the Technolopolis; Linking Technology Commercialization and Economic Development, Ballinger, Cambridge, MA.

27. Mohrman, S. A., and Von Glinow, M. A.（1990）. Beyond the Clash; Managing High Technology Professionals. Oxford University Press.U.K.

28. Proter, M. E.（1990）. The Competitive Advantage of Nations. Free Press, New York.

29. Rogers, E. M.（1976）. Diffusion of Innovation. Free Press, New York.

30. Schumpeter, J. A.（1934）. The Theory of Economic Development. Harvard University Press, Cambridge M.A.

31. Zeleny, M.（1986）. "High Technology Management" Human Systems Management 6, pp.109-120.

32. 2002-2003 PGDE（Secondary）One-Year Full Time Integrating Information Technology in Teaching and Learning. http://home.ied.edu.hk/~s0296512/reflection 5.htm.

33. Childress JF: Practical Reasoning in Bioethics. Bloomington and Indianapolis: Indiana University Press, 1997.

34. Jonsen A: The Birth of Bioehics. Hasting Center Report 19931; 6:23: S1-S4.

CHAPTER

02

科技政策制定與競爭力策略

本章大綱

Technology Management

學習指引

1. 科技與產業之意涵為何？

2. 產業之定義三層面為何？

3. 了解產業發展動力之過程。

4. 認識發展經濟之推動模式。

5. 說明推動我國科技與產業技術發展之三種層面。

6. 了解我國政府的科技政策之目標。

7. 比較美國、日本、韓國，中國大陸在科技政策制度之策略。

8. 認識國家競爭力之意義。

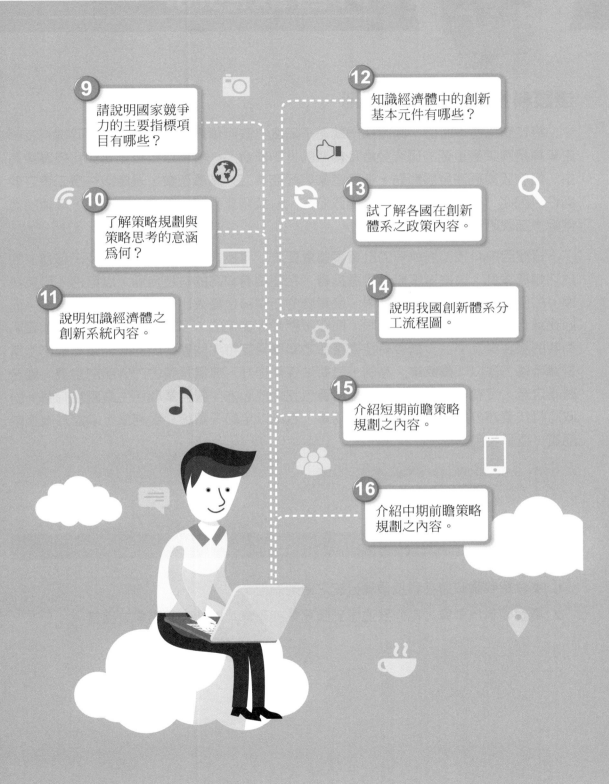

9 請說明國家競爭力的主要指標項目有哪些？

10 了解策略規劃與策略思考的意涵為何？

11 說明知識經濟體之創新系統內容。

12 知識經濟體中的創新基本元件有哪些？

13 試了解各國在創新體系之政策內容。

14 說明我國創新體系分工流程圖。

15 介紹短期前瞻策略規劃之內容。

16 介紹中期前瞻策略規劃之內容。

科管最前線

淺談科技預算分配的原則

　　每年到第四季時節，政府部門就為下年度之政府預算開始作業，在行政院科技部之預算是國家最重要的研究發展及創新的推動部會，一般皆以科技創新與科技專業為主，但以我國經濟發展觀點，在製造業與服務業二大廣義產業，是應該注意二者之兼顧性。因此，在本次社論中，建議政府在：科技預算分配，別忘了服務業，其理由為何呢？茲說明如下：

　　根據目前科技部對所有的計畫案都會要求「科技含量」，並要求「技術移轉」的成功輔導案例。這些選案設計用意良善，希望要有較高的科技內涵，以符合「科技發展」的目標。但是，執行的結果，受青睞的方案卻是極大比例都屬於製造業方案，而服務業方案受到的支持相當有限。而在服務業被支持的，多半以「製造服務業或資訊有關的服務業為主」；極少有技術整合方案獲得支持。回顧國內的服務業之服務水準普遍低落，就以「餐飲業」為例，其衛生條件提升，無論是廚房內外部的呈現，經常離譜之至，沒有多少餐飲店家是讓消費者完全放心的。服務業與民生最直接有關，盼政府科技資源分配模式，別忘了服務業，若能以全面「認證」服務業，來提升服務業品質，這是全民之福。

資料來源：經濟日報2016/10/23，A2版，經濟日報社論

活動與討論

1. 請介紹我國政府在科技預算分配之原則為何？
2. 請說明科技預算，為何要注意到服務業的預算？以提升服務業之品質。

2-1　科技與產業 ★

　　科技（Technology）是人類在近世紀以來，受到最大影響的因素，舉凡各種制度研定，各型商品開發，各類工具器械製造等等，無不是以科技為背景的主因素。各先進國家領袖們，在知識經濟時代的今天，皆認為科技與創新是國家發展，產業進步的原動力；也是開創人類文明與豐富生活的泉源。因此，我國及世界各先進國家，為了強化國力，增進人民福祉，無不積極制定可行性最高與具前瞻性之科技政策及策略，大力推動；協助各產業發展。「科技制定」成為政府施政的重要課題，期能藉由正確的科技發展計畫及策略，如技術研發、生產設備、市場評估、厚植人力資源、取得必需之原料、制定良好的制度與規範等等，以提升產業競爭力，促使企業永續經營與發展。

　　產業（Industry），常會被簡單說明為：一群彼此在市場有關聯的公司或組織。此種說明是有一點道理；若較深層的剖析與了解，產業一詞宜包括幾個層面。例如：產品、顧客類型、地理區域與生產階段等等。產品可進一步分為功能與技術；同時在界定一種產業必須考慮上述各層面，一般可以四個向度空間來說明產業一種多元關係，如下圖2-1所示，以立體空間及旋轉等四個向度來說明產業之層面。

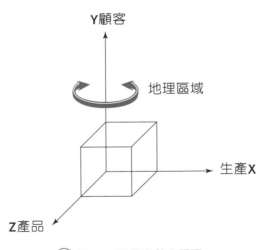

🧭 圖2-1　產業定義之層面

　　產業是一種變動趨勢，若再進一步分析生產方式，如IC產業，可包含IC設計、IC晶圓代工、IC封裝及IC測試等。如圖2-1所示，在生產X軸上之分析，可得知產業在生產界面之分工是明顯的，是可藉由策略聯盟方式形成了另一種模式之產業合作與發展。

2-2　科技制定與實施 ★

一、科技制定與經濟發展

　　一個國家之科技政策制定或產業技術實施方案的擬定與推行，深深地影響到國家科技競爭力，更直接影響到經濟發展，國家投資潛力與國民就業機會。如圖2-2所示：

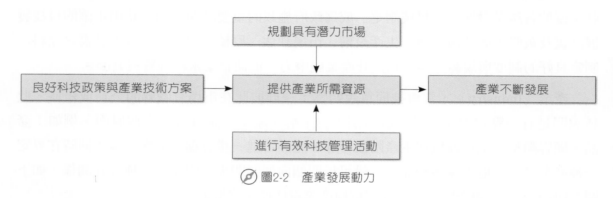

圖2-2　產業發展動力

　　說明了產業要不斷發展，其源頭就是要有良好科技政策與產業技術方案，來輔導各產業所需之資源，如規劃具有潛力市場，促進產業創新；進行有效科技管理系列活動之輔導（如技術移轉之作法，技術如何商品化…等等）；所以，政府要使科技政策與產業技術發展真正落實，必須注意到發展經濟的推動模式，如圖2-3所示。

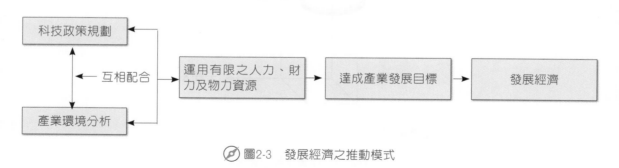

圖2-3　發展經濟之推動模式

二、我國科技政策制定與產業技術發展計畫

　　當前負責國內科技政策與產業技術推動之組織，可區分為三個層面，第一層為國家科技政策形成機構，其諮詢層面有總統府科技諮詢委員會，協調層面有行政院科技部與科技顧問室；而立法院科技、教育與經濟委員會為國家最高科技政策與產業技術推動之

監督單位；同時行政院經濟建設委員會，基於整體國家經濟發展考量，常配合科技與經濟發展二大課題，提供決策單位最佳協助。

第二層為產業技術政策推動機構，最主要推動機構為經濟部技術處及財團法人工業技術研究院。其他各部會之科技發展與產業技術相關議題（如交通部、農委會…等），也有相互協調支援管道。

第三層為產業發展中之主要技術推動之措施，是由各種科技與技術計畫來完成，如經濟部正推動之計畫有：科技專案計畫、民營事業科技專案之計畫及主導性新產品計畫。

上述三種層面為我國科技政策之形成與推動產業技術之機構，可由圖2-4所示。

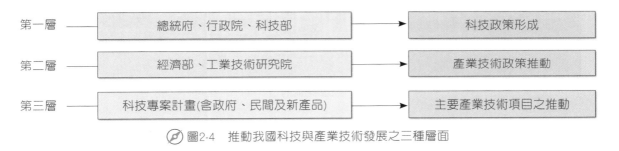

第一層	總統府、行政院、科技部	科技政策形成
第二層	經濟部、工業技術研究院	產業技術政策推動
第三層	科技專案計畫(含政府、民間及新產品)	主要產業技術項目之推動

圖2-4　推動我國科技與產業技術發展之三種層面

三、當前科技政策推動願景及目標

我國自1980年代以來，由開發中國家，努力發展成為已開發國家，科技水準之提升，成為最重要關鍵課題；國人共同期望是發展成為科技大國及前進到高科技產業，有所謂：「二高、二低」口號之流行（二高是指發展高附加價值及高技術層面產品，而二低是指發展低污染及低能源需求量之產業）。直到1990年代，我國與歐、美、日本等高階科技大國相互比較，僅可稱是中階科技大國，與亞洲四小龍之韓國，可相互媲美。回顧我國90年代科技發展，有二大重要指導方針，分別說明如下：

1. 在1991年（民國八十年），訂定「科技發展六年及十二年中長程計畫」為基礎，將1991年至2003年之重要科技政策及發展方針加以勾勒。

2. 並在1998年通過「科技化國家推動方案」，成為政府推動跨入21世紀第一個科技政策指導方針。

經過二大方案之推動，以為科技產業發展而言，我國整體科技實力在90年代有顯著之提升，如資訊業已成為全球資訊科技產業舉足輕重的地位。

(a) 總統府

(b) 行政院

圖2-5　總統府（圖a）及行政院（圖b）是我國制定科技政策的第一層單位

近年來，因政黨輪替，我國新政府主要依據2001年5月份，行政院通過的「國家科學技術發展計畫」及「挑戰2008年之國家現階段發展計畫」之綱目為推動願景，其中並擬定科技政策六大目標，為發展科技政策及規劃方向。同時訂定2001年為知識經濟時代推動之元年。配合知識經濟時代產業發展及因應加入WTO之契機與挑戰，政府五大科技政策之目標如下：

1. 強化知識創新體系。
2. 創造產業競爭優勢。
3. 增進全面生活品質。
4. 提升全民科技水準。
5. 強化自主國防科技。

惟有政府已制定良好的科技政策及產業技術發展之願景、項目與目標；但科技實力之提升是要靠更多研發經費的投入，才能奏效。近年來雖有明顯的成長，但相對於先進國家仍然稍嫌不足，例如：總研發經費中，民間投入研發經費偏低，還有很大發展空間，有賴大眾群策群力，結合政府與民間力量，有效應用現有資源，始為未來產業發展上策。

圖2-6　國內科學園區是科技產業之重鎮，圖為新竹科學園區（圖片來源：維基百科）

我國在2016年再次政黨輪替，新政府提出5+2+2之科技政策，其中包括：(1)亞洲矽谷；(2)綠能科技；(3)生醫產業；(4)智慧機械；(5)國防航太；(6)新農業；(7)循環經濟；(8)數位國家創新經濟；(9)文化科技等九大項科技政策推動目標。

2-3 各國科技政策制定之比較

各國政府對科技政策的制定與執行策略各有不同，本節將針對美國、日本、韓國及中國大陸等四個國家科技政策制定特色加以分析比較。

一、美國科技政策制定之特色

(一) 政府只致力基礎研究，民間企業重視應用研究及技術開發

在制定跨世紀美國科技發展六大目標中，第一項即是：期望維持科學、數學及工程技術等領域的世界領先地位。

(二) 科技政策與產業發展密切配合，讓產業升級活動蓬勃發展

產業界重視創新實力及核心競爭能力，並善於整合政府科技、組織及管理能力等資源，進行創新活動，只要產品符合市場需求及經濟規模效益，即進行汰舊換新，發揮創業家精神，迅速加以商品化。又由於政經情勢穩定，不斷有充裕的外資流入，促使產業界擁有源源不絕的創新活動；產業升級持續發展與成長。

(三) 擁有健全的金融體系與充裕資金

健全的金融體系及充裕資金，成為美國發展科技與產業競爭力的最佳利器，各型企業利用股市基金、籌措科技研發經費，而中小企業可利用低率的投資基金貸款，促使科技政策制定與產業發展二者形成一體，讓美國科技實力永遠站穩領先地位。

(四) 民主化及自由化體制，讓科技發展展現彈性及活力

快速反應及重視績效成為美國制定科技政策的加分因素；在民主化成熟的國家，人民具有創意發展及潛能展現，而足夠廣度與深度之自由化體制，讓美國產業界具有創造力及快速汰舊換新的機制，成為世界各國最為羨慕的社會資源，也是影響科技政策制定重要的因素之一。

(五) 完整的科技研發體系

美國主要的研發體系有四個系統：(1)大學，被比喻為科學技術之源泉，主要從事基礎研究及應用研究；(2)產業界，主要為產品研發及商品化推動；(3)政府的科技研發機構；(4)非營利組織或基金會之科技研發機構，主要從事公益性研究。如圖2-7所示。

◎ 圖2-7　美國科技研發體系

美國是世界科技實力最強的國家，在近十年來的科技政策制定，一直具有相當穩定性與持續性。柯林頓及布希二位總統的科技政策具有相當的一致性，基本上有三大策略及六大願景目標，可說明如下：

1. 科技制定的三大策略：
   (1) 加強科技研發與經濟成長的聯繫，促進科技為經濟之發展服務。
   (2) 利用新科學技術提高政府效率，使政府的各項服務更加便民。
   (3) 保持美國在基礎科學、數學及工程技術的世界領先地位。

2. 科技政策制定的六大願景目標：
   (1) 提升科學、數學及工程技術等領域能力為世界領先地位。
   (2) 促進經濟長期成長。
   (3) 保持健康且受良好教育的國民。
   (4) 改善環境品質。
   (5) 善用資訊科技。
   (6) 致力於國家安全與全球穩定。

二、日本科技政策制定之特色

(一) 二大方針、三個目標及三個重點科技研發領域

1. 日本在跨世紀時，提出科技重點施政方向，採用二大方針為：
   (1) 明確的科技政策課題。
   (2) 勾勒重點研發政策。

2. 日本科技政策目標為：
   (1) 建構一個具有新知識體系的國家。
   (2) 藉由開創新型態的產業，提升國際競爭力及增加就業機會。
   (3) 建構一個能使國民安心、安全生活的高品質社會。

3. 配合世界科技進步腳步，擬有三大科技研發領域：
   (1) 奈米科技與生命科學技術。
   (2) 資訊科學技術。
   (3) 地球環境科學技術。

(二) 重視研發人力及經費

　　日本最重視研發人力資源管理，比較其他科技先進國家，其研發人口為總勞動人口萬分之1.02，也就是每一萬勞動人口中即有102人正式參與研發工作。其研發人力資源可分為四類：(1)研究人員；(2)研究助理人員；(3)技術人員；(4)行政及其他技援人員。研發經費方面，全國總研發經費已超過GDP比例的3%，每年約有15兆日幣，相當新臺幣4.5兆元左右，約為臺灣國內每年總預算的3倍，研發經費另有一特色即為：基礎研究佔約14%，應用研究佔約25%，產品開發佔61%，由此可知，日本特別重視產品開發及商品化問題。

(三) 具有實用之科技研發體制

　　日本的科技體制，主要區分為研發體系與研發成果管理體系，而研發體系主要分有三個系統：(1)科學技術廳，其主導國立研究機構與強化科技升級之事業團體；(2)通產省之直屬的工業技術院（類似國內之經濟部設立工業技術研究院)；(3)文部省管轄的大學及研究機構。而研發成果管理體系主要為科學技術廳及文部省來負責管理。

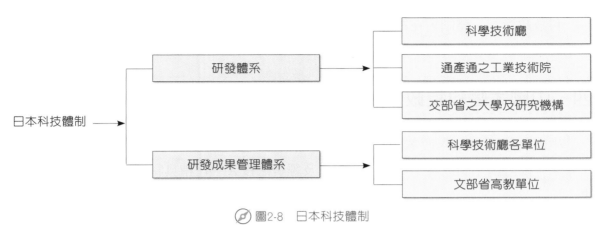

圖2-8　日本科技體制

註：2001年起，科學技術廳已併入文部省。

三、韓國科技政策制定之特色

韓國是近五年來，少數非常用心提升科技水準國家之一，其中以科技創新為發展主軸，其特色分別說明如下：

(一) 提出跨世紀願景科技創新規劃

五年內規劃十大重點項目：(1)增加公共研究開發投資；(2)針對焦點關鍵技術加強投資；(3)提升基礎研究；(4)重視研發人力資源開發與利用；(5)強化工程技術生根；(6)結合產官合作研發；(7)支持產業界創新研發；(8)改善科技教育與基礎建設；(9)增加科技研發基本設施；(10)建構科技活動相關法規及措施。

由上述重點，可得知涵蓋範圍很廣，具有全面性提升之期許，在科技政策制定之創新作法是相當具有企圖心，值得其他剛邁入已開發國家參考。

(二) 研發經費成長率為各國之冠

研發工作要有足夠經費才能奏效，是大家所公認，韓國研發經費佔全國GDP之2.9%，接近3%，經費額度達到四千億元臺幣之規模，向上成長之速度十分驚人，在國際上亦屬少見，亦反映了韓國政府科技政策以「科技立國」之決心。

(三) 重視研發人力資源及科技體制建立

韓國研發人力資源概分有三類：研究人員、技術人員及受資助之助理人員等，而研究人員分佈在研究單位、大學校院及產業界等三種機構，其中產業界之研發人員佔有55%左右，由此可見，韓國民間公司是相當重視研發工作。

科技政策制定體制，在總統以下設有技術振興擴大會議與技術振興審議會，由總理及副總理直接管理科技政策制定重要審議會及科技事務執行單位。

四、中國大陸科技政策制定之特色

中國大陸自1978年改革開放以來，不斷提出科技革新及研發工作重點，其中以近十年來，隨經濟不斷成長，具有不少人才及經費之投入，已稍具特色，就其特色說明如下：

(一) 提出「九五」計畫及到2010年長期願景目標

本次提出之重要內容包括三大部分，分為：

1. 基本原則：全面落實建立「科學技術是第一生產力」的理念，並以「科技興國」及「永續經營」為科技與經濟建設目標。

2. 發展目標分為下列六大項：
   (1) 提高勞動素質、轉變經濟成長方式。
   (2) 提高產業技術研發和創新能力。
   (3) 積極發展及科技產業。
   (4) 強化基礎研究。
   (5) 科技與人文並重。
   (6) 建立適應社會主義市場經濟體制和科技自身發展的科技體制。

3. 發展重點，列出八大重點方向，分別說明如下：
   (1) 農業方面。
   (2) 基礎設施與基礎工業。
   (3) 支柱產業（即基礎重點產業，如機械工業、電子工業、石油化工、建築、汽車工業等）。
   (4) 高科技產業。
   (5) 高科技產業研究與發展。
   (6) 社會發展。
   (7) 基礎研究。
   (8) 國防科技。

(二) 具體提出科技政策制定十大任務

中國大陸政府在2002年的全國科技工作會議中，具體提出十大任務，作為科技發展綱目，也是在科技政策制定之後重要措施。分別說明如下：

1. 列出包括IC產業之12個重大科技專項，提高重點領域國際競爭力。
2. 因應WTO，加強人力資源、智慧財產權及技術標準戰略之建構。
3. 全面發展科技化園區，含農業，較小城市之科技輔導。
4. 輔導中小企業，加速高科技產業創新經營（如國內之創新育成中心）。
5. 強化基礎科學教育及關鍵技術研發，提升創新能力。
6. 擴大對外開放，提高國際合作水平。
7. 改善傳統產業現代化，促進工業升級。
8. 大力發展科技仲介機構，建立健全科技創新服務體系。
9. 科技部研究提出國家創新體系建設方案規劃。
10. 加強科技政策導向，切實做好科學普及教育工作。

(三) 科技研發經費偏低及人力資源頗為缺乏

中國大陸研發經費主要使用於基礎研究、應用研究與實驗發展活動經費，惟研發經費仍然偏低，僅佔GDP的0.6～0.7%左右，相較先進國家是相當低。研發人員雖有85萬人左右，但其比例甚為偏低，僅為一萬人中佔有7人左右，與日本相比較，為日本的1/15而已。

(四) 「十三五」（2016年至2020年）規劃工作

支持18個戰略性新興產業的發展，包括六大新興產業：新一代信息技術、新能源汽車、生物技術、綠色低碳、永續裝置製造與科技、數字創意。

十三戰略性新興產業：先進半導體、機器人、增材製造、智能系統、新一代航空裝備、空間技術整合服務系統、智能交通、精準醫療、永效能儲能及系統、智能材料、高效節能環保、虛擬現實（如VR）與互動影視。

科管亮點

「策略」對公司經營的重要性—以宏達電為例

　　國內製造手機老公司——宏達電公司，一度相當知名。近年來在手機產品銷售有下降頗多，但努力在 VR（虛擬實境）應用下功夫，不斷改善體質。今年（2019 年）特別針對營運策略提出其願景，公司管理決策主攻三大塊：

1. 智慧手機推出中階機 HTC U19e 及 HTC Desire19+，二款智慧機。其 e 是強調娛樂功能，包括新增人工智慧（AI）機及全新遊戲助理模式。而 U19e 前後都有雙鏡頭，為四號頭機種，其中一顆前置鏡頭用來進行虹膜掃描。而 HTC Desire19+ 是宏達電首款內建三顆主相機／鏡頭的智慧型手機，加上前鏡頭，也是四鏡頭手機。

2. 5G 市場—先推出 HTC 5G Hub，待臺灣 5G 開臺，也將有相對應機種。

3. VR 通路—除了已進入 HTC 專賣店實體通路，也將與 IT 通路合作。近年來宏達電與多所學校合作，除把 VR 當成教具之外，也鼓勵內容開發，包括與國內多所科技大學、技術學院合作，辦理電競、視覺傳達等比賽，亦有 VR 教室及電競教室。

資料來源：經濟日報 2019.6.12，A16 版，產業版，何佩儒撰

2-4　國家競爭力與策略規劃

　　提高國家競爭力是21世紀各國施政的最高指導方向，我國在臺灣地區勵精圖治五十五年，具有舉世盛負的亞洲四小龍之一及Made in Taiwan（MIT）精良產品的美譽，實為相當不易。本節將提供國家競爭力之策略規劃相關課題供大家研讀，其中包括國家競爭力的內涵與執行策略，在知識經濟時化如何使產業創新，在國家層級之創新體系，如何順應潮流向知識經濟轉化，成為主導國家競爭力的火車頭。

一、國家競爭力之意義與評量參考指標

國家競爭力是指一個國家在政治、經濟、社會、教育、科技、文化、法制…等層面的表現指標與具備競爭優勢的總產出能力。若以科技表現向度來說明，其主要指標項目為：

(一) 研究發展（R&D）經費

1. 研究發展總經費。
2. 研究發展總經費密度（如以每萬人來計之）。
3. 研究發展經費佔GDP比。
4. 企業研究發展經費。
5. 企業研究發展經費密度（如以每百家企業來計之）。

(二) 研究發展（R&D）人力

1. 全國研究發展總人力。
2. 全國研究發展總人力密度（如以每萬人來計之）。
3. 企業研究發展總人力。
4. 企業研究發展總人力密度。
5. 合格工程師（問卷調查）。
6. 資訊技術可得性（問卷調查）。

(三) 科技管理

1. 公司間的技術合作（問卷調查）。
2. 公司與大學的合作（問卷調查）。
3. 財務資源（問卷調查）。
4. 技術的發展、應用與法規環境（問卷調查）。
5. 研究發展設備外移威脅國內經濟與否（問卷調查）。

(四) 科學環境

1. 諾貝爾得獎數。
2. 諾貝爾得獎密度。
3. 基礎研究（問卷調查）。

4. 科學與教育（問卷調查）。

5. 青年對科技興趣（問卷調查）。

(五) 智慧財產權

1. 專利權數。

2. 專利權數成長率。

3. 外國專利權數。

4. 專利及版權受保護程度。

5. 每十萬人中專利權。

再以高科技競爭力表現向度來說明如下：

1. 國家重視與支持的程度（政策支持／政治穩定度／創新精神）。

2. 社會經濟基礎環境（教育／人力／外資開放程度）。

3. 技術發展的基礎環境（科技自主發展能力／研發商品化／數位資訊使用度）。

4. 技術密集產品製造能力。

5. 技術密集產品出口。

6. 技術密集產品佔出口產品的比例。

7. 技術競爭力變化率。

若以臺灣經濟研究院估算我國創新能力國際評比項目說明國家競爭力如下：

1. 波特競爭力說明指標（Ranking of NIS by Porter's Method）：
   (1) 國家創新指數。
   (2) 一般創新基礎建設。
   (3) 與產業關連之要素。

2. 波特鑽石理論指標（Ranking of NIS by Porter's Diamond Theory）：
   (1) 要素面狀態。
   (2) 需求面狀態。
   (3) 政府政策與法制環境面的指標。
   (4) 產業環境與策略。
   (5) 集群狀態。

3. OECD（亞太地區經濟發展合作委員會）（Ranking of NIS by Porter's Diamond Tindicators）：

   (1) 知識生產因素。

   (2) 知識擴散因素。

   (3) 知識加值因素。

圖2-9　世界各國接受競爭力評比機構。圖為瑞士洛桑國際管理學院（簡稱IMD）之外觀。

二、策略規劃與策略思考之比較

　　1970年代，策略規劃（Strategic Planning）與策略制定（Strategic Formulation）通常被認定為同意義之名詞。由於策略規劃常有繁雜之計畫流程；在70年代與80年代，若企業之營運成果不佳時，又缺乏創新，其競爭力相隨即下降。當時不少企業皆認為複雜之策略規劃是過分依賴簡單的計畫模型與一些不實用的模糊數據，是導致企業失敗的主因。策略規劃是指企業發展過程中，一種具有輔助經營分析與執行功能的策略文件，並敘述其執行的策略過程。而策略思考（或稱策略制定）是組織領導者用來為其組織創造願景，並清楚的勾勒出一個能夠實踐該願景的精確過程藍圖。從上述二者之說明可知：策略規劃及策略思考並沒有很大差別，皆是一般企業界長期永續經營的必然作法。一個企業的執行長（CEO）或高階主管群是最需要啟動策略思考的流程。有經驗的管理高階人員認為：策略思考係從組織上層開始，可稱是屬於「由上往下」的溝通方式。而策略規劃則係由基層人員開始，以「由下往上」為主，以確實掌握所有策略議題所需的相關資訊。

　　1990年代，策略規劃實務可以美國通用汽車為例，推動新的「策略規劃」理念，主要目的有二；(1)確保企業內任一部門所學到的策略教訓與經驗；(2)是發展新的理念及技術，充分的溝通，讓有用的知識在企業內流通與擴散；使策略規劃具有支援的角色，為企業明日的創新加油。

　　21世紀的今天，依據管理學發展上之策略應用，已充分了解到「策略」是無法安全被規劃，就如國家競爭力之策略規劃，謹能假設在一種程度的理性及支配性系統分析，或對未來僅有一定程度的確認。策略大師明茲柏格（Mintzberg）曾建議：宜以刻劃（Crafting）來取代規劃（Planing），他的理由是策略雖然是對未來的計畫，也是從過去的模式；同時，策略不僅是一時規劃之流程、也會隨著時間逐一發展的方針計畫；一般管理者更是相信策略是必須隨競爭環境之快速變遷而做出最佳的反應。

2-5　國家競爭力與創新體系　★

　　21世紀是以「知識經濟」為主軸的創新社會，一個國家要建立其競爭力就必需在科技與技術創新的領域中，建立起有效的運作模式與獨特的價值。本節就創新的國家系統、創新的基礎條件建構及創新體系的政策重點說明如下：

一、創新的國家系統

　　提升國家競爭力，得由創新的國家系統出發，並向知識經濟體轉型，而建立經濟總體實力，經濟總體實力再藉由產業技術革命來達成。從國家科技發展系統化與環境分析，其系統內涵至少要有三個次系統來支援知識經濟體，才能達到總體競爭力的提升，如圖2-10為技術系統、知識系統及產業系統等三個系統，整合這三個社會型次系統，即可以在知識加值之策略運作下，達成由(1)充實知識能量→(2)善用創新策略與作法→(3)展現經濟實力等三階段之最佳提升國家競爭力運作流程。

　　由圖2-10得知，提升創新效率是一件「系統工程」，也是由國家的角度出發，才能全面衡量一個國家的創新能力。

　　總結上述觀念，在國家創新系統中，有能力推動創新的「國家系統」中，簡言之，國家創新系統，便是支持創新的國家系統，其重點有：(1)以實現知識向經濟轉化，提高綜合國力為目標；(2)使技術創新的眾多關鍵性元素得以緊密結合；(3)透過創新主體（企業、大學、研究機構、中介機構、政府部門）的交互作用形成能力鏈並產生集體效

益；(4)國家創新系統的能力就是一國的創新能力；同時在經濟全球化之**趨勢**導引下，「國家創新系統」將可提供一種全方位、新思維的方式，來定位國家創新系統與知識經濟體之間的互動。

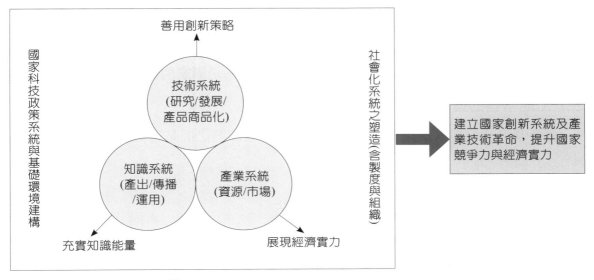

圖2-10　向知識經濟體轉型之國家創新系統圖

二、創新的基礎條件建立與評量系統指標

在知識經濟體中創新的基本元件，應有下列六項：

1. 政策法制建立。
2. 基礎設施建構。
3. 產業環境配合。
4. 知識能量充實。
5. 人力資源應用。
6. 資本市場。

若一個國家能配合這六項措施，在邁向技術創新是有絕對的優先重點。只有在在科技競爭力及創新能力之指標評比，目前仍缺乏全球一致認同內容，但是歐盟及OECD組織已開始進行「創新調查」研究，並設定指標建立與評比內涵；另一項由競爭力管理大師邁可波特（M. Porter）教授，以OECD之調查資料進行研究，努力建構了「國家創新指標與評比」，其詳細內容可簡述在三方向說明之。

(一) 共通性之創新基礎建設

是指支持各項創新發展的共通性制度與資源投入之項目，包括高等教育系統、基礎科學訓練、智慧財產權保護等。

(二) 創新產業集群（Clusters）的形成

係指企業之創新能力是因附加價值鏈功能形成產業集群或網路叢集，此網路叢集中對創新知識之產生、擴散、流通、運用與加值的狀況，是國家創新能力的來源。

(三) 上述兩者的連結

創新基礎建設與產業集群（含網路叢集）研發部門之間是否提供策略性的連結機制。

三、建構各國創新體系的政策重點

要提升國家競爭力，有賴國家創新體系的建構；在思考建構過程，首先得針對政策面加以研究擬定，方能掌握策略方針。邁入21世紀，各國因應知識經濟轉化的需求，全球無不紛紛著力於科技體制改革與政府組織再造，充分運用政策工具進行財稅獎勵，活絡金融市場、保護知識產權，加強產官學研合作，推動國際交流等等各種措施來強化國家整體創新能力。

綜合創新體系之各國政策重點說明如下：

1. 發展預期變遷的創新策略體系。
2. 進行科技行政與研發組織的革新。
3. 建立企業創新的有效獎勵機制。
4. 促進改善競爭能力的研究環境與人才流動。
5. 活化產官學研合作的介面與管道。
6. 建構知識與技術擴散的通路。
7. 形成區域性創新網路與集群。
8. 提高資訊服務的效能與供應能力。
9. 推動並培養創新的文化氛圍。

上述九項政策重點就是國家競爭力的策略規劃方向，其重點就是國家創新體系的建構。

四、我國創新體系分工結構及成功策略

　　國家競爭力就是國家創新能力的促進者，也是被視為國家最重要永續發展的基本能力。因此，一個國家累積創新資源與政策承諾的程度，被認為是科技政策最重要課題，也是大家重視科技管理之重要部分。我國目前並未對國家整體創新能力與企業創新活動進行過任何大規模調查，僅建立創新體系的分工結構，說明如下：如圖2-11所示為創新體系分工流程圖。

　　另外，國內之企業在創新系統中，產業是技術創新的主體，我國企業界具備強烈的企業家精神與企圖心，在發展過程中成功的以「快速跟進」策略（Fast Follower），跟隨既定的技術趨勢，快速攫取先進國家科技研發的成果，在本土進行系統與技術密集的改進過程中，再以「相對低價─考慮低成本指標政策」與「聚焦於特定產品（如IC晶圓代工）」在國際市場競爭；其中如OEM是我國企業吸取技術知識的重要管道，而技術擴散是以企業自身為主體，配合研發投資高的產業，而使技術專利成為企業競爭優勢。

圖2-11　創新體系分工流程圖

2-6　因應國家競爭力的前瞻策略規劃

　　由於國際資金、人才和與資訊的快速流動與累積過程中，也將使全球不同市場區域間同時產生「成長移轉」的現象。在預見的未來，21世紀將是一個全面無限寬廣的全球競爭世紀，我國必須思考如何成為國際或區域分工機能中的關鍵性部位，並據以強化自身的國家競爭力優勢，才能永續經營，提升國家競爭力之前瞻策略規劃分別說明如下：

一、短期前瞻策略方案之規劃（以一至三年期間為限）

(一) 推動國家前瞻計畫，形成科技政策智庫

1. 目標：
   (1) 讓前瞻計畫成為我國科技發展策略上運籌惟幄的重要工具。
   (2) 讓形成的科技政策，成為科技發展方向。

2. 策略：
   (1) 科技部每三年提出科學技術發展之遠景、策略與現況說明。
   (2) 科技部每四年全面性進行科技前瞻計畫，系統化探索科技、經濟、環境與社會發展的遠景。
   (3) 累積多元性的科技智庫。
   (4) 邀請產官學研共同參與，提升社會認知。

(二) 進行創新活動調查，建立創新指標與評比系統

1. 目標：
   (1) 讓企業創新產出與創新行為能具備有完整評量指標。
   (2) 使知識流通方式應用於產業網路。
   (3) 建立國家整體創新能力的國際評比。

2. 策略：
   (1) 依據OECD之定義及相關手冊、編定指標，每二年進行一次創新調查。
   (2) 建置電子化指標系統。
   (3) 提供國際評比、預測模擬、目標值設定及訊息回饋等功能。

(三) 建立科學活動績效與影響之評估模式

1. 目標：
   (1) 讓科學活動發展時，使知識的傳播可以透過各管道完成。
   (2) 建立我國相關科學指標及長期觀測科學活動，提供決策參用。

2. 策略：
   (1) 建立良好評估模式及其應用性。
   (2) 各種衡量指標亦需廣為蒐集、分析、比較。
   (3) 探究有關如何連結研究、研究成果、研究成果應用及產生的市場效應。

(四) 進行科技人才資源調查並建置資料

1. 目標：
   (1) 建立科技人力之分佈與供需狀況。提供政策規劃及一般研究之用。
   (2) 開始重現科技人力的配置與流動的調查，作為評估國家知識存量之指標及指引於未來市場需求。

2. 策略：
   (1) 針對未來在快速變遷的環境，評估人力資源配置將出現不平衡。
   (2) 建議每四年進行一次科技人力資源調查。
   (3) 持續建制國家科技人力資源庫。

(五) 制定科技資訊政策白皮書與公共資訊法

1. 目標：
   (1) 建立有效率與公信力的國家資訊服務體系。
   (2) 整合資訊流通達到分享程度，提升績效，促進現代化。

2. 策略：
   (1) 依據「科技基本法」，擬訂科學技術資訊流通政策，採取整體性計畫措施，建立國內外科學技術研究發展的相關資訊網路及資訊體系。
   (2) 由政府擔任規劃者角色，負責訂定政府資訊資源的指導原則。
   (3) 制訂現代化的法規制度，以強化網際網路應用環境。
   (4) 支援科技基礎建設，排除限制因素，使科技資訊能有效地配合國家創新體系所需。

二、中期前瞻策略方案之規劃（以三至六年期間為限）

（一）推動形成創新聯盟與成長集群（Growth Cluster）

1. 目標：

    (1) 促進能力中心與能力鏈的形成。

    (2) 使創新資源有效流通組合。

    (3) 擴大產業群聚化的整體效益。

    (4) 改進中小企業創新的框架條件。

2. 策略：

    (1) 誘導產業進行關鍵零組件與新產品研發投資。

    (2) 推動跨領域的技術結合，開拓新事業領域。

    (3) 優先支持具自主知識產權與高附加價值的創新項目。

    (4) 推動科技研發機構建立重點技術的示範推廣基地。

    (5) 強化不同產業集群間的互動。

    (6) 運用兩岸互補性資源建構整合優勢。

    (7) 透過網路技術與虛擬組織強化外部資源的運用。

    (8) 在國家重大研發計畫中設定產學研合作項目。

    (9) 鼓勵企業與大學共同設立技術創新中心。

    (10)利用資產重組的機制促使產學研界的創新主體有效整合。

    (11)訂定「研究交流促進法」，使產學研人力資源充分流通與運用。

    (12)提供中小企業合作研發補助金，租稅優惠及融資。

    (13)設立中小企業創新活動專項基金。

    (14)改進中小企業技術研發的相關稅制。

（二）建立技術移轉與擴散的機制

1. 目標：

    (1) 加強國際技術合作，引進外部技術資源。

    (2) 加強本土企業技術吸收與應用的能力。

    (3) 建立先進的智慧財產權管理運用制度。

    (4) 推動本土技術行銷與輸出。

    (5) 建立良好的技術創業環境。

2. 策略：

(1) 加強生技產業智財權的規範，建立本土型基因體資料庫。

(2) 加速技術移轉的立法，訂定大學研究成果授權民間共同開發的細部機制。

(3) 鼓勵各大學成立技術移轉中心，並將技轉成果列入評鑑範圍。

(4) 研究機構於海外（大陸）設立研發基地，與先進研究資源接軌。

(5) 協助中小企業以策略聯盟，交互授權或併購方式拓展技術實力。

(6) 強化對於技術產品市場的資訊搜集與供應能力。

(7) 佈建企業技術諮商網絡，協助建立技術取得與吸收策略。

(8) 鼓勵研發機構形成衍生性公司。

(9) 研議推動技術交易市場的形成。

(10) 提供特別的環境以培育年輕優秀的「技術創業家」。

(11) 培養國際技術合作，授權談判及技術鑑價的專才。

(三) 建立科技風險投資支持系統

1. 目標：

(1) 創造有利於創投產業發展的基本環境。

(2) 廣闢創新投資，融資與退出渠道。

(3) 健全創投基金與創投事業運作的法制。

(4) 改進創新投資項目評價體系。

(5) 落實知識產權與無形資產的保護。

2. 策略：

(1) 健全與科技創投基金接口的資本市場。

(2) 適度放寬金融法規限制，拓展創投基金的來源與規模。

(3) 輔導成立專業的創投基金管理與中介服務機構。

(4) 建立創投企業價值的評估標準，輔導進入資本市場。

(5) 成立區域性「創新投資聯盟」，由產官學研界共同集資，並由有經營能力的專業單位運作。

(6) 鼓勵合作發展結合科技顧問、創投基金、人才資源與產業資訊等眾多功能的「創新資源平臺」。

(7) 積極爭取我國與先進國家創投基金的聯合投資。

(8) 凝聚海外華人資源，推動組成「華人創投基金」。

(9) 培養具綜合規劃與管理專業的金融科技人才。

(四) 進行科技人才資源整體規劃

1. 目標：

   (1) 加強科技人力資源之發展與管理（培育／流通／效益）。

   (2) 調整與提升科技人力的整體結構（位階／專業／年齡／分布結構）。

   (3) 使科技人才能配合部門生產效益之高低進行合理流動。

   (4) 建立在業培訓與轉業培訓的機制。

2. 策略：

   (1) 全面統籌規劃人才培養、培訓與延攬系統。

   (2) 建立居留海外科技人才之資訊與支援網路。

   (3) 降低居留與就業門檻，並透過優惠政策導引跨國人才流動。

   (4) 建立負責人才交流的專責機構（人力交流中心）。

   (5) 立法保障科技人力在職研修的權益。

   (6) 政府與企業提供一定比例的在職研修經費來源。

   (7) 推動研發機構人事管理制度轉型。

   (8) 規劃第二專長學程教育，培養與儲訓跨領域之複合型人才。

(五) 建立科技資訊服務體系

1. 目標：

   (1) 建立高效率品質的全方位服務體系，符合使用者多元資訊需求增加資訊的加值效果。

   (2) 支援研究發展，帶動產業創新，成為技術移轉的媒介。

   (3) 支援國家科技政策體系與國會立法。

   (4) 推動科技資訊法制化，確保公共資訊的公開與釋出。

   (5) 配合科技發展方向，提升國家競爭力。

   (6) 培養國民科技資訊素養。

2. 策略：

   (1) 協調與規劃部門間的定位分工（成立科技資訊局）。

   (2) 健全資訊政策法制，鼓勵民間科技資訊產業的發展。

   (3) 運用先進資訊處理與通訊技術，改善資訊保存與流通。

   (4) 建立合理的知識與人才結構，支持資訊管理研究。

(5) 建立品質文化，提供優質服務建立成效管理制度。

(6) 規劃與確保資訊服務的財源，並有效運用資源。

(7) 加強聯繫整合國際合作，建立資源共享。

(8) 積極參與國際性科技組織及資訊聯盟。

　　由上述之短中期之前瞻策略方案規劃，是以創新為主體，以知識經濟為主流的國家競爭力策略規劃，也是每個國家科技政策的重點，更是全體科技管理方面執行者之認知範圍與重點。藉此策略規劃勢必可在知識經濟時代中，讓國家科技與競爭力向前邁進一大步。

科管亮點

世界叫車平臺（Uber）公開發行股票，翻轉並創新世界商機

　　叫車平臺 Uber 在 2019 年 5 月，首次股票公開發行，雖僅估計價值為 800 多億美元，但與當年的亞馬遜、Google 及臉書相比較，仍然成就非凡，證明這家獨角獸新星已成功開創一個全新的世界觀。Uber 的資深經理指出：「Uber 的成功案例無疑培育新一代創辦人，啟發他們解決現實世界的問題，並挖掘其他科技產業未察覺的商機」。

　　Uber 公司又為何會成功呢？創辦人卡拉尼克說：「Uber 成為反轉網路的領頭羊，Uber 的影響力無遠弗屆，以致全球皆逐步展店」。Uber 需要的人才相當多元，公司網羅各領域的當地人才，從華爾街金融家到西雅圖拖船駕駛員，都可能是 Uber 需要的人才。Uber 成立這十年，正好搭上智慧手機盛行且全球衛星導航（GPS）和電子支付蓬勃發展的年代，Uber 將共乘服務及零工經濟推向主流，並將自家叫車平臺轉變成全球數千萬民眾日常生活的一環。

　　但成功背後卻也付出極為可觀的代價，Uber 先前將商業版圖擴張到全球時，剛開始投資人眼睜睜看著超過 100 億美元付之東流。後面盡可能讓更多司機及乘客加入擴大參與。同時，Uber 從一開始就應用據點，採用廣泛分佈的組織，並史無前例的下放管理權力到各城市一些年輕的經理，這是 Uber 公司採用授權的管理模式，也是今天能成功的主要經營模式。

資料來源：經濟日報 2019.5.25，移動全視界版，楊宗穎編輯

學習心得

1
「科技制定」是政府施政的重要課題。

2
產業是一群彼此在市場有關聯的公司與組織。

3
產業有一種多元關係，具有四個向度空間，有生產、產品、顧客及地理區域。

4
我國科技政策形成由中央政府的總統府、行政院及科技部來負責。

5
我國產學技術政策推動由經濟部及工業技術研究院來負責。

6
主要產業技術項目之推動由科技專業計畫來負責整合（含政府、民間及新產品）。

7
在知識經濟時代，政府應重視知識創新體系、創造產學競爭優勢，增進生活品質、提升全民科技水準及強化國防科技。

8 美國科技研發體系包括有：大學、產業界，非營利組織或基金會研發機構及政府設置之研究機構等。

9 日本科技研發體系有：科學技術廳，通產省及文部省之大學及研究機構；而成果管理體系有：科學技術廳各單位及文部省高教單位。

14 中國大陸重視每五年之計畫，如（九五）（2010年）（十五）（2015年）（十一五）（2020年）（十二五）（2025年）之計畫，落實推動其「科技興國」及「永續經營」爲科技與經濟建設目標

13 技術系統及商品化、知識系統之運用及產業系統之市場是國家創新最重要的三大系統。

10 韓國科技研發著重創新規劃，研發經費成長率爲各國之冠，且重視人力資源及體制建立。

12 國家競爭力之評估指標有：R&D經費、R&D人力、科技管理、科學環境及智慧財產權。

11 中國大陸重視每五年之計畫，落實推動其「科技興國」及「永續經營」爲科技與經濟建設目標。

從2016年APEC高峰會推動多邊貿易談起

　　每年一次亞太經合會（APEC）領袖高峰會，今年（2016）在祕魯舉行，在該組織的企業諮詢委員會（ABAC）於會前發表一份報告，此份報告與所有參與國家科技、經濟、創新、創業皆有很多關係。趁科技管理個案分享給同學之際，特別介紹本次報告建議重點，共有15項，分別說明如下：

1. 支持多邊貿易體系：重申對WTO的承諾，抗衡與保護主義。
2. 促成亞太成立自貿區：強烈支持APEC採取行動，朝FTAAP邁進。
3. 加速貿易投資自由化：努力透過自貿協議談判降低關稅和貿易障礙。
4. 扶植全球微型與中小企業（MSMEs）：在國際市場，讓創新、整合永續發展存在。
5. 擴大MSMEs融資管道。
6. 強化婦女經濟賦權：設立婦女與經濟衡量指標。
7. 達成糧食安全。
8. 加速綠能成長：落實加速運用再生能源的政策。
9. 改善能源安全：鼓勵全區的經濟成長。
10. 促進礦業發展：避免實施不公平對待礦業的法規。
11. 鼓勵加強都市基礎建設。
12. 促進網路數位經濟：消除數位落差，強大網路數位經濟。
13. 促成供應鏈連結：敦促APEC經濟體朝採納全區的全球資料標準邁進。
14. 降低技術勞工流動性。
15. 促進基礎建設與資本市場投資。

資料來源：經濟日報2016/11/16，A4版，湯淑君編譯

活動與討論

1. 請列出2016年APEC的企業諮詢委員會之建議項目，並提出與科技管理之關係性。
2. 請上網查APEC網站之資訊，可進一步了解APEC世界經濟上之貢獻有哪些？

問 題 與 討 題

1. 請說明科技制定的策略內容。
2. 請說明國家競爭力的評估內容。
3. 請比較美、日、韓國的科技政策制定有何異同點。
4. 請說明國家競爭力與創新體系。
5. 請說明因應國家競爭力的前瞻與策略規劃。

參考文獻

1. 徐作聖等編著（2003），產業經營與創新政策，全華圖書，第一版。頁306。
2. 洪瑞璘譯（2001），策略管理概論，培生教育，第一版。頁37。
3. 行政院國科會資訊傳播網站。
4. 行政院經濟部資訊傳播網站。
5. 羅於陵、柏安東、李杏芳（2001），國家創新體系：向知識經濟轉化，行政院國科會科資中心。
6. 洪瑞璘譯（2001），策略管理概論，培生教育出版集團。

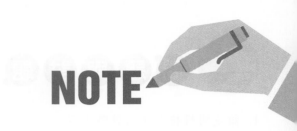

NOTE

CHAPTER

03

科技變遷與技術替代

Technology Management

學習指引

1. 認識技術生命週期與科技變遷。

2. 認識產品生命週期與技術替代。

3. 你認為科技前瞻的重要性為何？

4. 要了解科技前瞻的分類架構為何？

5. 科學與科技規劃之活動流程為何？

6. 科學與科技政策制定基本架構內容有哪些？

7. 介紹一種科技前瞻模式。

科管最前線

為推動國內數位經濟，以建立完善法治幫企業加值

　　政府為因應數位經濟發展，行政院特別召開國際經貿會議，提出策略方針。數位經濟是當代產物，在網路及物聯網技術不斷發展中，創造虛擬無國界情境成為數位經濟之主軸，為相關企業加值。先進國家中以英國為例，正積極打造數位經濟的環境，在建立完善法制方面，正加速建構，共同的有二：

　　第一是帶動資通訊基礎建設的投資，提供更友善的創業環境，確保英國在數位時代仍保持領先優勢；第二是在不侵害隱私權之下，保障國民的網路使用權，進而提供更快速的公共服務。

　　在本法案中，主要有五大重點項目，分別說明如下：

1. 最佳化管理寬頻使用權：政府與資通訊公司，共同提升頻譜管理效率，採取最佳化管理方式。

2. 強化消費者權益保障：政府通訊管理單位，得以要求通訊商提供與消費者有關之資料。

3. 保護智慧財產權：針對侵害著作權，新增刑事處罰，以保障原創者權益。

4. 強化政府資訊公開與公共服務：政府單位以更透明更明確方式，來提供資訊服務。

5. 保障數位時代下之公民權益：積極降低民眾收到垃圾電郵或騷擾電話的機率。

資料來源：《經濟日報》2016/11/09，A2版，經濟日報社論

活動與討論

1. 請說明推動數位經濟方面，在先進國家中以英國為例之作法為何？其管理與法制建立有何特色？

2. 請同學應用上網工具，來了解數位經濟之意涵，並介紹目前對我們e化生活有何影響？

　　自1980年代中期起，科技前瞻（Technology Foresight）的概念開始取代技術預測，並且將以滿足人類需求為主的科技前瞻，結合以創造卓越科技為主的科技評估與預測概念，形成更加廣泛的「前瞻」理念。然而，優良的科技不一定為市場所接受，廉價的科技有時也能滿足人類很大的慾望。故前瞻並非以研究者本身的考量為導向，而是以使用者為導向，並以人性化的考量為依歸。目前此概念已逐漸被廣泛應用於各國科技政策的決策體系中，作為國家政策規劃的輔助工具，以及研發資源分配的理性基礎，試圖透過有系統的探索科技變遷的動力，發展應對策略，以追求科技發展，達到最大的社會經濟效益。

 圖3-1　美國總統川普召開科技高峰會，包括蘋果執行長Tim Cook等13位科技界重要人士皆應邀參與，探討科技變遷的趨勢（圖片來源：聯合新聞網）

3-1　科技演化與變遷過程　★

　　科技的演化與變遷我們可以透過下列模式的表現來進行探討，在科技管理領域中，策略規劃過程的關鍵要素首先就是對科技的變遷要有深入的了解，在科技管理中有個觀念就是一旦當科技達到其自然的限制時，終將成為一個快速且容易被取代及衰退的技術。另外，由於企業、市場與科技創新彼此間有非常緊密的動態關係，因此，科技的不斷創新也同時開啟了未來產業和經濟持續成長新的希望。

在說明科技演化與變遷過程之前，我們必須先解釋何謂技術生命週期。

技術生命週期是用來確認我們目前所應用的科技在組織中是屬於何種階段的常用模型。生命週期階段包含了新興階段、初始成長階段、晚期成長階段以及成熟階段，如圖3-2所示。

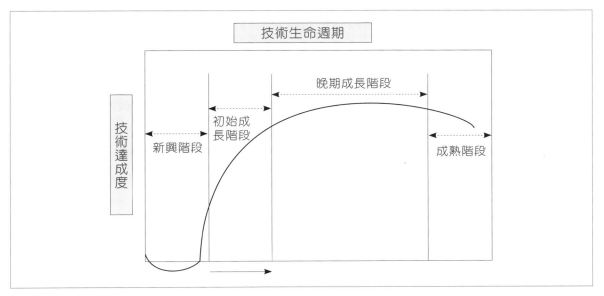

圖3-2　技術生命週期

模型中的S型曲線說明科技成長方向。圖中縱軸標出技術的達成度，而橫軸指的是時間，亦是代表所有研發投資所進行的時間。另外技術達成度績效則以指數的狀態成長到達頂峰，最終隨著時間而呈現緩慢的下降。

在技術生命週期的新興階段，組織剛獲取技術，並以技術的基礎應用作為開始發展的階段。技術是否能被開發完成在目前階段仍是未知的，且研發成果的可能性是分散且模糊的。在這個階段，技術成長的速度非常緩慢，甚至許多個案中顯示技術成長速度可能為零或負成長。如圖3-2所示，負向的發展及失敗與企業其他相關發展元素有關，例如：從事以技術為基礎（Technology-Based）的無效率行銷方法、以科技為基礎的產品引介時機不適當、技術引介時資源配置的不適當等。

因此，企業在這個時期的技術研發投資必需考慮可能無法從技術本身回收報酬。這個階段並非是處於一個需求的階段，故投資必須承擔這個結果。由於此階段並非一個技術需求的階段，故企業的技術研發相關投資必需考慮技術本身無法回收報酬並且承擔所有可能結果。

在新興階段後接下來的是技術初期成長階段。在此階段中，成長的速度通常是呈現指數型成長。換句話說，在技術生命週期曲線中的這個階段，是沿著一條以對數比率延伸的筆直路徑前進。技術可行性的比率向上提升，使得這個階段所呈現的是成長與發展，創新成果的增加在於此階段逐漸消失。這個階段已經跨越了技術初始緩慢的成長，轉換成指數型成長，直到形成一個筆直直線的等比成長，進而進入晚期成長的階段。生命週期中技術的早期及晚期成長階段幾乎涵蓋整個科技發展的歷程。因為各方面的競爭行動成為強化組織績效及促進技術發展速度的催化劑，故在晚期成長階段的競爭更加淚烈。

最後，技術成長在進入成熟階段時開始變的緩慢。生命週期曲線緩慢地自頂峰落下並在停留在水平程度一段時間，而財務投資方面則可能持續緩慢地成長，或甚至是開始減少。換句話說，技術的成長在此階段可能停止不動，因此額外的投資可能很難回收。另外在某些個案中，當另一個替代技術開始發展時，則如圖所示之中的曲線便會開始加速下滑。

另一方面，組織在檢視技術生命週期時也需考量產品生命週期的演進，然而產品生命週期路徑與技術生命週期也有些相似。也有四個成長階段與S曲線。生命週期曲線是透過指數比率繪製所有時間內進行生產發生的各種商業活動。因為各方面的競爭行動成為強化組織績效以及促進技術發展速度的催化劑，故在晚期成長階段的競爭越激烈，有許多大家所熟知的方法可以確認技術生命週期型態，其中包括技術文獻、專利權、相關趨勢、科學研究、在此科技領域中研發組織運作的數量及形式、績效、價格、市場占有率、與投資有關的市場競爭形式，及在此科技領域中學術研究的專業化程度等等。但是根據生命週期所進行的科技前瞻部分則必須運用更詳盡藍圖來達成。

以微處理器產業為例，英特爾（Intel）公司擁有世界最大的市場占有率，在科技變遷極快的微處理器產業中，技術生命週期的替代以及產品創新的速度無時無刻衝擊著企業的營運，但是英特爾公司總能在每次產業發生變化時，及時的突破舊有思考，跳躍過一般企業欲振乏力的高原期，並以最快速度的反應達到另一個顛峰。

企業跨越過技術或產品生命週期，再造顛峰並成為產業轉折點，即為英特爾總裁葛洛夫（Andy Grove）先生所稱的「策略轉折點」。了解科技的演化與變遷，透過技術生命週期曲線是最佳的選擇，企業可以針對技術與產業現況以技術生命週期中的地位來了解產業結構與進行發展，調整企業競爭方式，以維持市場地位或是闖出另一新事業，但若忽視技術生命週期的演變，等於忽視產業結構與競爭勢態的轉變，企業將會眼看著自己被科技變遷的潮流滅頂。

3-2 科技前瞻的重要性

廣義來說，科技是完成人類目的的工具、技術、程序、軟硬體及know how等等，而預測則指的是對未來的推測。若進一步結合科技與預測的概念，所謂的科技前瞻（Techmology Foresight）乃是側重於科技變遷的預測活動，並盡可能以文字或數字的形式來陳述，其中的焦點可能在於敘述科技的演化或變革、具體的創新及執行、與科技能具體應用實現的時間。

許多新科技及產品的出現與應用來自科技環境的快速變動，加上產業環境持續的動態競爭，會產生出許多不同以往的產業，進而改變產業中的企業經營模式。企業進行策略規劃時，科技前瞻非只是狹義的去尋找及描述科技可能的發展，而是在提供科技管理人員對科技發展的判斷，進而成為企業決策工具的參考。

如圖3-3所示，科技前瞻的運作主導方向係包含兩個部分，其方向可能取自專業之科學與技術，以及人類需求的變革兩個平行部分。無論是運用何種方法作為科技前瞻活動的主軸，科技前瞻都會面臨到這兩個高層次且未建構清楚的焦點。此處科學與技術的主導方向包含生態方面，而人類需求的變革則包括社會、經濟、政治、以及價值部分的議題。科技前瞻是當面臨對未來的關注時，藉由將議題轉移至建立一個高度創造，但非結構化、附屬／非正式的模型，象徵著將來對未來有用資訊模型化。而這些預測的結果也將會隨著政策上的應用被討論。但是毫無疑問地，前瞻的可能性會成為科學家或決策者自我實現的預言。

科技前瞻技術可以應用在許多層面的產業，例如目前的無限通訊、電子以及生物科技產業，未來更可以針對許多不同的生活需求開發，也能整合跨產品的組合應用。以臺灣在半導體、資訊通訊及電子材料等方面為例，除目前已有的製造能力外，在奈米製造的發展也有相當程度的開發，未來在科技前瞻發展方面，超大型積體電路的製造與設計尚有許多可發揮空間。但由於許多產品的應用層面變得更廣，整合的動作變得更加重要，除了需要軟、硬體的設備配合外，技術的研發與整合的成本也須考慮在其中。生活應用的技術與產品的持續開發將會對人類的生活開啟嶄新的一頁，然而最終需求與供給的相互配合才是進行成功科技前瞻的關鍵。

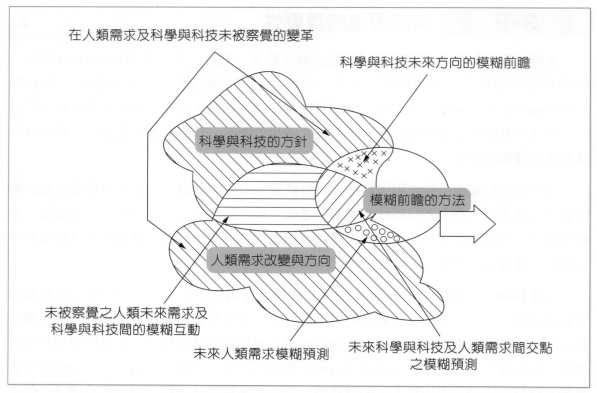

在人類需求及科學與科技未被察覺的變革

科學與科技未來方向的模糊前瞻

科學與科技的方針

模糊前瞻的方法

人類需求改變與方向

未被察覺之人類未來需求及
科學與科技間的模糊互動

未來人類需求模糊預測

未來科學與科技及人類需求間交點
之模糊預測

圖3-3　人類需求之科學技術與前瞻方法的交點

資料來源：Denis Loveridge, 1997。

　　現有的科技前瞻模型建立，必須經常依賴計量相關方法的應用，例如：許多方法與模型的應用必須藉助系統動力學及計量經濟學等，所以不免仍有其侷限性，本來應用於預測流程（Foresight Process）的方法，一開始也被使用在科技前瞻之中，而隨後被發展為應用在較廣泛的情境模式。許多其他方面的思考趨勢也提供了科技前瞻實務有用的方法，並被應用在背景較廣泛的預測工作中。這其中包括背景分析，議題管理、行為科學以及社會學的思想趨勢等。

　　目前為止，許多國家所進行的全國性科技前瞻仍依靠前瞻流程方法，在最近的許多文獻中已多有討論，這些活動的三角關係形式如圖3-4所示，在任何情況下方法的選擇是協商、折衷的結果，並且包含來自各個不同預測流程的變化。但是問題是當失去來自控制流程中的固定資訊流量時，創造力及專家意見則會無法發揮，但我們仍必須視為必要的背景活動。許多這類的資訊，可能來自於正式或附屬的模型，或者是具有良好架構但未完全整合的資源。

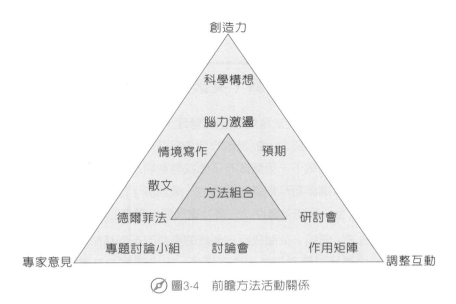

圖3-4　前瞻方法活動關係

資料來源：Denis Loveridge, 1997。

　　以日本為例，從1970年代開始，科學與技術協會開始從事科學與技術前瞻的研究，並使用著名的德爾菲法，提供系統化的科學與技術預測方法，其中包含了所有國內科學領域，透過數千位科學家的問卷調查來完成對外來科學與技術的預測，這不僅提供政府政策及規劃的資訊，亦連結公、私部門的預測能力，共同為國家的科學與技術發展提供清楚的方向與願景。

　　如英國國會科技局在對前瞻計畫所進行的檢討時就觀察到，當「日本」科技計畫廳（Science and Technology Agency）早在1971年的調查中預測到液晶顯示器（liquid crystal displays, LCD）在未來將會成為取代傳統陰極射線管（cathode ray tube, CRT）的後繼產品時，各方完全無法確信這是否是一個正確的科技前瞻，然而其後日本對LCD生產進行大幅投資的結果，卻使得此預測在往後成為事實。

科管亮點

發展知識經濟，突破臺灣企業轉型

　　經濟日報的社論，特別為臺灣效法荷蘭的經貿管理，提出剖析建議要效仿的成功秘訣有二：1. 為優質的企業家精神與創新能力；2. 為政府全力打造成為領先全球的知識經濟體，在面臨全球及國內經濟社會問題的挑戰下，荷蘭政府不斷找尋創新及創業的新動力，藉此持續推動經濟成長。一般我們認為：所謂創新及創業的新動力，來自於全球人口快速成長、高齡化、能源稀缺、氣候變遷、糧食安全，生物多樣性消失等社會問題所帶來的需求商機。

　　臺灣要學習荷蘭的做法，例如，荷蘭政府在傳統的產業改革與補貼措施之外，更積極推動新的企業改革，為好的企業精神及創新能力添加資源，以企業需求為導向，政府提出具體目標，強化產業領域的競爭力。或許臺灣的客觀條件，在企業永續精神或創新創力不如荷蘭。但荷蘭也不是短期就有如此成就；所以國內政府對經濟願景及努力方向，必經透過有效的政策加以落實。

　　學習荷蘭政府對產業的支持非常多元。並篩選領先產業或企業，加速推動知識密集型的產業或企業，打造成優質的知識經濟體。

資料來源：經濟日報 2019.7.6，A2 版，經濟日報社論

3-3　科技前瞻的分類與架構

　　過去許多的相關文獻曾提出不同的前瞻模式，也有許多後進學者提出創新的相關研究，例如：情境分析法、得爾菲法、回歸分析以及因果分析等方式，但目前尚未出現一個具系統性的方法能將所有優秀的理論或模式加以整合。Gabor（1963）曾提出將科技前瞻方法分為探索式預測以及規範式預測，其間的差別在於探索性方法是根據過去情況對未來進行預測，例如：常見的德爾菲法、專家意見法即是。而規範性方法則以未來期望基礎，來預測所應達到的目標。

　　目前對於長期的科學與科技計畫的規劃，大都是使用德爾菲法的預測結果。對科技前瞻成果而言，德爾菲法可視為後預測活動。圖3-5所呈現的是規劃活動的流程。我們以韓國為例，最初韓國全國性的目標乃是在21世紀邁向高科技社會，追求生活品質，以及透過增加科學與技術的能力來強化整體國際競爭力。而廣泛的科技與社會經濟前瞻均預期國內與國際未來的經濟環境皆會有所改變。同時，全國性的科學與技術能力也跟過

去的科學與技術績效一起進行評價。在將兩者進行整合後，全國性目標可被轉換為具體的科學與技術目標。

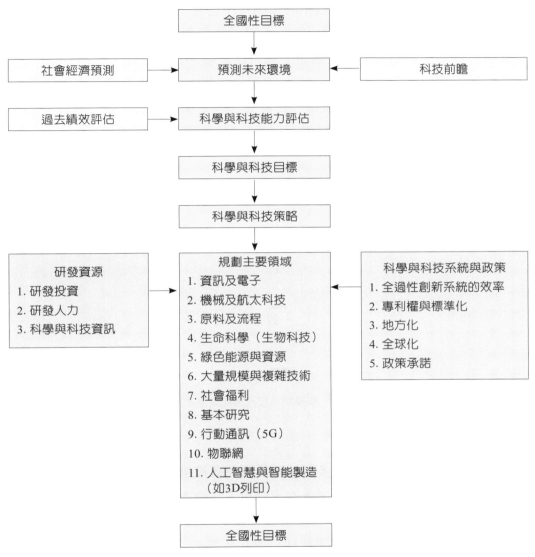

全國性目標

社會經濟預測 → 預測未來環境 ← 科技前瞻

過去績效評估 → 科學與科技能力評估

科學與科技目標

科學與科技策略

研發資源
1. 研發投資
2. 研發人力
3. 科學與科技資訊

規劃主要領域
1. 資訊及電子
2. 機械及航太科技
3. 原料及流程
4. 生命科學（生物科技）
5. 綠色能源與資源
6. 大量規模與複雜技術
7. 社會福利
8. 基本研究
9. 行動通訊（5G）
10. 物聯網
11. 人工智慧與智能製造
　　（如3D列印）

科學與科技系統與政策
1. 全過性創新系統的效率
2. 專利權與標準化
3. 地方化
4. 全球化
5. 政策承諾

全國性目標

圖3-5　科學與科技規劃活動流程

　　為有效地完成建立科學與技術目標，預測內涵須包括穩定的研發資源，規劃主要的目標發展領域，未來科學與技術系統與相關科技政策。其中科學與科技規劃包含11大領域：(1)資訊與電子；(2)機械與航太科技；(3)原料與流程；(4)生命科學（生物科技）；(5) 綠色能源與資源；(6)大型複雜技術系統；(7)社會福利科技；(8)基礎研究。其他方面如研發資源策略、科學與技術系統、科技政策，也被視為有效管理與達成規劃主要領

域的重要角色；(9)行動通訊（5G）；(10)物聯網；(11)人工智慧與智能製造（如3D列印）。

　　韓國在科學與科技規劃活動流程中的預測程序包含三個階段：開始階段、主要預測階段及承諾階段。簡單來說，在開始階段，溝通及協調部門中必需考慮並且妥善安排全國性新研究計畫中的相關的利益團體，同時創造最初預測承諾，如圖3-6所示。接下來，主要的預測階段有四個重點，包括：(1)覆檢科學；(2)技術相關要素的資訊；(3)提出計畫；(4)選擇研發計畫的替代技術。在優先性設定中進行的是替代技術的調查，最後委員會選擇出11個科學與科技領域進行預算分配與控制及進行研發評估。

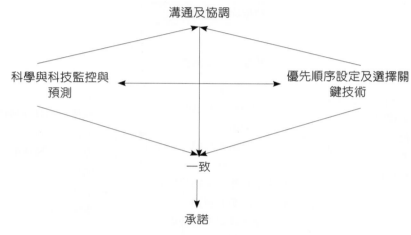

（）圖3-6　科學與科技政策制定基本架構

資料來源：Taeyoung Shin, 2000。

　　然顯而易見的是，這其中有許多科技項目不免會被排除於表列名單之外，這些科技通常被認為可能是過度狹隘、需要過多的資源投入、缺乏現存研發基礎建設所擁有的穩定性、以及不是由產業或學術界、以及計畫主要的議程設定者所推薦的。這是由於一旦允許其他的利益涉入其中，前瞻可能成為變化多端的「說故事（Story-Telling）」型態，超出目前的議程所能負荷的。因此，協商似乎總是有著極為類似的產出，這是由於其中的成員有其特定偏好，而不是將重心置於在特定的科技－經濟議程中所勝出的社會－技術網絡。

 圖3-7　公司研發人員正在研討技術的預測風向

3-4　科技前瞻模式　　★

　　通常考慮科技前瞻方法的選擇因素包括技術研發成本、資料取得的來源及有效性、科技替代的時間以及影響科技變遷變數多寡等，若影響科技變遷或演化的變數越多，則科技前瞻活動的內容就越複雜，另外在考量這些因素時，可能同時需考慮多種方法的交互運用或是必須背負極大預測成本的壓力。

　　以德爾菲法為例，選擇這個預測方法的前提為所有參與者都必須是該預測技術領域中的專家。而在個案研究法中，只限於研究極小數目的組織是它的先決條件。每個模型都有自己的假設，而預測結果正確程度取決於假設的適切性。將專家知識透過趨勢分析得到適當的結論，此結論並可作為相關政策制定時的參考。德爾菲調查法的特色是可預測長期、較大範圍的科技發展，缺點是以現況預測未來，無法預測真正具革命性、突破性的創新，但是德爾菲法仍是最常被使用的科技前瞻技術之一。

德爾菲是很著名的科技前瞻方法，特別是在一段間內進行廣泛且大規模的預測。(Martino,1993) 科技前瞻的全國性調查基本使用三次循環德爾菲法以分三個階段進行，包括預備階段，事前預測，主要預測。

預備階段

▶ 為收集科技概念的預測進行腦力激盪，寄給25,000位專家空白問卷
▶ 將收集來自6,000位專家的30,000個想法濃縮成9,000個科技主題，並以此作為預測

事前階段

▶ 建構科技前瞻委員會及12個小組委員會
▶ 檢視9,000個包含來自腦力激盪的主題，並挑選出1,127個主題
▶ 覆檢問卷

主要預測

▶ 執行第二回合德爾菲法寄發給5,000位專家連續問卷，回收問卷後，約有1,600位返回第一回合，1,200位於二回合
▶ 47個主題加入第二回問卷總計1,174個主題
▶ 平均每位專家回答兩個領域中少於50個主題

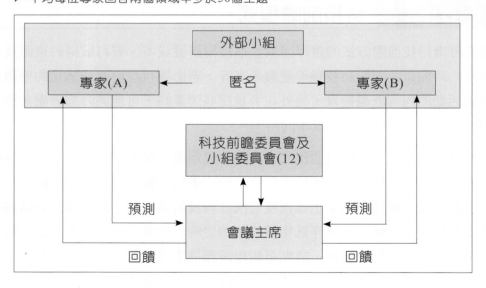

🧭 圖3-8　韓國德爾菲組織

回顧韓國科技前瞻階段（如圖3-8所示），在預備的階段，尋求來自廣泛地科學與技術專家所提出的種種概念。或許這些主題相關思維在其他國家已被預測過，但可能對韓國並不適用，因為韓國的科技能力可能與其他已具科技優勢的國家不大相同。韓國在進行全國性科學與科技前瞻時，首先寄出空白紙張給約25,000位專家，並且要求他們寄回任何與國家社會發展相關的具體價值與想法，以預測未來20年的國家發展。相當令人振奮的是有6,000位專家平均提出5個想法，因此約有30,000個想法被提出來。在30,000個想法中，約有9,000個主題被挑選出來，並且重新歸類到15個領域。這些領域包括：(1)資訊、電子及通訊科技；(2)生產方式；(3)原料；(4)良好的化學製品；(5)生命科學；(6)農、林漁業；(7)醫療照護；(8)能源；(9)環境與安全；(10)礦物質與水資源；(11)都市化與基礎建設；(12)運輸設備；(13)海洋及陸上科學；(14)天文學及外太空及；(15)科技整合。

任何一個國家在最初開始範圍內的科技流程中依賴其在科學與技術部門中的專家構想使用程度與達成度。企圖藉由對國內外資源與科技趨勢的隨時掌握，以達到國內創新科技發展的完成。例如相較於日本於1992年所進行的德爾菲法，韓國約有3/4的主題與日本不同。這顯示出韓國專家的關注焦點受到韓國獨特性要素的影響。在不同的要素稟賦下，不同的國家針對他們自己的科技發展有著不同的策略。這就是為什麼在其他國家所進行的德爾菲法結果無法直接應用在韓國的主要理由。

在初始階段，德爾菲法的進行需要高度消耗時間和成本。接下來開始主要的調查工作，科技前瞻委員會開始建立一個全面性的決策委員會與12個次級委員會，其中涵蓋了所有15個科技領域。科技前瞻決策委員會的建立是必要的，因為委員會的會議主席無法具備所有15個科技領域的專業能力。科技前瞻決策委員會是由9位專家，並包括一位擅長科技前瞻方法的專家所組成。他們大多數是韓國社會各領域學有專精的專家。每個次級委員會平均由6位專家組成。委員會中的專家總人數達91人，其中48位來自大學，24位來自非營利性質的研究機構，以及1位來自政府機關。

委員會的活動焦點是在超過9,000個主題中挑選欲預測的主題，並且重新檢視先前對於每個主題的逐字描述，317大類主題中有將近超過25大類被廣泛地使用在預測上。在重新配置這些主題後，類似於日本德爾菲法就出現了。經整理調查結果後，委員會挑選出1,127個主題。簡單來說，科技前瞻委員會必須重新檢視與確認最後來自主要預測的問卷。這些問卷內涵包括：

1. 專家程度：高、中或低。
2. 重要性程度：高度、中等、低或是無必要性。

3. 理解預測時機：五年內國內或世界領導者。

4. 理解機率：高度、中等或低。

5. 現階段研發的水準：前20%世界領導者的水準，並區分成五個層級。

6. 研發績效方法：在產業、學術機構、非營利性研究機構與國際企業中由產業或政府共同管裡。

7. 理解限制：科技的、法律的、社會／文化、資金、人力資源及其他。

在主要預測階段進行二次德爾菲法。在第一回合中，寄發給那些在初期已表達他們願意參與長期科技前瞻的4,905位專家完整的問卷。在瀏覽過全部的主題後，各個專家可以選擇與他們研究工作相關的主題。儘管在專門技術的部分中專家人數可能不夠充分，但其他領域的專家仍可能選擇與他們主要領域相關的科技趨勢。由於不同領域的專家擁有對相關領域的檢視機會，並能保留現有趨勢的資訊，故對這些專家而言十分具有參與活動的價值。透過德爾菲法所提供的假設，例如：戰爭不會發生、社會主要資源可能受到浩劫或其他出人意料的變革等，加上德爾菲法所提供的運作方向，社會將持續穩定的前進。

在第一回合調查過後，每位專家可能平均回答2個領域的問題。這些問卷的回收率為32%，換句話說有1,590位專家在第一回合回覆。第一回合中被提出的額外主題以及其他超過47個主題將在第二回合展開問卷調查。

在第二回合中，只侷限在第一回合中由1,950位專家所共同回覆的主題領域。其中有1,198位專家進行答覆。估計其中約有54%的專家在大學工作，30%的專家在非營利性的研究機構工作，另外有16%的專家在業界工作。這些參與的專家中有60%的專家在專業領域上有超過10年的經驗，並且其中有超過80%的專家擁有博士學位。這些在專業領域工作專家的貢獻同時反映了韓國研發人力資源的可能貢獻。最後，透過德爾菲法的回饋機制，處理了所有專家的評論與建議。儘管這類調查的效果並非是具體有形的，但這些專家間的互動的確創造了顯著的學習效果。

雖然有些韓國官方機構也有進行科技前瞻相關活動，但就真正大範圍、長期的科技前瞻活動而言，上述韓國的「德爾菲調查」是第一次。在未來，中、長程的科技活動將根據政府所修正的「先進科技法」，將預測規模持續擴展。韓國的產業界亦使用德爾菲調查法，研究的對象多以大型企業為主，並受到國家德爾菲法的研究結果所影響。產業界之科技前瞻活動通常與市場的預測進行結合，以德爾菲法為主體，加上統計分析來進行預測，將所有可能提供的技術與市場做最終需求整合。

　　截至目前為止，各國在前瞻進行的議程上漸趨於一致，然而計畫的產出在許多重點面向上卻存在著相當大的差異。而差異的程度不僅明顯地表現在前瞻諮詢所進行的方式，同時也表現在透過前瞻調查，嘗試界定出未來的科技發展方向時，不同國家間的專家會議針對各國所可能面臨的特殊條件限制。基本上，專家們均會被詢問到技術、經濟或社會、以及倫理上的限制是否會成為政府在制訂科技發展優先性時的障礙。而值得注意的是，當在廣闊的科技領域尋找方向時，東亞國家的專家會議通常比其他的國家更著重於探討技術所可能面臨的限制，這也許反映出東亞國家在重點科技領域的發展上，還是需要進行更多的基礎研究。

　圖3-9　臺灣半導體產業的前瞻預測非常用心，圖為臺灣半導體龍頭公司—臺積電（ASTM）
（圖片來源：東森新聞雲）

科管亮點

「創新平臺」對一個公司之重要性─以世界級半導體設備公司（美國應用材料公司）為例

　　我國工業技術研究院攜手美國應用材料公司，建置開放式創新交流平臺，促成創新技術商品化成效，以提升臺灣電子業與跨國公司的雙邊研發成果，並驅動產業新商機。

　　美國應用材料公司在幾十年來，專營於半導體相關設備，本次美國應用材料公司與工研院合作的「創新平臺」，其重點包括：發展「開放式創新與商業化合作平臺」，並深化在顯示器、先進封裝製程與新創事業投資等領域上。而工研院亦能透過美國應材公司，掌握全球產業趨勢和科技研發動向。應材公司代表人（資深副總暨技術長與創投總裁歐姆 納拉馬蘇）指出：新科技的技術目標複雜，產業生態系統間的合作需求隨之增加，本次合作可應用開放式「創新平臺」將加速新技術與商業模式發展的機會。應材公司期待擴大與工研院合作，一同找尋新出路，克服產業最艱難的工程挑戰，與工研院的優勢互補。二個單位合作可以創造新科技應用，並引領電子科技與產業創新，其中包括有：人工智慧、大數據、3D 列印及材料工程解決方案的經驗互補。

資料來源：經濟日報 2019.6.12，A16 版（產業版），李珣瑛撰

學 習 心 得

1
充分了解技術生命週期四個階段：新興、初始成長、晚期成長及成熟階段。

2
人類需求之科技與前瞻預測是會有某程度的交會。

3
前瞻預測方法有三大重點：
(1)創造力；
(2)專家意見；
(3)各因素之調整互動。

4
科技前瞻之預測方法有：探索式預測、規範式預測。

5
目前多數國家應用德菲法預測其科技發展之未來。

6
科學與科技政策制定架構有：監控與執行預測、選擇優先順序設定、充分溝通及協調與邁向一致性及承諾等四大原則。

微軟一三五方案，掀雲端新風潮

微軟雲端強調結合「公有雲」與「私有雲」優勢於一身的「混合雲」（Hybrid Cloud），才能真正讓雲的概念化為實踐，打破過往商務的藩籬與顧慮，提供企業創新的商業營運模式與思維。

根據Gartner研究報告指出，隨著雲端運算快速成長與日趨成熟，雲端服務模式也正經歷一場變革，未來企業選擇雲端的趨勢，將會朝向混合雲發展，因為混合雲可以協助企業，透過靈活運用內外部的IT資源，創造出資源應用的平衡點。

微軟為業界唯一具備全方位雲端解決方案的公司，且有具體的企業導入案例；在「IT即服務」的雲端策略下，企業藉由「公有雲」、「私有雲」與「混合雲」等三種選擇，充分享有公有雲的資源與私有雲的建置，更彈性地運用雲端優勢，打造最合適的IT環境，將企業運作達到最佳狀態。

微軟在雲端實踐上的「一三五方案」，意即一大策略、三大驅動力與五大應用情境。

一大策略：IT as a Service（IT即服務）

企業IT部門改變以往建置解決方案的自我定位，晉升為服務供應單位，前者著重在系統的佈署與管理，後者則是強調提升服務的品質與彈性。

三大驅動力

1. 使用者自主化（Democratization）：使用者不僅能透過訂閱方式取得所需的IT服務，並要求擁有可在任何地點與工作夥伴進行協同作業的自主權，提升工作效率。

2. IT消費性化（Consumerization of IT）：消費者的多元IT使用需求將驅使企業IT部門提供更進一步的服務，包括偏愛的資訊產品設備，及多樣化的裝置來存取公司資訊。

3. IT另類外包化（Externalization of IT）：透過雲端式外包服務，讓企業IT部門提供服務時保有相同的管理權限，但服務更具彈性，同時降低相關設備與系統的建置與管理成本。

五大應用情境

　　針對三大驅動力所延伸而來的企業雲端需求，臺灣微軟推出五大系列的**MCloud**雲端平臺應用，包括：

1. **DB Cloud**資料庫雲：企業將資料庫建置在私有雲上，並可將應用系統放置在公有雲上，既能享受公有雲龐大的運算資源與彈性，又能保有資料的機密性與安全性。

2. **Desktop Cloud**桌面雲：突破「虛擬化」桌面晉升「雲端化」，使用者能透過自己的電腦、精簡型裝置、**Slate PC**、存取雲端中心的電腦桌面或軟體應用程式；而企業能透過雲端的集中安全管理，掌控機密資料或軟體的使用權限，達到雙贏的局面。

3. **App Cloud**應用程式雲：IT人員能直接在雲端中心上做開發、測試與部署應用系統，讓開發的應用系統可以直接在雲端上就能提供服務。

4. **Compute Cloud**運算雲：使用者能即時利用雲端硬體運算資源所組成的網格運算（**Grid Computing**），如搭配使用**Excel 2010**，可快速地完成複雜與巨量的資料數據運算。

5. **OA Cloud**雲端辦公室：協助企業輕鬆、快速運用雲端進行**IT**佈署。當業務擴展甚至進行新事業體併購時，可以快速複製雲端辦公室應用服務情境，將決策立即轉變為商機。

資料來源：經濟日報2010/03/30，劉芳庭

活動與討論

1. 你認為雲端運算的新趨勢為何？

2. 微軟公司認為**2011**年為雲端應用關鍵年，其一三五方案內涵為何？請介紹之。

3. 科技前瞻是競爭力提升的焦點之一，你認為企業應如何關注呢？就以雲端新風潮方面來說明之。

問題與討題

1. 科技演化過程對人、政治、社會及經濟產生之影響？

2. 以高科技產業產品開發說明技術生命週期理論的應用。

3. 科技前瞻構成要素有哪些？各要素間互動關係為何？

4. 科技前瞻於組織中扮演之角色。

5. 為何許多國家型科學與科技規劃活動會以德爾菲法進行之？另外，請説明德爾菲預測法完整架構以及其他可應用之領域。

6. 探討運用德爾菲預測法進行大型、長程科技前瞻活動時可能遭遇之困難。

參考文獻

1. A long-Range Plan for Science and Technology toward the year 2010. Science and Technology Policy Institute.（1995）.（STEPI）.

2. Denis Loveridge.（1997）. Technology forecasting and Foresight： pedantry or disciplined vision?. Prest Policy Research in Engineering，Science & Technology. 10.

3. Jyoti S A Bhat.（）.Management of R&D. Department of Scientific & Industrial Research. 8.

4. P J Oakley, S B Jones & R J Wise.（2001）. Innovation Management Processes for Technology Based Knowledge Transfer Companies – The Impact of The Results of ESRC Innovation Programme. ARITO

5. Taeyoung Shin.（2000）. Technology Forecasting and S&T Planning： Korean Experience. Science and Technology Policy Institute（STEPI）. 5.

CHAPTER

04

科技規劃與評估

本 章 大 綱

Technology Management

學習指引

1. 科技規劃的目的為何？

2. 認識科技規劃缺口之意涵。

3. 了解產業與組織中變革與競爭態勢環環相扣。

4. 了解科技規劃的優先性設定與程序。

5. 分析從研發製商業化技術改革的流程。

6. 了解科技路徑圖發展的三個層次。

7. 請介紹製造科技路徑圖之內容。

科管最前線

創業及創新活動的打造

有兩位愛臺灣的日本科技高手（小野裕史及田中章雄），他們與臺灣青年具有創業熱愛工作的黃立安合作，於2009年成立Infinity Venture（IVP），過去一直是一家低調而務實的國際創投，近年來加速投資直播平臺、線上影音串流平臺、文創設計電商及區塊鏈應用等，讓IVP的臺灣新創  事業聲名大噪，實屬不容易。國內在推動三創教育（創意、創新及創業教育）時，IVP公司的新創公司可供參考之。

IVP公司之創新活動策略有以下二種：

第一為：投資組合，聚焦破壞式創新。我們深入了解IVP公司之作法，是他們專注在行動通訊服務領域，且具有高技術含量，又能為市場帶來破壞式創新的團隊。IVP公司的三位合夥人都擁有豐富的實戰，讓IVP在投資新創團隊的過程中，不只是純出資金，還能扮演顧問與導師（Mentor）的角色。

第二為：應用數據導向，引導國際級新創活動。多人稱讚IVP公司具有「國際化及數據化」作法。其中小野裕史是扮演關鍵角色；IVP公司不僅在投資、扶植、培育優秀的創新團隊上；IVP公司在「愛臺灣」方面更有具體表現，引入國際級新創活動。讓臺灣連接國際上的新創生態系統。

資料來源：經濟日報2019.7.7，16版（科技輕鬆看），吳毅倫撰

活動與討論

1. 介紹IVP公司之特色及創新工作內容。
2. 請剖析IVP公司在創新活動策略有哪些？請加以說明及IVP公司對臺灣的創新創業活動有何影響呢？

自科技規劃與評估發展的國際趨勢來看，科技評估已從傳統的單一產出評估，拓展到科技規劃、科技投入、組織綜效、科技產出、及其後續效應等各個科技活動環節，加強建構明確導向、有效激勵、分類評估、分級管理的評估體系，展開多層次、重點的科技評估。對此，目前科技規劃與評估的重心有三個層面：(1)是進行策略管理的科技評估，其重點是發展情境分析、科技布局評估、規劃與政策執行評估、科技創新區域評估等；(2)是促進競爭發展的科技評估，其重點是綜合品質評估、創新能力監測、投入產出分析等；(3)是實現政策導向的特定科技評估，其重點是專案評估、人才評估、實驗室評估及其他政策導向評估等。

4-1 科技規劃的目的

策略規劃為管理者與非管理者間建立一致的方向，使相關人員在知悉組織目標時，能夠在各部門領域進行活動，並以互相配合團隊運作為最終目標。科技規劃在策略規劃過程中是最主要的成分之一。科技規劃可以讓管理者進行預測、考慮變革所帶來之影響、進而發展適當的回應行動、並規劃降低不確定性的方法，最重要的是可以降低多餘及浪費的活動，並針對成果未完善的部分進行矯正，這一系列的思考與活動是科技規劃的意義與目的。

由於策略是根據企業目標所擬定的計畫方案與程序，若欲將策略得以成功的執行或評估，規劃是非常重要的。近年來科技替代速度越來越快，產業環境亦隨之改變，許多大型企業更深深相信，科技規劃是策略規劃的中心，並且需要透過組織全員的共同參與，才能提供顧客優質的產品與服務。當科技規劃成為企業競爭優勢的來源時，科技除能支援企業各種策略的執行之外，當創新科技出現時，更能為企業帶來新的競爭策略。科技規劃即是將企業策略與科技做有系統的整合，並且建立企業在競爭上所需的科技基礎與架構。

事實上，現階段科技規劃因缺乏對時間的管理、科技幕僚不足、受限於材料與技術的資源等等，而使規劃內容與實際需求有許多的落差與缺口，若期望科技規劃能夠更貼近社會、市場及大眾的需要，科技政策或是科技規劃策略需要大量的科學家與管理人員來共同制訂。

目前許多的研究均顯示，流程對於科技規劃的確會有影響，書面的流程不會在路徑中直接地促進執行力，其過程如圖4-1所示。事實上，即使在缺乏良好規劃流程的情況下，一個優秀的規劃人員仍可能製作出非常優良的計畫。因此，為評價規劃內容而設計的課程，可能相對在因缺乏對流程的了解產生不切實際的效果，而形成規劃缺口。

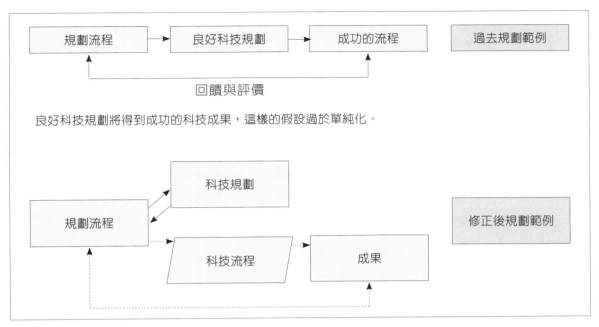

良好科技規劃將得到成功的科技成果,這樣的假設過於單純化。

圖4-1　完善的計畫並非等同於良好的科技成果

資料來源:Ellen S.Hoffman, 2002。

圖4-2　企業公司與顧問公司共同商量科技規劃的內容

　　而常見的規劃缺口可能來自二個部分：(1)是受到經驗影響；(2)是忽略規劃的整體性與全面性。由於高階管理者對於 真正的目標或策略沒有詳加理解，只憑過去經驗或作法進行規劃，沒有選擇適當的策略，所以許多時候執行成果往往難有顯著的效果。另外，許多規劃工作以部分事業單位或是產品進行優先思考，而非以組織整體目標為基礎進行規劃的動作，使得最終規劃成果在執行時，出現單位與組織整體不一致或是窒礙難行的發展。

　　鑑於企業在複雜商業競爭環境下的主要挑戰是如何維持發展與增加競爭力。加上市場及技術的快速變遷，成本壓力亦持續增加中。顧客的需求日益廣泛，而使產品的生命週期及行銷有效時間的縮短。因此，在這樣的環境中，企業需要將其焦點放在他們未來的市場以及運用策略性的科技規劃在市場中站穩一席之地。透過圖4-3說明產業與組織中變革，技術複雜性與競爭態勢環環相扣。

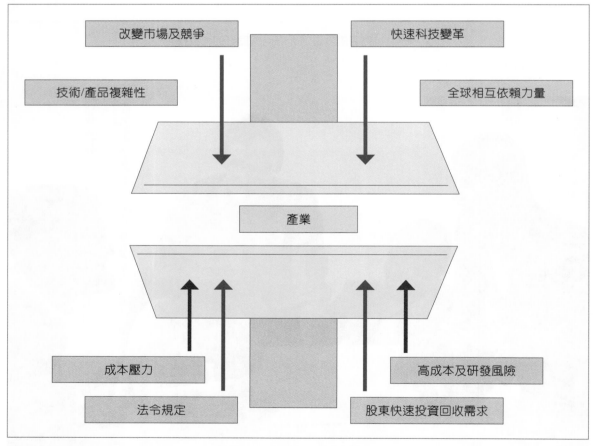

圖4-3　變革，複雜性及競爭

資料來源：Technology Planning for Business Competitiveness, 2001。

4-2 科技規劃的優先性設定與程序 ★

　　科技規劃的時間長短隨組織目標而定，科技規劃需要組織全員的共同參與，管理者或經理人必須了解科技的研發、生產以及行銷狀況，而個別部門或各領域內的專業人員任務就是以其本身的專業能力去提供有價值的貢獻。而為達成組織目標，科技規劃必需選擇在投資、組合適當的技術，並能詳盡地分配組織資源，進而完成科技計畫大綱的內容。

　　科技規劃的方法有許多種，包含了以技術生命週期為基礎的策略分析與規劃，這個方法所影響的投資決定因素為科技在S曲線中的地位，而為人所熟知的B-Tech方法，則將科技規劃視為一個大於傳統研發規劃的一系列重要規則活動。

　　組織在進行任何研發計畫前的先決條件，是先決定科技策略發展的優先順序。進行科技策略的規劃可以使企業的整體策略與科技策略有所連結。當組織決定研發題材或技術發展的優先順序後，可以使科技策略的規劃與組織的整體策略或目標有一致性。若在最初規劃時，組織研發題材與技術發展的優先順序沒有進行良好規劃，將使得組織人力、資源與時間產生浪費。

　　在策略背景的設定上，如表4-1，我們可將其分短期，中期及長期三個階段，並區分出公共部門與私人部門，其中的六個主要設定關鍵為：

表4-1　科技領域策略選擇優先性設定

優先性		短期	中期	長期
公眾	頂層	1. 競爭力 2. 網絡系統 3. 倖存者	1. 網絡系統 2. 倖存者	1. 網絡系統 2. 倖存者
	中間部分	1. 共存 2. 基本研究	1. 基本研究 2. 共存	1. 基本研究 2. 共存
	底層		人類與環境便利技術	
私人	頂層	競爭力	人類與環境便利技術	人類與環境便利技術
	中間部分	人類與環境便利技術	1. 競爭力 2. 網絡系統	競爭力
	底層			基本研究

1. 基礎建設及全國性的網絡運作系統。

2. 國際競爭力。

3. 人類與資源便利技術。

4. 人類共存科學與科技需求。

5. 全國性生存技術。

6. 創造性的基礎研究。

　　例如在韓國，由於科學與技術的德爾菲法研究計畫考慮到以科學與技術的觀點探究其與國家經濟的關連性，並且希望能持續進行到2010年，而非只是一個單純的活動計畫。因此，下一步可能是如大學、產業等研究單位依序在執行進度及細節中展示其規劃與其行動計畫能力。

　　由於在現實上只有極少數的部門有能力在此一時間序列中持續不斷地投入。在關係到新產品發展所需的時程上，不同科技部門間實存在著相當大的差異。以製藥業發展新藥的時程為例，廠商通常需要平均八年的時間才能使一款新藥進入市場，然同樣的八年時間對資訊產業而言，卻可能已歷經了四個世代，甚至五個世代的產品發產。另外，縱使可以將政府部門融入規劃流程當中，例如種種政府與民間合作開發科技的計畫，即若是與研發相關的領域，政府也還是必須以年度預算的編列作為其規劃的基礎。

　　由於產品與製程技術的複雜程度日益加深、完成目標時間的不確定性，以及資源來源不穩定性，故在科技管理與科技策略上使用一個有系統、且具完整架構性的科技規劃方法是非常重要的。一般而言，大部分組織的科技規劃使用程序包括科技預測、科技評估（依據SWOT分析進行組織分析），並根據組織目標發展執行其計畫。

　　在圖4-4的流程圖中，我們提供了規劃主要的構成要素／階段，以及決策問題動力的全面性觀點。研發概念化（Conceptualization）在決策問題中有三個主要階段：研發、增值（技術移轉）及躍進以及市場引介及商業化。確認與發展在這些領域的研發過程與步驟中，具有特質或貢獻的種子技術，而在每個階段的進行都包含相關的管理方法。在增值及躍進階段，產品數量包含來自預期與增值的研發階段，及到商業化銷售的充分數量。一旦躍進提供了足夠的商業化銷售量，新產品就在產品引介及商業化的第三階段中發表。在商業化階段，新產品種類除了對行銷／銷售力量有巨大的影響，製造者也可能在此時採用大量的原料進行製造。流程中的每個階段都會受到不同驅力的影響，包括技術發展速度與績效成本的影響等，另外其他階段的相關活動與功能也會對不同階段發生不同的影響與壓力，所有的要素與階段活動是環環相扣的。

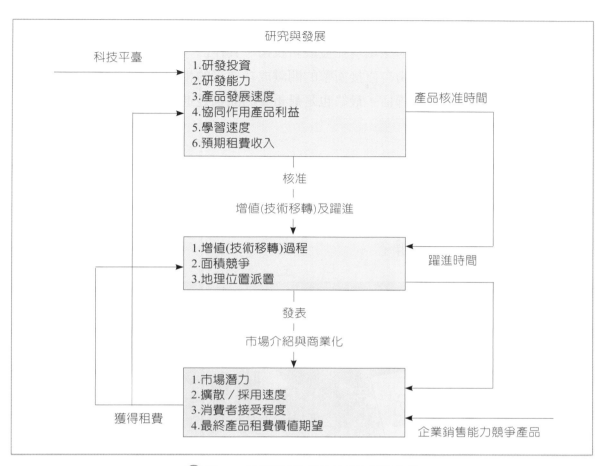

圖4-4　從研發至商業化技術改革的流程

圖4-5　圖為在臺北南港展覽館展出的臺灣國際照明科技展（圖片來源：LED TAIWAN臉書）

　　但是科技規劃的程序重點在於技術規劃與發展的流程中，隨時調整其技術策略以配合整體的組織策略，持續的因應環境並發展新技術。其作法，必須先確認相關技術能力的成功要素，接著評估對技術有直接衝擊的關鍵成功要素的相關流程，最後是影響整體營運績效的重要技術確認與評估，最終也是最重要的原則是進而建構與組織策略目標一致的科技策略。

科管亮點

臺灣想利用全球化在經營成果上急起直追，要怎麼辦？

　　近年來，大家都知道交通運輸之 Uber 及旅館業的 Airbnb 等新興全球化公司，他們利用網際網路平臺及手機工具之方便性，預測侵略各國的原有相關性產業；目前觀察，這兩種經營平臺，已經掀起企業全球化的產業經營模式。企業全球化的路要走得長，建議要有三點重要思考方法：

1. 若網路效果以在地性為主，企業即應著重「在地性」，在逐步發展到關鍵規模、建構出全球版圖的同時，也要慎防對手提前操作成全球模式。例如：Airbnb 公司之策略是採取足夠的全球化呈現，並取得多國市場的客戶。而 Uber 公司之策略是利用開展中的全球性網路效果及品牌優勢，重重衝擊當地單一市場提供服務的對手。

2. 臺灣的企業要思考，最小化策略的商業模式與新目標市場所需條件的差異，在用人策略也應調整之。在聰明複製成功的商業模式，主要關鍵還是在人才之培養。

3. 在企業全球化與在地夥伴間，也常發生問題，主要是在地夥伴未如實告知關鍵訊息，資源使用欠當，而造成企業全球化過程產生了極大風險性與無效率性。在地夥伴的選擇與關係經營尤為重要。因此，建議全球化企業夥伴或新創企業進行在地合作，亦是不錯的選擇。

資料來源：經濟日報 2016/12/02，A2 版，經濟日報社論

4-3 科技評估的模式及方法 ★

　　科技評估是與科學技術活動相關的行為，根據委託人的明確目的，由專門機構及人員根據大量的數據或客觀事實，運用科學方法依照專門的規範、程序，並遵循適用原則所進行的專業評估活動。專業化的科技評估活動包含許多要素，如有明確的評估目的、對象以及專業機構、有事先要求的評估規範或是原則、程序及方法等。以美國為例，科技評估在美國已是一種制度化且經常性的工作，因為自60年代開始，美國國會開始對評估活動決策加以支持，其特點包括堅持決策的需求導向與重視評估能力的建設、單向性評估任務的明確性以及整體評估活動的穩定性，最重要的是評估活動被視為一種專業性很強、技術含量很高的研究活動。

　　在科技評估過程中，以圖4-6的形式製作科技路徑圖是一個幫助企業更了解他們的市場以及訂定科技投資決策的廣泛性工具。藉由幫助企業辨識他們未來的產品，服務及技術需求，進而評估及選擇適合他們的技術規劃流程。科技路徑圖可以確保產業進入關鍵技術的主要機會，使其得以掌握涵蓋市場未來10至20年時間架構的發展計畫。藉著提供策略進入這些技術，科技路徑圖可以幫助企業及產業在未來發展找到更好的定位。

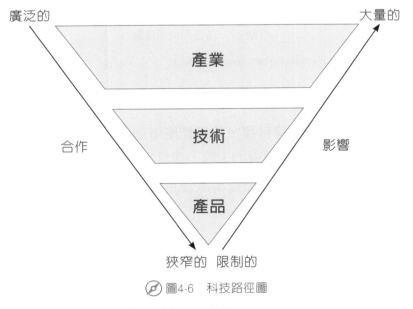

● 圖4-6　科技路徑圖

資料來源：Technology Planning for Business Competitiveness, 2001。

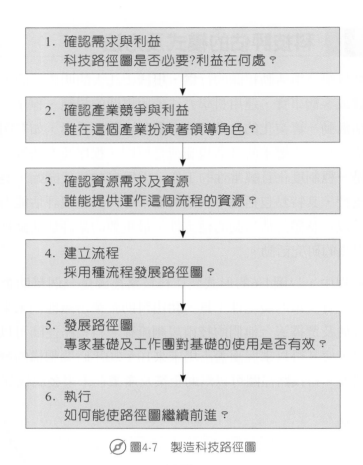

圖4-7 製造科技路徑圖

資料來源：Technology Planning for Business Competitiveness, 2001。

路徑圖發展自三個層次：產業，技術及產品。

1. 產業地圖：定義較廣泛的市場目標，其目標應用適合於跨越整體部門，以提供確認及滿足市場、規定與其他成長障礙的去除，並且定義一連串清楚的產業運作情況。

2. 技術地圖：辨識、評估及推銷介於產業欲滿足的技術缺口及掌握科技相關的機會，共同研究專案的發展。

3. 產品地圖：提供企業經理人一個未來產品需求廣泛的技術評價。這個型式的地圖提供組織對產品線，決策或營運團隊的一個完整描述。

圖4-7是提供不同於以往、具國際性的基礎清單，可以應用於製作不同產業的科技路徑圖。透過這樣的模型使用，產業所採行的路徑圖可以反映出路徑圖發展模式所需注意關鍵要素，例如：文件所欲表達的意圖、規劃的範圍、以及必要細節的水準。產業的本質，分化的程度，科技標準化的程度，全球化的延伸廣度，與介於產業價值鍊中成員的互動及相依關係也是路徑圖模型建立的主要決定因素。

第一步：確認科技路徑圖的需求及利益

可以由政府聯合產業或由產業獨自進行，以形成較為廣泛的策略政策及規劃的一部份。

第二步：確認一個產業的競爭及領導者

競爭的角色是在強化產業的技術研發承諾及科技規劃流程的所有權，以引導路徑圖的持續運作。一個以產業為基礎的領導者團體可以建立競爭運作所需的支援。

第三步：確認發展路徑圖資源

1. 確認在路徑圖範圍中所需求資源的基礎，通常傾向於運用在規劃範圍及技術性細節的層次上。
2. 產業領導者可能與政府共同確認與尋找資源。
3. 尋找各種可能的支援包括來自於與政府規劃的相關資金、來自產業或其他股東的支援。

第四步：建立發展路徑圖的流程

1. 取得路徑圖發展的一致性入口及方法。顧問或專家的參與可以促使路徑圖流程進行順利。
2. 發展一個可以決定路徑圖製作的遊戲規則。
3. 建立組織願景及策略目標。
4. 以關鍵市場驅動者與需求為基礎，從事現在與未來的技術發展。
5. 技術清單對專家團體或工作研討會的成員而言，僅被視為一份參考文獻。

第五步：發展科技路徑圖

1. 透過專家或路徑圖工作研討會的討論。
2. 加強路徑圖的範圍，願景及策略目標。
3. 確認技術障礙及挑戰。
4. 確認滿足預期的市場需求，並以關鍵產品或服務特徵為基礎，進行特殊技術領域的技術替代。
5. 選擇技術的優先性，根據所具備能力去克服障礙，滿足策略目標，並將目標放在短期，中期及長期時間的架構。

第六步：執行並檢覆科技路徑圖

1. 執行產業發展計畫，使用路徑圖資訊告知投資決策相關資訊。

2. 發展一個合乎科技路徑圖規則策略的更新流程。

科技路徑圖的內涵—繪製路徑圖時應注意事項：

1. 分析及整合科技趨勢、市場及挑戰。這部分包括決定涵蓋中期至長期的市場，並且研究符合特殊議題的科技。

2. 確認擁有競爭優勢的地方性產業關鍵科技及技術競爭力。

3. 確認科技創新的關鍵機會。

4. 確認產業科技以及科技所涉入的相關障礙。

5. 探討關鍵的成功要素。

6. 提供特殊、計量的績效目標以確認計畫的執行。

7. 定義從事科技發展及商業化所必要之行動。

8. 繪製出關於科技取得及擴散的邏輯與優先順序。這些對於企業所採行之科技及其能力評價是必要的步驟。

9. 確認在流程中大眾及私人伙伴的優先性角色。

10.為進行修正及回饋的執行，在起草路徑之前必須封所有成員溝通路徑圖的內涵。

圖4-8　2016年臺北世貿展覽館的商品展示會
（圖片來源：中時電子報）

科管亮點

「理財工作人機協作」的實現

　　全球金融人士一直非常努力來配合高科技在金融界之應用，如機器人＋人工智慧＋大數據分析，是否會取代理專的任務與功能嗎？依據國泰金之高層人士表示：「可見的未來五年、十年是看不到機器人理財取代理專」的趨勢，但看到很多機會是「理財工作是人機協作」的實現。

　　機器人專家指出：「機器人將理財業務在全球發展迅速，美國透過機器人理財服務所管理的總資金高達 7500 億美元，預期 2020 年將會超過上兆美元，未來每年皆保持 18.7% 的成長。一般人直覺認為接受機器人理財，一定是年輕族群且金額不高者，但依美國經驗，美國人交給機器人理財已經達到 10 萬美元左右（300 萬臺幣），事實顯示，機器人理財逐漸盛行，正在增加中。」至於理財工作，如何人機協作呢？例如，可以應用機器人協助造股，讓經理專員服務客戶時有更多工具可用。在人機協作部分，至少理專要學會相關系統平臺，懂得如何運用機器人工具，使用資產配產平臺，可幫助不同客戶找到好的資產配置，再到用理專本身的財經專業與客戶互動，在人機協作之下，把客戶的資產配置做到最好。

資料來源：經濟日報 2019.7.10，A14 版（金融），葉憶如撰

學 習 心 得

1

科技規劃是將企業策略與科技有系統的整合,建立企業的科技基礎與架構。

2

良好的科技規劃將得到成功的結果,這樣的假設過於單純化。

3

為評估規劃內容之合理性,宜了解常見的規劃缺口,一般有受到經驗影響及忽略了整體規劃的全面性。

4

產業效率的主因:改變市場及競爭、快速科技變革、全球相互依賴、成本、規章、研發風險及股東快速投資回收需求。

5

科技規劃之程序為:基礎建設及網路系統、國防競爭力、人類與資源便利技術、人類共有科學與科技需求、全國性生存技術及創造性的基礎研究。

6

從研發至商業化包括有研究與發展、技術移轉及市場與商業化。

7

製造科技路徑圖有:確認需求與利益、確認產業競爭與利益、確認資源需求及資源、建立流程、應用工作團隊及執行工作等。

新加坡的科技規劃

新加坡在2014年WEF全球競爭力報告中排名第2位,為亞洲之冠;在評比的12個中項指標中,「商品市場效率」、「勞動力市場效率」、「基礎建設」、「高等教育與訓練」和「金融市場發展」均為第2位,「制度」與「健康與初等教育」為第3位,「技術準備度」為第7位,「創新」為第9位。在2014年IMD世界競爭力排名中,新加坡整體排名第3位,其中「企業效率」排名第7位,與科技實力相關之「技術建設」、「科學建設」及「教育」項目分別排名第2位、第17位及第2位。

(一) 科學技術發展近程規劃

新加坡致力於科技發展,例如設立專責機構推動政策、制定科技發展政策、利用各種有利因素吸引外資與技術移轉,以及人力資源的培養等,顯見政府強力主導科技發展的基本策略。面對瞬息變動的國際經濟環境,新加坡政府的高行政效率成為推動新加坡經濟持續發展的基礎力量。該國負責科學技術活動的政府機構為貿易及工業部(Ministry Of Trade And Industry, MTI),其中「科技研究局(Agency for Science, Technology and Research, A*Star)」、「經濟發展局(Economic Development Board, EDB)」、「標準、生產力與創新局(Standards, Productivity, and Innovation Board, SPRING Singapore)」為發展科技及創新的主責機構。新加坡於2006年成立由總理擔任主席的「研究創新與企業委員會(Research, Innovation and Enterprise Council, RIEC)」,是內閣層級最高跨部會協調機構。在委員會下設置國家研究基金會(National Research Foundation, NRF)支援 RIEC 之運作,NRF負責監督國家 R&D 策略、制定科技政策,並發展國家創新系統內各成員之間的聯結網絡。

(二) 科學技術發展策略與展望

R&D已是新加坡經濟策略的重要成份之一,是創新與價值創造的來源,未來如何支持現有產業與推動新領域的發展是經濟發展的重點。

為促進新加坡研究與經濟發展,新加坡政府推動「2015研究、創新與創業計畫(Research, Innovation and Enterprise 2015, RIE)」。RIE 2015計畫列出新加坡主要研發策略,致力於成為與瑞典、芬蘭及以色列相同的研究型、創新型和創業型經濟體。該計畫基本的策略為:

 # 科管與新時代

1. 持續投入新的知識與構想，以形成未來創新基礎的智慧資本，例如透過「學術研究基金（Academic Research Fund）」對研究者主導之基礎研究提供更多支援。

2. 持續注重科學人才的吸引與發展，以回應新加坡產業及公部門研究機構的需求，例如推動一系列的人才發展計畫（透過獎學金、研究訓練金及研究補助獎等），以培育及支持新加坡本土的臨床科學家，同時吸引旅居海外且聲譽卓著之臨床科學家返國擔任業師。

3. 增加競爭力基金投入比例，支持創新活動從而產生最佳構想，並挹注更多比例的競爭力研發基金，以維持核心能量。

4. 加強推動科學技術與研究局（A*STAR）的研究機構、大學、醫院、卓越研究與科技企業校園（Campus for Research Excellence And Technological Enterprise, CREATE）中心及產業研究人員的協力合作。

5. 深化支持民間部門的研發、公私部門之間密切的合作、重視智慧財產的商品化，以獲得既新且更佳的產品與服務。

6. 強化對新加坡科學家將基礎研究構想商品化的支援，加強技術移轉辦公室、轉譯與創新中心、企業育成中心與加速器之間的合作。

資料來源：節錄自中華民國科學技術白皮書（民國 104 年至 107 年）

活動與討論

1. 從科技規劃之角度，評論新加坡政府對我國的啟示。

2. 科技規劃與發展之優先性設定，宜注意那些原則？請參考新加坡政府之規畫藍圖討論之。

問題與討題

1. 說明科技規劃的目的與對組織的重要性。
2. 組織進行科技規劃活動受到環境變遷之影響。
3. 說明科技規劃優先性設定之架構與分類。
4. 科技規劃程序中關鍵成功要素為何？
5. 專業化科技評估需考慮之要素有哪些？
6. 請說明繪製科技路徑圖應注意的事項。

參考文獻

1. A long-Range Plan for Science and Technology toward the year 2010. Science and Technology Policy Institute.（1995）.（STEPI）.

2. Ellen S Hoffman.（2002）. Can Research Improve Technology Planning Policy?. American Education Research Association Annual Meeting. 5.

3. Industries Section Department of Industry, Science and Resources in Australia.（2001）. Technology Planning for Business Competitiveness： A Guide to Developing Technology Roadmaps. 2.

4. L. Martin Cloutier and Michael D. Boehlje.（2001）. Innovation Management under Uncertainty： A System Dynamics Model of R&D Investments in Biotechnology. Centre de Recherche en Gestion Document. 6.

NOTE

CHAPTER

05

技術創新與產品開發

Technology Management

學習指引

1. 認識技術創新的意義。

2. 了解技術創新的過程。

3. 說明技術創新的類型。

4. 認識影響技術創新的因素。

5. 說明技術創新機會的來源。

6. 了解技術預測的緣由、方法與整合性議題。

7. 認識新產品的意義與開發過程。

8. 說明新產品的開發原則。

9. 學習新產品創意之來源。

科管最前線

創新技術iPad改變我們的生活

　　2010年1月，Apple（蘋果公司）執行長史帝夫·賈伯斯（Steve Jobs）在舊金山的蘋果新產品發表會上，正式向全世界介紹Apple新產品iPad。當天賈伯斯剛開始對iPad的定位與說明是「比筆記型電腦更方便，比智慧型手機功能更強大」，儘管蘋果公司對自有新產品的定位十分清楚，但仍被科技業者質疑iPad有幾項問題，例如：「定位模糊」、「只是放大版的手機，縮小版的筆記型電腦」。

　　為什麼會有上述這些質疑呢？原來iPad這種平板電腦的概念，早在2000年Microsoft（微軟公司）就提倡過，希望藉由觸控螢幕與觸控筆的人性化操作刺激科技產業再度起飛。但是，2002年各電腦公司推出自家電腦品牌後，加上技術開發成熟度不夠，作業系統也沒有人性化，而且坊間售價偏高，使得這個概念沒有受到市場的青睞，最後在市場內黯然消失。

　　如今iPad從2010年4月開賣至9月，就已經銷售710萬臺，如此亮麗的成績也將過去大家對iPad的質疑一掃而空。事實上，蘋果公司新產品iPad的內部有許多創新技術與設計巧思。首先，iPad堅持簡約風格，讓消費者可以完全不用觀看操作手冊，就可以順利上網、收發電子郵件、觀看電子書與照片，iPad的創新技術就是人性與自然。

　　另一方面，蘋果公司延續音樂播放器iPod將「Apple App Store」線上商店，讓消費者透過合理價錢，輕鬆取得想要的內容與軟體。另外，蘋果電腦公司還有一個與軟體商拆帳系統和宣傳方法，甚至提供軟體商軟體銷售分析資料。如此一來，軟體商就會更認真開發出更受消費者喜愛與歡迎的程式與軟體。

　　如今，現有的iPad達到讓消費者驚喜，讓廠商羨慕的印象，因為一項成功產品的創新技術已讓全世界印象深刻。

資料來源：中央社2011/02/01

活動與討論

1. 何謂「技術創新」？製造業與服務業的技術創新有哪些差異？
2. 您認為企業對產品進行技術創新過程，有哪些考慮的因素？
3. 蘋果公司的多項產品在技術創新上的差別為何？

5-1 技術創新的意義與過程

一、技術創新的意義

　　許多知名學者認定所謂的創新（Innovation）是一種從新觀念的產生、執行，一直到演變成為新產品、新服務與新生產技術的一連串過程，而這個過程也可以說是將許多概念或科學知識轉換成為實際應用在新產品、新服務或新技術的一連串活動。

　　一般而言，所謂的創新可以涵蓋或包括下列的概念：

1. 結合兩種或兩種以上的現有事物，而以較新穎的方式產生。
2. 一個新的理念由觀念化至實現的一組活動。
3. 新設施的發明與執行。
4. 對於新科技的社會改革過程。
5. 對於一個新理念，由產生至採用的一連串事件。
6. 組織、群體、或社會新改變的接受。
7. 既有個體的新修事或新組合。
8. 對於既有形式下的新的東西或事物。
9. 對於採用個體而言，新的理念、事物或實務。
10. 個人使用者的新認知。

　　由上述說明可知創新的相關意義，但是創新及技術創新多被認為是類似的，最主要是因為一般企業的創新活動還是集中在技術的改革或進步，也就是在技術創新的層面上，因此我們將「技術創新」定義為「企業運用內部資源與技能，建立新技術或新產品的過程與方法，以滿足市場或消費者的需求。」

二、技術創新的過程

　　在前述曾提及技術創新是一種將概念和科學知識轉換為實際應用過程所涵蓋的活動，它的主要重點在將新的想法或發現與現有的產品、生產技術或其他現有技術相互結合，以利企業新技術或新產品更符合市場或消費者需求。

　　依據Khalil（2000）提及，一般來說技術創新的過程總共可以分成八個階段，包括基礎研究階段、應用研究階段、技術發展階段、技術實行階段、生產階段、行銷階段、擴展階段、技術提升階段等。而在企業進行技術創新的過程當中，有些創新活動會跨越數個創新過程，以下針對這八大階段簡要說明：

1. 基礎研究階段：主要針對基礎科學如物理、化學、經濟、生化、電子等進行深入研究，以累積更多基礎知識，這些基礎知識將來可能會被拿來應用在許多技術或產品上。

2. 應用研究階段：主要是針對解決某些特定問題而進行之研究，例如為了提高筆記型電池效能而研究相關材料，所以有時候應用研究可以有效發展出實用的科學技術。

3. 技術發展階段：主要是將許多之事物或概念轉變成具體的硬體、軟體或技術的相關創新活動，技術發展階段包括評估構想的可行性、設計概念的應用性與建立應用產品的模型等。

4. 技術實行階段：主要針對產品或技術進入商業化前確保能夠成功的過程，這個技術實行階段包括評估技術的功能、效益、成本、安全性及其對使用者或環境可能帶來的影響。

5. 生產階段：主要針對概念轉變成為產品或服務的相關活動，這個過程包括製造技術、生產機器設備、後勤支援及相關物流配送等。

6. 行銷階段：主要針對市場消費者或顧客對於新技術或新產品的接受程度，而此過程包括對整體市場或消費者的評估、產品功能、促銷策略、消費者行為、通路策略等。

7. 擴展階段：主要針對產品或技術擴大其應用的層面或範圍，以提高整體產品或技術的市場佔有率，因此必須將產品或技術與其他行銷手法相互整合才能達到預定的成果。

8. 技術提升階段：主要目的是為了維持企業在技術或產品上的競爭優勢，因此進行新技術的改良、改善品質、降低成本或研發新一代的生產或製造技術等。

科管亮點

大數據分析、O2O 及行動化是智慧零售壯大關鍵

　　隨著大數據時代的來臨，非結構性資料分析能力大幅提升，消費者在網路及社群上累積的使用者行為及口碑，都能夠被量化，讓社群行銷不再只是投遞廣告和導購而已，必須要結合大數據，藉由實際網路行為，進行海量資料及雲端語意分析技術，以內容分析及使用者行為分析，來量化理解社群口碑影響力，才能更聰明的操作網路行銷活動，進而更精準的找到潛在消費者。

　　而隨著網路和實體通路的區別逐漸被打破，在 O2O(Online to Offline & Offline to Online) 虛實整合行銷模式下，消費者能隨時隨地直接透過行動裝置更輕鬆快速地完成購物。根據東方線上調查，2015 年臺灣民眾透過行動裝置上網購物的比例，已經達到 49.4%，比 2014 年 41.7% 成長約兩成，零售業未來若想要搶奪市場商機，顯然要做到「通路電商化」，而在實體通路跨入電商領域時，網路購物業者也不能坐視市場被侵蝕，勢必也要透過實體通路，提供虛擬購物環境無法感受的體驗，做到虛實合一全方位滿足消費者需求，才能創造銷售佳績。

　　星展銀行 (臺灣) 企業及機構銀行董事總經理鄭克家指出，網路促成商業模式的轉變，也讓中小與新創企業的競爭環境越來越險峻。為了讓有限的資源能夠充分利用，零售商可以運用大數據，從一群資料裡找到所要的資訊，這些資料包括社群媒體、交易資料、知識管理、法律合規、資訊系統等，零售商只要有能力整合這些資料並做分析，就可以更清楚地描繪出客戶樣貌，根據分析結果規劃的行銷或產品策略，也更容易打動客戶的心。

　　如 Amazon 根據以往的銷售紀錄及瀏覽軌跡，找出不同產品間的關聯性，並主動推薦給消費者，如今每 3 筆訂單就有 1 筆是來自產品自動推薦系統。而為了提供消費者更多更好的消費體驗，零售業也應該設法轉型智慧化，方式包括打造智慧商店、提供智慧消費環境。如利用影像辨識系統分析顧客行為、統計人流，應用 MOD 播放廣告提高商品及活動的曝光度，或是利用導覽 KIOSK 結合會員卡，提供商品或商場資訊查詢，提供免費 Wi-Fi 服務等，建構 O2O 消費模式。

　　但不管是大數據分析或 O2O 全通路，行動化都是智慧零售不可忽視的需求。因為消費者使用手機瀏覽資訊的習慣已經形成，許多知名購物商城或網站，開發專屬 App 也已成為零售業必然趨勢。

資料來源：DIGITIMES 中文網：2016/08/29

 圖5-1　我國中央研究院是基礎科技研究的重鎮（圖片來源：自由時報）

5-2　技術創新的類型與影響因素　★

一、技術創新的類型

　　一般而言，技術創新的類型可根據創新的程度加以區分為躍進式創新（Radical Innovation）、漸進式創新（Incremental Innovation）與系統式創新（System Innovation）等三種類型，以下分別比較三種創新類型。

1. 躍進式創新：躍進式創新的技術創新是指技術發展過程中有重大的技術發現或發明，並且創造出一種新的典章規範、新興產業或是另一種新產品或新的服務方法，所以有時候也稱為突破性創新與跳蛙式創新，屬於不連續的創新。例如：電視機、電晶體、半導體等均屬於躍進式創新。

2. 漸進式創新：漸進式創新是在原有技術層面下，逐步改善技術問題，以提高績效、產品品質與降低成本為目的。漸進式創新是一種連續性的創新，這種連續性創新的進步是來自日常改良與修正某些老舊技術所累積的。例如：汽車引擎的改善、數位相機畫質的提高、汽車鋼板的安全性等均屬於漸進式創新。

3. 系統式創新：系統式創新是指將現有技術予以重新組合，再將此新組合應用在新的功能領域上，以推出新技術或新產品在新的消費者市場上。例如：面板與電腦結合、面板與電視機結合、引擎與腳踏車結合等均屬於系統性創新。

二、影響技術創新的因素

影響企業技術創新的因素非常多，一般包括以下幾項：

1. 已有的科學知識：技術創新主要來自科學知識，因此既有的科學知識會影響是否可以推動技術創新。

2. 基礎科學的成熟度：重視且擁有較廣泛基礎科學的社會，必然可以在此基礎下協助推動技術創新。

3. 研發部門與其他部門的溝通：通常研發部門若能夠與行銷部門、生產部門充分溝通與協調，則企業技術創新的績效就會比較高。

4. 組織是否僵固：企業內部組織運作愈僵固，表示組織決策彈性較低，因此容易錯失技術創新的機會。

5. 組織是否過於集權：組織內部集權程度愈高，則愈不利於組織整合與技術創新。

6. 投資在技術創新的意願：新技術的創新具有比較大的投資風險，所以投資團隊在評估是否支援時，可以與執行者或主管相互討論。

7. 引用相關技術的能力：許多應用型的技術創新是需要與上游許多技術相互結合，因此若不能善用這些技術，將影響技術創新的能力與品質。

8. 技術擴散速度與能力：一項技術若能夠順利地在市場上廣泛擴散與應用，則會阻礙其他技術進入的範圍與時間，讓企業更具有競爭優勢。

5-3　技術創新的機會與預測方法　

一、技術創新機會的來源

　　企業如何尋求技術創新的機會，會影響到後續企業在技術創新推動是否成功。事實上，企業技術創新的機會存在其週邊環境中，根據Peter Drucker在《創新與創業精神》一書中也曾提及創新的機會來自於七大項來源，屬於企業內部的創新來源是「意料之外的事件」、「不一致的狀況」、「程序的需要」、「產業與市場結構」，而企業外部的創新來源則是「人口統計資料」、「認知的改變」與「新知識」等三項，簡要說明如下：

(一) 意料之外的事件

　　意料之外的事件是將一種已經有的知識應用在全新的事務上，換言之，是在企業原有技術過程中，員工或企業主發現突然而來成功或失敗的技術，而這些突然而來的成功或失敗可以提供企業在技術上的創新機會。

(二) 不一致的狀況

　　不一致的狀況是指產品與服務提供者與需求者間的認知或感受有落差所造成的，當這種落差產生時，產品或服務提供者就可以針對需求者的真正需求去進行技術創新、產品改善或服務創新，進而滿足消費者的需求。

(三) 程序的需要

　　程序的需要來自於企業為改善內部工作程序，使工作流程更加順暢所產生的一種創新來源，在這個過程的改善中，可能需要考慮到是否有相關新的知識可以協助，改善後是否能夠滿足消費者需求，最後的目的當然是創造出更好的產品與服務。

(四) 產業與市場結構

　　產業與市場可能受到某種環境的影響而快速成長時，就提供企業技術創新的機會，以配合產業或市場成長，提供消費者耕好的產品或服務。若是企業無法提早發現或察覺產業或市場將要改變時，就容易失去市場領導者的地位。

(五) 人口統計資料

　　許多產業或市場的改變可以從目標市場人口統計資料的調整去察覺，人口統計資料包括企業外部的政治環境、經濟環境、社會環境與科技環境，另外包括市場人口數、年

齡結構、所得分配、教育水準、職業分類等,可以讓企業清楚掌握市場變化狀況,進而提供企業創新機會的來源。

(六) 認知的改變

認知的改變主要來自消費者對於產品或服務價值觀的改變,而這種改變提供企業技術創新的機會,讓消費者可以接受企業提供的新產品或新技術。例如:顧客對於產品使用的時機已從經常使用變成休閒娛樂時使用,如此便提供企業技術創新的來源。

(七) 新知識

新知識的產生提供企業創新機會的來源,但是通常新知識進入創新階段的風險較大,因此必須針對消費者真正需求進行技術規劃與新產品管理,才可以有效提升整體經營績效。例如:半導體新技術、面板新技術等。

二、技術預測

隨著產業設備、製程、技術的快速演進,有效掌握市場消費者的需求已成為眾多產業一致的經營常態、模式與求生存的技巧。然而如何掌握消費者需求?企業普遍採用經濟預測、財務預測,但從科技管理角度來探討,也就是所謂的「科技預測」,所謂的技術預測,係指「企業在現有的機器設備、生產製程、員工能力等資源的限制下,針對未來科技產品、市場技術的能力進行合理的預測」。

(一) 為什麼要進行技術預測

事實上,每一個企業平常就必須對其所處環境的現況與未來發展進行了解,這些環境從許多管理者而言,主要包括:政治(Politics)、經濟(Economy)、社會(Society)與科技(Technology)環境,也就是企業管理所提的PEST環境分析。當這些環境快速變動時,例如:通訊設備的普及、國民所得的提高等,身處受影響產業內之企業,若未事先進行預測工作做好相關市場開發措施時,將因為無法掌握市場擴展、技術創新等變動,使企業無法作出正確的「預測」決策,進而損及企業營運與利潤。

就上述,做好技術預測對企業而言極具重要性,說明如下:

1. 可使組織資源在環境變動下進行適當調整。
2. 可減少組織管理者進行主觀或直覺性判斷。
3. 可降低組織進行科技規劃時的錯誤。

(二) 技術預測的方法

技術預測的方法至目前已發展出許多不同的工具，一般在企業內部進行的技術預測方法，大致涵括數量性與非數量性的方法，簡要說明如下：

1. 數量性方法
   (1) **趨勢分析法**：主要利用直線迴歸分析法、時間序列分析法，找出各項影響科技預測的**變數**，以進行在某些情境或未來某段時間下的產品或技術上的規劃。
   (2) **因果分析法**：主要利用投入產出模型、系統動態模型、多變量模型，找出組織資源在進行科技規劃時的分配比例。

2. 非數量性方法
   (1) **專家預測法**：包括訪談與問卷、德爾菲法（Delphi Method）、腦力激盪法、名目團體分析法。
   (2) **競爭者評估法**：包括利用生命週期模式法找出競爭者行動對本身企業新產品市場可能帶來的衝擊為何，技術圖示法評估在熱門產業中具有實力競爭者的條件。

三、技術預測與技術規劃之整合

在前一節已提及技術預測的重要性，以及許多技術預測的新方法，然技術預測在為企業做好科技研究發展規劃整合作事先準備，因此技術預測的步驟與過程必須注意到幾項重點：

1. 技術預測應對未來進行科技規劃的決策有幫助。
2. 進行技術預測時，應藉由SWOT分析找出企業內部的優缺點與外部的機會與威脅。
3. 技術預測的成果應配合整體企業發展決策的優先順序。
4. 技術預測的方向，應與企業教育訓練方向相互結合。

科管亮點

五達電通「產、存、運、銷」串出農業價值最大化

五達電通 (5W Computing & Communication) 早在 2015 年創業之初，就鎖定開發農業的「產、存、運、銷」價值鏈串接的軟、硬體與服務。五達電通總經理高啓銘表示，五達電通根據農業需求，採用最適合的感知節點裝置與無線通訊技術，打造完整的整合技術，透過網路閘道器傳輸參數資料到雲端，資料庫接收各閘道器資料之後，根據提供的數據管理與分析工具，讓終端客戶能快速解析資料，這當中包括濕度、溫度、乙烯濃度等重要農產品生鮮程度的參數，以進一步達成縮短從生產到消費端距離的目標。

高啓銘特別提到，關係著蔬果類農產品新鮮程度所適用的關鍵參數，首推溫度、濕度、震動和乙烯濃度的資料，這些可以透過五達電通的全客製化感知器設計製程，利用整合了包括溫、濕度計與加速度計的感知器，予以收集。其中，加速度計所收集到的參數有助於防震的設計，在運輸上具有重要的參考價值。

最讓高啓銘津津樂道的是乙烯濃度資訊的蒐集，以蘋果、荔枝或香蕉等水果為例，考慮到運輸時間需求，會提早採收，然後利用催熟技術，偵測空氣中的乙烯濃度便成為重要的參考數據。在運輸、倉儲的過程中，透過移動式的閘道器載體將感知器所偵測到的參數上傳雲端，這些監控技術與資訊的累積，提供蔬果成熟度與保鮮程度的參考數據，也決定了消費者餐桌上蔬果的品質與要求。

五達電通希望將農業中的領域知識 (Domain Knowledge) 做到最好的發揮，農產品的使用情境與操作模式，一旦可以系統化與參數化之後，就能夠透過 IT 技術的手法，加以整合，為新創科技公司打造一個大顯身手的舞臺，進而在產業界獲得一席之地。

資料來源：DIGITIMES 2016/08/09

5-4 產品開發的定義與過程 ★

　　從前一章我們得知，新技術與新產品的開發是企業永續發展的根本與原動力，所以處在 21 世紀複雜商業環境的企業，都必須不斷地開發新產品以滿足消費者多元化的需求，也能維繫企業的成長與市場的擴張，然而新產品的開發牽涉到開發過程、參與人員的選擇、開發創意的激發與基本的商品開發原則，所以企業就必須做好管理新產品的開發工作，進而讓企業提供最新且最好的產品或服務，以滿足消費者的需求。

圖5-2　國內巨大公司正發展「捷安特」各級自行車的系統式創新新產品（圖片來源：捷安特官網）

一、新產品的定義

　　所謂的新產品（New Product），主要從兩個角度探討，首先從新產品市場的需求面來討論，只要「這項新產品能夠滿足市場消費者未能滿足的需求時，這項產品即構成一種新產品」，例如：桌上型PC轉變到筆記型電腦。

　　其次，再從產品結構上探討，只要「產品在功能上改良、技術上突破，而與原有產品呈現出不同功能時」，均可列入新產品之列，例如：傳統式相機與新式的數位式相機。

　　從上述的說明可知，新產品主要來自於新上市的產品、改良生產線的產品、產品改良後的產品、重新定位的產品、降低成本後的產品，儘管這些新產品最後都賣給消費者，但是大部分新產品的失敗率都相當高，所以找到新產品成功或失敗的原因就變得非常重要。

新產品能夠開發成功,根據Cooper(1996)歸納其原因有:

1. 具有獨特的產品利益。
2. 市場導向。
3. 充分掌握消費者需求。
4. 釐清新產品的定義。
5. 謹慎地進行新產品發展過程。
6. 建立適當的組織結構積極推動後續活動。
7. 資源有限下擬定優先順序。
8. 研擬周延的行銷計畫。
9. 高階主管的強烈支持。
10. 快速上市。

新產品也可能在市場上失敗,根據Urban and Hauser(1993)指出新產品失敗的主要原因包括:

1. 新產品市場規模太小。
2. 企業無配合行銷計畫。
3. 新產品構想不好。
4. 沒有真正符合消費者需求。
5. 定位不對。
6. 通路配合度低。
7. 售後服務不好。
8. 沒有好的組織架構推動計畫。

二、新產品開發過程

新產品的開發管理在科技預測進入科技研究發展階段,將扮演影響企業未來營運好壞的關鍵因素。

從科技預測進入新產品開發階段時,整體企業新產品研究發展步驟約可分成下列幾項:

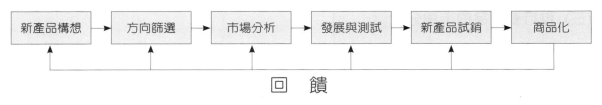

新產品構想 → 方向篩選 → 市場分析 → 發展與測試 → 新產品試銷 → 商品化

回　饋

圖5-3　新產品開發管理流程

(一) 產生新產品構想

　　產生新產品創意的來源相當多元化，企業的內外部都有創意來源，企業內部創意來源主要是研發部門、行銷或銷售部門、生產部門、工程部門的主管與員工。而外部創意來源則是包括消費者、競爭者、供應商、研究機構、政府機關等。

　　如何產生新產品的創意還是得依靠組織進行激發與蒐集，所以個人或企業的創意發想將會影響新產品是否具有特色，因此我們在後續內容繼續深入探討個人或組織產生創意的方法。

圖5-4　新產品的創意需要組織內部員工不定期聚會共同討論與激發。

(二) 結合企業資源進行新產品開發方向篩選

　　新產品開發方向的篩選分成正式篩選與非正式篩選，而正式篩選包括利用查核表單、評估法原則、市場經濟分析進行開發方向的篩選。非正式篩選則多利用部門主管的經驗或個人判斷此種創意方向是否正確。

(三) 進行新產品的市場分析

　　新產品的創意若是經過篩選，都有進一步發展成為消費者最喜歡的商品，但是什麼樣的產品才是能夠吸引消費者購買，企業就必須進對新產品進行市場分析，包括向消費者展示新的包裝、口味、價格、使用方式等，甚至向消費者詢問新產品是否滿足需求，消費者是否喜歡這種新產品等，以了解新產品的概念是否吸引消費者，作為後續研擬行銷策略與計畫的參考依據。

(四) 投入新產品的發展與測試

　　新產品通過市場分析後，就可以進入新產品的發展與測試，也就是將新產品的概念轉化為實體的新產品。此部分先由研發部門或工程部門將行銷部門所提供合適的新產品規格發展新的產品模型，再將此模型透過新的設計與生產技術將其製造完成。完成後的新產品不能立刻大量生產，還必須經過實驗室的功能測試與消費者使用測試，當測試過程沒有產生安全或效率的顧慮時，才可以將新產品開始進行試銷。

(五) 進行新產品的試銷

　　當前一階段新產品測試結果都相當不錯時，企業就可以將新產品的品牌、包裝、口味等，依據企業研擬的行銷策略與計畫在原有市場或新市場的消費者進行試銷，以了解消費者對新產品的反應與需求。

(六) 新產品試銷後的商品化

　　企業在上一階段的試銷成果如果相當不錯，便可以將此新產品正式在市場上推出，並且擬定更加完善的行銷策略與計畫。行銷策略與計畫的重點包括新產品上市的時機與地點、在哪些通路販售、哪些消費者是主要的目標市場、如何針對新產品進行促銷等。

科管亮點

技職創新價值，點亮青年創業夢想

　　技職學生之創業精神，是技職教育的特色之一，國內的科技大學頗重視實務教學，並以畢業即就業，成為各技職校院共同目標，期望培養更多職場有好技術之專業人才。

　　有一則故事，是臺灣北區一所科技大學行銷與流通管理系的高材生詹同學，配合教育部及學校師長的鼓勵，參加了創業活動，並以微小創業方式，致力提出創意的實用商品為目標，而詹同學在學校師長的支持下，將水果色彩學融入品牌設計，讓冰棒如藝術般之驚艷，建立特色。依詹同學的分享經驗中，原來的想法是：如果創立一份事業也能幫助農民那就更讚了！在這樣的起心動念下，組成了創業團隊成立「Dream Go Bar—繽果創意果品股份有限公司」。Dream Go Bar 中的「Dream Go」不僅代表實踐夢想，也是水果（臺語）的諧音，代表團隊希望將臺灣水果開發精緻化產品的創新理念。

　　Dream Go Bar 在創業初期以銷售水果切片、冰棒產品為主。詹同學表示，創業的概念在以高品質水果為主要原料，開發各式各樣新鮮、繽紛及有趣的水果冰品，創造消費者、果農與銷售公司（Dream Go Bar）三贏的機會。詹同學特別感謝教育部及區域產學合作中心的大力協助，期望未來有機會將產品打入國際市場。

資料來源：經濟日報 2016/12/10，A15 版，譚漢珠撰

5-5　新產品的開發原則

　　新產品開發過程中，新產品創意構想扮演關鍵角色，然新產品開發結果不見得一定成功，所以國內丁錫鏞博士建議為求提升企業新產品上市的成功率，新產品開發過程必須掌握下述三項基本原則，此原則源自世界知名策略管理大師麥克波特（Michael Porter）所提之三項策略：

1. 產品性能差異化（Differentiation）：新產品應與舊產品或其他公司潛在產品在功能上有所不同，例如：省電、零噪音、體積小、容量大。

2. 產品區隔化（Segmentation）：為使消費者依據個人需求，了解要買何種定位的新產品，因此新產品開發可依據價格、區域、屬性進行區隔。

3. 產品市場集中化（Focus）：新產品開發必須依據顧客的特性來加以集中成一群顧客群進行分析考量，例如：以顧客的性別、年齡、產品功能進行消費市場的集中化，以發展新開發產品的特色。

　　根據劉常勇教授指出企業在發展新產品的過程中，都應該要掌握以下五項基本原則：

(一) 建立與企業目標一致的新產品開發策略

　　將企業的經營目標、策略與新產品的開發策略相互結合，新產品開發才可以進入長期計畫，如此也能獲得組織充分配合，再發展出最適的新產品開發流程，並將新產品開發列入企業經營策略中。

(二) 新產品開發資源配置應重視彈性運用的原則

　　充分的資源配置與彈性的運用空間，對於新產品的開發績效將有助益，包括資金、原料、人員調度等，這也是企業投入新產品開發活動過程中應該要有的了解與認知。

(三) 新產品開發過程要重視企業關係人之間的互動與充分溝通

　　新產品概念產生的初期，內外部關係人間良好的溝通與互動，是新產品開發成敗的關鍵因素。企業必須要設置與外部關係人溝通與互動的機制，長期維持良好的互動關係，以便能有系統的歸納與整合各部門或關係人的觀點與需求。

(四) 發展整合性的專案團隊進行新產品開發

　　新產品的開發牽涉到多項功能的調整，且有許多部門的業務也會彼此掛勾，因此以形成團隊發展新產品將是較佳的運作模式。專案團隊的運作重點在於整體一致的產品開發目標，以及各成員間的相互支持協助。

 圖5-5　新產品的開發應該與企業經營策略與目標相互結合，並透過正式會議討論納入各部門與企業的整合發展策略。

(五) 以永續發展的觀點來面對新產品開發有關的業務

　　企業在開發新產品時都不是獨立的開發計畫個案，而是企業在追尋永續經營發展過程中的創新作為。因此企業應該以永續發展的觀點來看待新產品開發流程，因為每一次新產品的開發投入過程所累積的經驗與知識，都是下一次新產品創新成功的基礎。

5-6　新產品的創意來源 ★

　　新產品創意構想的建構階段，是整個新產品開發流程之首，也是影響整個新產品研發管理是否成功的關鍵，因此做好新產品創意開發實屬重要。但是新產品的創意從何而來，首先從培養個人創意與群體創意的角度進行討論與說明：

(一) 培養個人創意的方法

1. 個人應多認識各種文化與認知上可能有礙創意的重點：例如：長幼有序、重視倫理、不鼓勵標新立異等論點，雖然這些論點在一般待人處世上是應有的基本禮儀，但是新產品的開發是需要許多創意，而在進行創意發想時，卻容易受到這些論點的干擾，使得員工不敢表達意見，而喪失許多創新的機會。

2. 員工應該試圖列出能滿足消費者需求的各項可能的功能、屬性，而這些可能性可以從外部消費者需求報導資訊、競爭者訊息，及內部消費者反應需求等，去蒐集企業的產品未能滿足消費者需求的層面，再將此層面列入新產品開發計畫中，而且要將其他如成本、效益的資訊一起納入計畫中，這樣對新產品開發方有助益。

（二）培養群體創意的方法

1. 培養開放的組織討論氣候：企業由個人所組成，因此員工因為組織階層意識，常不敢表達個人意見而影響創意來源，因此需要企業透過制度的建立鼓勵員工在組織內部相互討論，以培養具有創意的組織，有益於新產品的開發。

2. 建立組織內部成員分享習性：知識管理時代強調知識分享是企業成功的關鍵，而知識分享除了可以產生知識擴散的效果外，其他員工也會因為知識滲透效果，讓員工可以了解到專業知識與創意方法而逐漸成長。

3. 組織創意宜可能採取腦力激盪的討論方式：新產品的開發較為複雜，觀念與作法也絕不是一位員工所能負荷，所以組織產生創意宜採用腦力激盪的方式，並透過鼓勵參與者自由發揮，可針對具體目標明確表達自我意見，對組織產生創意的過程是相當具有幫助的。

（三）其他激發創意的技術

根據Kotler, Ang, Leong, and Tan（1999）指出有六種創造力技術可幫助一般人產生新產品的創意，說明如下：

1. 屬性列舉法：將企業現有產品屬性逐一列舉，然後針對消費者需求逐步依照先後順序修正產品的功能、大小、形狀、顏色、或其他用途。

2. 強迫關係法：針對原有產品可以搭配的事物，考慮原有產品與這些事物相互之間的關聯性，是否可以提供消費者不同之感受，進而找到具有創意的新產品。

3. 結構分析法：將組成產品的結構方法加以分析，例如：產品的省電功能、速度、舒適性等，並試圖找出彼此功能間的關聯性，進而再從這些結構層次找到新產品的創意。

4. 確認問題與需要：藉由企業不定期訪問消費者對產品使用狀況與問題，並請他們告知改善的建議，甚至建議可能的產品創意方向，逐步落實於新產品上以滿足消費者需求。

5. 腦力激盪術：企業內員工利用腦力激盪方式發現新創意，每次企業都會有特定目標問題，腦力激盪約6至10個人較為合適，並在腦力激盪過程中鼓勵參與者自由發揮，讓每位員工都能在發現新創意過程中共同參與。

6. 逐步激盪法：此方法與腦力激盪法最大的不同是每次討論沒有特定目標問題，而是讓員工海闊天空的提出各種可能想法，然後再逐步縮小核心問題，以便發現新產品的創意。

圖5-6　教育部在各級學校推動「創客」製造中心，圖為臺北科技大學內之「創客」中心。（圖片來源：IFoundry 北科大點子工場&自造工坊臉書）

科管亮點

加速扶植新創，藉用國際經驗

國內對三創（創意、創新及創業）的教育與推動相當重視。因此，臺南科學園區在科技部的指導之下，特別找英國的創業的加速器 Bakery 來助陣，加入南科的創新創業服務，目標是四年內輔導 50 家新創團隊，並預計引進 3000 萬元投資。並趁此機會將南科的新創團隊推上國際舞臺。

　　Bakery 品牌的創新創業加速器在海外網路有超過 1 萬家企業、全球四大會計師事務所都是其客戶。Bakery 也需要尋找投資標的，一方面協助製造業轉型，另一方面也參與投資。依我國科技部之計劃，引進創新創業生態系統，其引進加速器有二個單位參與，其中一個是英國 Bakery，主要聚焦在 AI、Fintech、數位媒體等，第二個加速器品牌是 StarFab，主要聚焦於智慧製造、智慧醫療、智慧金融、智慧農業等，並協助 20 家新創團隊。而臺南成大是科技部在南臺灣的重鎮，已經有 150 組團隊進駐成大創業工坊，79 組團隊成立公司，資本額合計有 14.7 億元。由此可知，國內藉由創新創業之企業文化，來提升國內新創公司的成功機會。

資料來源：經濟日報 2019.7.10，A17 版（產業），江睿智撰

學 習 心 得

1
技術創新為企業運用內部資源與技術，建立新技術或產品的過程，滿足市場需求。

2
技術創新之過程有：基礎研究、應用研究、技術發展、技術實行、生產、行銷、擴展、技術提升等8大階段。

3
技術創新的類型有躍進式創新、漸進式創新、系統式創新

4
影響技術創新有：已有的科學知識、基礎科學的成熟度、研發部門的溝通、組織僵固、組織集權、投資意願、引用技術的能力、技術擴散等。

5
技術創新機會的來源有：意料之外的事件、不一致的狀況、程序的需要、產業與市場結構、人口統計資料、認知改變、新知識。

6
新產品能開發成功，需要提供獨特產品的利益等。

7
影響技術創新的因素有：
(1)已有的科學知識；
(2)基礎科學的成熟度；
(3)研發部門與其他部門的溝通；
(4)組織是否僵固；
(5)組織是否過於集權；
(6)投資在技術創新的意願；
(7)引用相關技術的能力；
(8)技術擴散速度與能力。

大數據分析、O2O及行動化是智慧零售壯大關鍵

隨著大數據時代的來臨，非結構性資料分析能力大幅提升，消費者在網路及社群上累積的使用者行為及口碑，都能夠被量化，讓社群行銷不再只是投遞廣告和導購而已，必須要結合大數據，藉由實際網路行為，進行海量資料及雲端語意分析技術，以內容分析及使用者行為分析，來量化理解社群口碑影響力，才能更聰明的操作網路行銷活動，進而更精準的找到潛在消費者。

而隨著網路和實體通路的區別逐漸被打破，在O2O（Online to Offline & Offline to Online）虛實整合行銷模式下，消費者能隨時隨地直接透過行動裝置更輕鬆快速地完成購物。根據東方線上調查，2015年臺灣民眾透過行動裝置上網購物的比例，已經達到49.4%，比2014年41.7%成長約兩成，零售業未來若想要搶奪市場商機，顯然要做到「通路電商化」，而在實體通路跨入電商領域時，網路購物業者也不能坐視市場被侵蝕，勢必也要透過實體通路，提供虛擬購物環境無法感受的體驗，做到虛實合一全方位滿足消費者需求，才能創造銷售佳績。

星展銀行（臺灣）企業及機構銀行董事總經理鄭克家指出，網路促成商業模式的轉變，也讓中小與新創企業的競爭環境越來越險峻。為了讓有限的資源能夠充分利用，零售商可以運用大數據，從一群資料裡找到所要的資訊，這些資料包括社群媒體、交易資料、知識管理、法律合規、資訊系統等，零售商只要有能力整合這些資料並做分析，就可以更清楚地描繪出客戶樣貌，根據分析結果規劃的行銷或產品策略，也更容易打動客戶的心。

如Amazon根據以往的銷售紀錄及瀏覽軌跡，找出不同產品間的關聯性，並主動推薦給消費者，如今每3筆訂單就有1筆是來自產品自動推薦系統。而為了提供消費者更多更好的消費體驗，零售業也應該設法轉型智慧化，方式包括打造智慧商店、提供智慧消費環境。如利用影像辨識系統分析顧客行為、統計人流，應用MOD播放廣告提高商品及活動的曝光度，或是利用導覽KIOSK結合會員卡，提供商品或商場資訊查詢，提供免費Wi-Fi服務等，建構O2O消費模式。

科管與新時代

　　但不管是大數據分析或O2O全通路，行動化都是智慧零售不可忽視的需求。因為消費者使用手機瀏覽資訊的習慣已經形成，許多知名購物商城或網站，開發專屬App也已成為零售業必然趨勢。

資料來源：DIGITIMES 2016/08/29

活動與討論

1. 請說明大數據分析對市場商機之影響。
2. 介紹星展銀行與Amazon企業的智慧型應用內容。

問題與討題

1. 說明技術創新的意義與類型。
2. 說明技術創新的機會與預測方法。
3. 新產品開發的原則與過程為何？
4. 說明新產品的創意來源。

參考文獻

1. 丁錫鏞博士編著（1999），科技研發經理人之研發管理守則與科技管理案例，臺北：嵐德。

2. 李仁芳，洪子豪著（2000），企業概論第二版，華泰文化，頁436-471。

3. 余序江，許志義，陳澤義著（1998），科技管理導論：科技預測與規劃，五南圖書。

4. 陳澤義著（2005），科技管理：理論與應用，華泰文化。

5. 蔣臺程等編著（2003），管理學，全華圖書。

6. 賴士葆著（1992），科技管理論文集，臺北：大葉文教基金會。

7. 丁錫鏞博士編著（1999），科技研發經理人之研發管理守則與科技管理案例，臺北：嵐德。

8. 李仁芳，洪子豪著（2000），企業概論第二版，華泰文化，頁436-471。

9. 余序江，許志義，陳澤義著（1998），科技管理導論：科技預測與規劃，五南圖書。

10. 黃俊英著（2002），行銷學的新世界，天下文化。

11. 劉常勇著，管理學習知識庫：新產品開發程序，cm.nsysu.edu.tw/~cyliu/files/edu36.doc。

12. 賴士葆著（1992），科技管理論文集，臺北：大葉文教基金會。

13. 蔣臺程等編著（2003），管理學，全華圖書。

14. Cooper, R.," New Product: What Seperates the Winners from the Losers," in M. Rosenau, Jr., et al, eds. The PDMA Handbook of New Product Development（New York: Wiley, 1996）.

15. Urban, G. and Hauser, J. Design and Marketing of New Products, 2nd ed.（Upper Saddle River, NJ: Prentice Hall, 1993）, pp.55-57.

NOTE

CHAPTER

06

創新策略與管理

Technology Management

學習指引

1. 了解知識與技術關係性。

2. 說明創新管理的概念路徑。

3. 認識企業進行創作之工具。

4. 了解Freeman&Perze提出四種創新模式的內容。

5. 介紹創新管理的程序。

6. 介紹創新循環。

7. 說明創新漏斗之意涵。

科管最前線

淺談科技研發創新與產業加值策略

經濟部技術處指導的「科技研發創新與加值策略」國際研討會中,特別請國內外專家提供寶貴意見,期望在政府推動的新五大產業(國防科技、智慧機械、生技醫療、亞州矽谷),來促進我國發展出新的經濟模式。在科技創新此政策下,如何將研究成果搭配創新的專利佈局,再整合運用智慧財產權創造價值,成為國內刻不容緩之課題。

預計有四大策略,可作為未來推動之重點,茲說明如下:

1. 健全完善法制,讓技術擁有良好的應用環境:多位專家認為,激發出創新多元的產學合作,特別是智慧機械、**ICT**醫材等領域,並討論如何透過法制調適,將學界研發成果落實到產業界與創新創意上,進而提升臺灣產業的競爭力。

2. 讓產學專利平臺,幫助企業應用智財權創造價值:智財權專家認為,企業分有草創初期、成長中、穩定發展三個階段,每個階段皆有不同智財權的發展目的。草創期是在保護創意;成長期是藉著智財權擴大上市打擊仿冒;穩定期是在策略聯盟,建立專利資訊學院整合平臺創造營運價值。

3. 透過產學合作方式,幫助業界快速取得需要的技術:藉由各學術界之人力,來發展產業需要的關鍵技術,在專利保護及建立產學夥伴關係,來大大改善研發績效,建立產業效能,提升研發成果。

4. 讓智慧機械產業加值的時代來臨:我國智慧機械將朝向人機同時併存的工廠的模式發展,讓產業之人均產值提高,提高國際競爭力。

資料來源:經濟日報2016/10/20,C3,經濟部技術處提供

活動與討論

1. 請說明我國現階段在科技研發創新與產業加值之事項。

2. 請同學上網到經濟部技術處官網,來蒐集科技研發創新的政策與願景。

21世紀的全球化經濟為市場帶來了劇烈的變化，在持續追求最低成本的競賽之外，也推升了以「創新」為企業目標的知識經濟趨勢。為了從激烈的市場競爭中脫穎而出，愈來愈多的企業試圖藉由創新來創造競爭優勢。然而，企業持續對創新的重視，是否真能如預期地產生其應有的效益，這其中的關鍵就在於「創新管理」。

6-1 技術取得之來源與管道

就廣義而言，凡能將資源轉化成產出的所有活動均可稱為技術（Sharif, 1998）。若應用在企業組織中，凡存在於企業功能之所有知識與經驗皆可稱為技術，故技術的內涵有極大範圍，可以包含專利、配方、規則、機器設備、工具等等。技術取得來源有許多的方式與管道，例如外部研究機構中的技術移轉組織、透過組織間的合作進行研發活動、專利的買入，以及組織內部研發人員所形成的概念等等。

知識是企業最重要的資產，由於我們對於知識的產生、更新與替代等的了解受限頗多，故有學者提出以知識鏈的模式來探討相關運作。但無論以何種理論或學說進行知識的擷取，對於知識在企業中實際的運作與成效才是最關鍵處，其中，如何建立知識共享的整體架構，還有對於企業回應環境的能力，都是值得我們深入探討的部分。

在組織的知識衍生體系中，人員認知、信念及形象隨附在組織中的個體，屬於無形的知識，與一般知識同時並存、共同產生可行的概念或想法。組織知識衍生體系中每個階段的相關資訊衍生自過去研究的知識累積。當問題可被現有的知識所解決，剛取得或是更深層的研究將變得重要。在這個系統中，每個特殊的連結點與其他獨立連結點各自分開累積知識。知識透過大量具有預測及週期性質的檢視方式，了解其內涵與可能成果，包括基本及應用專利，科技評價，成本檢視，設計檢視，市場能力評價等等。因此，每一個環節所累積、衍生的知識或概念將影響組織知識創新體系的運作成果。

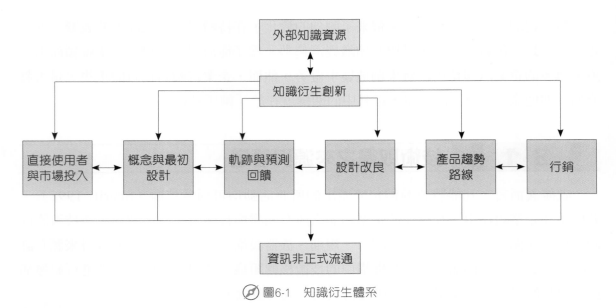

圖6-1　知識衍生體系

資料來源：Jyoti S A Bhat。

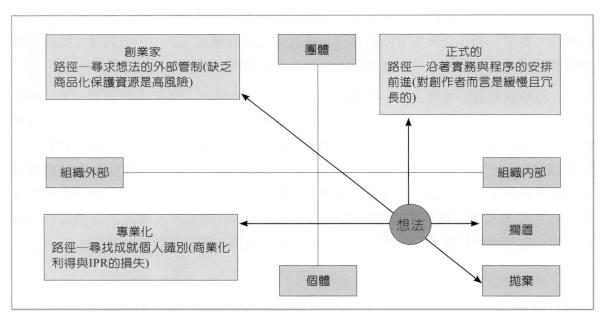

圖6-2　創新管理的概念路徑

資料來源：AIRTO paper 2001/2。

　　為了在快速進步的科技環境中持續生存，企業必須從事技術創新的發展，也唯有將創新概念的發展過程進行有系統、有效率的管理，才能將無形的想法轉化成有形的利器。但是從概念產生到商品上市是一連串的過程並非隨想隨成，所有的階段都必須經過審慎的思考與系統化的架構規劃，方能對企業的競爭力有所助益。

　　於此，圖6-2中的創新管理概念路徑模型傳達概念衍生中概念主體與參與的個體之間的相關性。路徑引導是由已知的概念，依賴其他創新路徑中的不同個體而形成。此外，當概念發展透過創新的流程持續運作時，矩陣中不同象限的關係會變得更緊密，且個體的概念將發展出更複雜路徑。根據統計，平均50個創新概念才能生產一個新產品，因此企業必需發展一套完整的概念管理架構與模式，方能執行技術創新的推動，並且整合及協調跨部門的功能以發展對組織最有利的產品與服務。

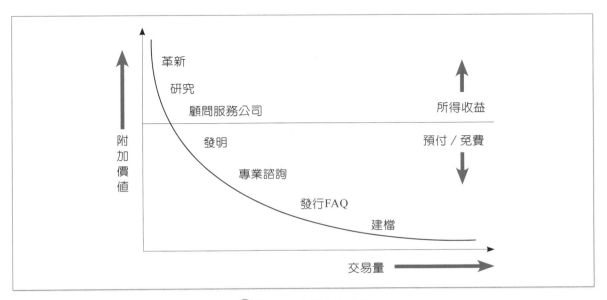

⊘ 圖6-3　專業人力使用

資料來源：AIRTO paper 2001/2。

　　創新活動中科技焦點的傳遞是透過專業人員來進行，專業人員對特殊科技領域擁有責任，是組織的主要知識來源之一。專門技術是企業主要的資源，故專家的時間運用及其效益變得非常重要。對企業的任務來說，所有考慮的相關活動都被賦予了不同程度的利益，提供科技技術的企業與服務最終使用者的企業，他們與顧客各具不同程度的利益。分析透過這些活動所產生的附加價值，與商業交易量有關連，兩者在圖6-3中呈現彎曲圖形關係。圖中指出最終使用者創造出活動知識的獲取能力與附加價值產生的程度有顯著的關係，如創新完成的最高附加價值，完成自動商業化諮詢與股東協商的成果。

⊘ 圖6-4　著名科技公司正透過知識管理與創新的研討會，在討論知識衍生學說之方式

　　聚集這些專業人員時間的使用率是組織的關鍵資源。它也顯示出所得收入活動以及預付或免費服務間的對立關係。另外，交易量上的差異相當顯著。由於來自成員的壓力，與公司內部人員服務文化及個體間互動關係趨使，不易改變專業人員在時間運用上造成低附加價值的特性。基於這些理由，欲提升獲取所得的活動是相當困難的。

　　因此，我們可以了解若欲發展一個具有商業價值的構想或概念，所需的人力資源可能包括研究人員、設計人員、生產製造部門人員、行銷人員、管理人員及各部門人員。上述對於構想的商品化過程都有其貢獻，專業人力資源的運作與管理已成為知識經濟時代的重要課題。

　　在創新路線中，「創造」被視為「模糊的前端與結尾」；原因是這類創造活動傾向抗拒所謂的形式化。創造活動始於概念的產生，隨著這個階段入口過程中的第一個元素移動，其中包含最初企業所累積的引導計畫、創新計畫、核心流程研究、專利權申請、以及彙整商業個案中較早階段，如市場調查及最初的風險分析。如表6-1所示，企業中產生概念的結構與進入管道，可以運用一連串的創作工具。

📍 表6-1　技術移轉動機	
對技術接受者而言	對技術提供者而言
1. 節省組織研發經費 2. 縮短研發時間 3. 承接他人累積之經驗與知識 4. 提高技術水準，增加生產力 5. 提高進入新市場、多角化的成功率 6. 降低市場風險，提升市場接受度	1. 回收研發成本 2. 獲得技術剩餘價值 3. 控制目前已有或相關市場 4. 擴大技術之市場佔有率

許多最佳的創意係來自在個體腦中兩個事前未連結的資訊片段（Albert & Bradley, 1997）。科技創新通常來自豐富環境中個體的創意運作，這個環境中無論是科技機會或市場需求都很強勁。這裡特別要提出的是個體態度與情緒狀態連結在個別團體的創造流程中可能會影響企業的創新能力。

當創意產生後，開始建立並探索其發展路線是必要的。早期焦點在市場規模初步估計智慧財產權的情況及資源要件。形式上的最初觀點在適當的科技團體管理與智慧財產權管理者的討論。另外，適當的申請來自政府基金的創新計畫有助於建立創意概念所需的科技設備。

例如：在日本，企業對於科技新構想的管理是採取循環性的思考、擴張、培養以及構想產生後的精緻化。由於日本企業對於科技創新的過程與成果非常重視，故探究構想的適用性與收集的方式已成為企業經營的一部分。在很多時候，組織會透過組織學習及觀察來進行技術移轉的工作，不只是企業內部的合作，產業的連結、政府的大力支持都是培養日本企業維持其競爭力的來源，因此，可以看見在激烈的全球商業競爭環境中，日本企業總能在產品與服務的表現上有不斷創新的驚人表現與非凡的商業成就。

6-2 創新管理的程序與創新循環

隨著科技的日趨成熟以及其技術能力相對地容易擴散，科技創新成了創造組織價值、永續發展的基礎。創新因此包括產品、製程以及服務的創新，更重要的是能將這些創新的成果予以商業化或是使用。「科技概念的創始、知識的擷取、轉換成可適用的硬體或程序、重視導入社會、技術擴散及產生的影響等都包含在科技創新中」（Bright, 1969）。

在目前科技快速變遷的時代中，所有國家（無論是已開發或開發中）皆盡力尋求各種手段與方法，試圖能深刻理解創新在現代社會的發展中所扮演的角色。一般而言，創新管理所尋求的是能有效促進經濟的架構，目前學界經常以Schumpeter（1928）所界定出的五種創新形式作爲思考出發－新產品、新製程、新市場、新資源與新組織。

然而，創新所展現的不僅是一種經濟現象，同時也是一種社會現象，例如Rogers（1995）曾對創新如何在社會中被溝通、吸納、適應進行觀察，特別是他對發明者（Inventor, 產生新構想的個人），以及創新者（Innovator, 將此新構想予以擴散，並進一步具體執行的人）之間的差異進行了嚴謹的區分，於此他歸納出創新所涉及的絕大部分是溝通層面，而非是純粹的發明層面。在大多數的情況下，創新通常被視爲技術創新，OECD對此（1997：sec. 15）曾給予清楚的定義：

技術產品與製程創新（Technological Product and Process, TPP）包括採用新技術的產品與製程，以及在產品與製程上獲得了突破性的技術進展。而如果技術產品與製程創新已被引介進入市場（產品創新），或被具體地應用在生產過程中（製程創新），就可以視爲此種創新已然產生。

毫無疑問的，上述的定義明顯地比Schumpeter的定義要來的狹窄許多。然而在管理層面上中，此一定義卻是經常被採用，成爲策略規劃與架構的基礎。近來隨著知識經濟與服務業逐漸成爲主流的趨勢，已有許多學者主張應將上述定義的範圍大幅擴充，組織與服務創新也應同時包括進來。

Freeman與Perze（1988）兩位學者曾提出四種創新模式，每一種模式均標示著一個趨近於更高層次的複雜性與意義。第一種爲漸進式創新（Incremental Innovation）模式，代表了對現存的產品與製程系統進行小規模的修正，而與此相關的發明與改進方法則是經常由應用工程師與終端用戶所提出來的。第二種爲激進式創新（Radical Innovation）模式，代表了一個具破壞性的科技變遷結果，若此種創新發生在產業群聚

中，往往會使得整體產業出現結構性的轉變，此種模式並經常與新興產業及服務的興起相互連結，例如近二十年來半導體的發展與合成纖維原料的生產等（Freeman, 1987）。

第三種科技變遷的模式為科技系統本身的轉變，此等創新會深深地影響許多經濟部門，甚至會進而形成一個全新的經濟部門。它們通常會同時結合了漸進與激進式創新，瓦解了當時的管理／經營模式，並使前兩者創新模式徹底的融入於科技變遷的過程中（Freeman and Perze, 1988）。據此，Freeman（1987）指出新興「通用科技（Generic Technologies）」的發展（如資訊、生物、微電子、與能源科技等）已帶動了現行科技系統的轉變。

最後，第四種的創新模式稱為科技－經濟典範的變遷（The Changes In The Techno-economic Paradigm），意即「新的科技系統在整體經濟中已擁有普遍性的影響，其改變了既有的生產與管理系統「風格」。此種變遷所造成的影響不僅已超越了個別特定的產品與製程科技，更是對整體系統的生產成本結構與條件投入產生了決定性的影響（Freeman,1987）。

對創新管理活動而言，這四種區分的重要性－尤其是第一種與最後兩種創新模式－使其在管理活動上可以成為更具有效的「分析性」，而不是所謂的「描述性」工具，其理由如下：(1)科技系統係嵌入與建立於種種的漸進式創新中，然此種創新對組織整體的重要性是不容易被界定的，以及難以被單獨抽離出來的；(2)在漸進式創新中，小規模的變遷或改良可能會對整體科技－經濟典範產生重要性的衝擊，特別是當現今科技與社會組織已嚴密地糾結在一起的情況，就可以作為一個活生生的例子（如目前資訊與基因科技的運用）。於此，我們可以根據創新方格來大致區分上述的創新模式。

圖6-5中，創新方格模型所呈現的方式是概要式的，可以透過模型了解來自不同第三者與組織主體的聯繫功能。它建議充分推銷創新與重視隨之而來的行動，並同時結合人員關注與產品關注將是唯一能使創新成功的方法。而隨後觀察的結果與在圖中所考慮行列適當位置進行相關連結：

1. 創作起點：行列中的適當位置與個體的固有能力及驅動創造新構想的動力有所關連。傾斜度說明誘因動機以及當個體意識到受到狹隘傳統的影響。創新的起點是來自人員態度，相關技能及個體對情勢的認知。對管理經理人而言，這些內涵對於管理功能中的控制功能並不造成太大影響，但事實上，評論與控制管理方法可能會提高創新門檻而抑制創新行為。

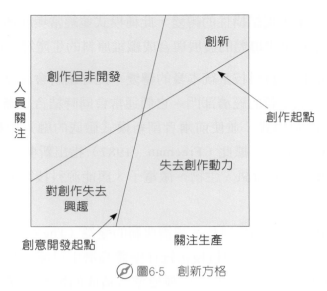

圖6-5 創新方格

資料來源：AIRTO paper 2001/2。

2. 創意開發起點：這些行列表達組織在進行特定創新進行商業化中的能力。它的位置與傾斜度是組織的政策、系統與文化對凝聚的功能。儘管在圖中的正確位置並不確定，但通常支援創新活動的經驗來自最小範圍及最難取得的創新空間。

　　技術商業價值的衡量有許多的限制與困難，因其來自技術替代與移轉，以及商業化過程所呈現的複雜性，許多研究提出的衡量方法包括專利數量、投入與產出比率、財務表現與報酬率等等。然而真正對技術衡量指標所必需考慮的層面非常廣泛，除上述數字上的表現以外，衡量方法的意義與其結構的嚴謹度，還有組織其他部門的表現等亦需涵蓋其中。為了克服上述的障礙，企業在創新管理的過程中可依四個步驟進行策略的擬定：(1)分析企業可用於執行技術之資源及能力；(2)辨識該技術能夠提供企業最佳化的成功途徑；(3)確保技術執行過程均符合企業目標；(4)技術之執行需與目前的作業系統相互協調。

　　圖6-6的創新管理程序模型是為幫助創新者快速且成功地將產品引進市場發展的流程途徑，其中包含預先定義的清單，以確保在發展過程中所有關於成功創新需的考量因素被納入其中。入口是指進行產品發展流程的正式決策中，必須前進，刪除或回收計畫的關鍵點。把關者也就是那些資深經理人，運用計畫準則來衡量預先定義入口的必要條件與績效一致性。發展途徑能確保企業策略規劃於創新流程中，在適當時機中擁有適當資訊以為支援。

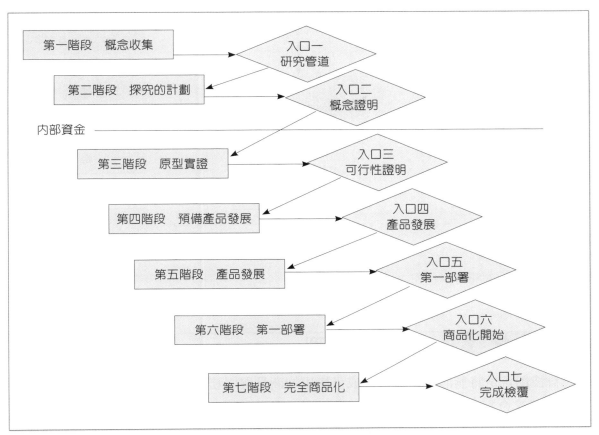

資料來源：AIRTO paper 2001/2。

　　我們將在下節探討，圖6-7的創新循環模型在事業中不同部分的連結與依賴，它透露出對於產業部門的需求必需要同等關注，透過科技的採用，滿足其商業需求，發展標準及證明可行性。為了使構想在最終商業化過程的順利實現，企業必須加強其面對變動環境的適應能力，追蹤科技變遷的發展，並輔以相關的營運策略。這些目標達成的前提為有彈性的組織架構，因唯有彈性的組織架構與部門連結，方能提高組織的適應性與持續創新。

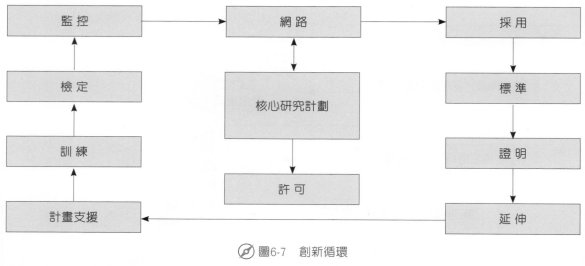

 圖6-7　創新循環

資料來源：TWI公司創新循環（1994）。

6-3　創新活動模型 ★

　　科技創新是將無形的知識轉換成可使用的商品與服務，故在創新導入市場的過程中有許多因素會影響其成果。包括公共政策的支持、市場對技術的需求、知識網絡的擴散，以及跨國之間的合作等等。創新過程中每個階段所使用的方法或時間點都根據產業別有所不同，而若能成爲產業中的創新領導者，則可拉大與競爭對手間的距離，擁有較佳的市場地位、提高顧客轉換成本、定義產業標準的機會等優勢。

　　所有產品及流程的發展都包含一個創新流程，雖不盡相同但有許多相似之處。所有創新皆包含概念及活動，而這些活動必須連結目標並以有限資源做最有效利用。最近有許多方法可以使用於促進創新流程，例如圖6-8中的創新漏斗模型中有七個元素作爲其必要的構成成分。我們將這些元素標記如下：(1)顧客；(2)目標；(3)創新；(4)計畫；(5)團隊；(6)模型；(7)成果。這些要素皆爲組織發展的工具。這些元素Hayes et al（1988）以漏斗的方式比喻之。

　　漏斗的概念意指創新概念及問題自漏斗口投入，隨後各種元素在漏斗頸部進行壓縮，這些元素經過漏斗而成爲計畫，當計畫執行時使透過既有成果與最初目標的比較來衡量變革績效。

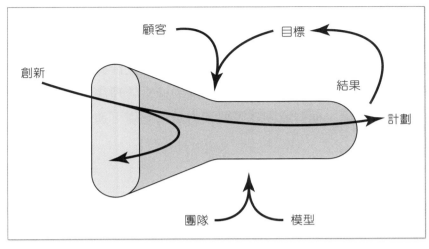

資料來源：Jim Browne, Kathryn Cormican, Lawrence Dooley, Yu Ming and David O, Sullivan。

圖6-8　創新漏斗

(一) 顧客

這個元素將顧客的聲音集合納入創新管理流程。現存的資訊例如顧客抱怨及訂單要件是收集顧客資訊的主要來源。額外的資訊可藉由鼓勵及收集抱怨，加上透過德爾菲預測徵詢之要件，還有Kano分析技術來取得。主要是為將顧客資訊格式化及應用，但大量口頭報告的運用還是有限。換句話說，以簡潔及清楚的關鍵字表達與儲存較容易被查詢，且在接下來的流程中較易出現相關的目標與行動。

(二) 目標

這個關鍵要素來自四個核心技術的共同使用，以策略、報告及評估的方式來說明未來組織的發展將決定組織管理路徑的定義。這些要件定義藉由組織中利害關係人必須發揮最佳的執行力來完成。這些要件所影響追求組織願景的策略及資源評估。透過要件、策略及評估組織創新績效的部署，使得這些行動組合在完成組織目標時能有較佳的合作。

(三) 創新

創新的種子即為問題及創意概念。問題可以被定義為預先或是重複的行動。然而一個有效的創意概念通常來自現行的商業誘因，其中誘因也來自競爭活動、市場趨勢、文化趨勢等等。當投入養分至漏斗中時，誘因透過創意概念的使用，成為各種計劃、創新與概念。

(四) 計畫及速贏

創新行動透過速贏的概念及計畫的元素來完成。速贏可定義為任何非必要顯著資源及所急速影響執行成果的行動。計畫則可定義為了完成及影響成果，在關鍵的環節中發展必要的資源，允許並管理進行與現有目標相關的適當管理決策性決定之活動。這連串行動意謂在受限於如目標、模型或團隊等要素力量為基礎下進行分割或合併，精確的發展計畫及速贏元素。

(五) 團隊

團隊元素代表組織在創新流程中可獲取的人力資源。由於人員數目的可獲取性及品質的限制，這些團隊元素反而被視為流程中的限制，另外，創新行動類型可由組織著手進行。此處人力資源槓桿的限制可透過教育訓練來降低，以及召募更多具有必要技能的雇員來促進流程的進行。

(六) 模型

儘管目前大多數管理者開放流程的變革，但模型元素可能仍是管理者在應用與了解上最困難的元素。模型是繪製現有或未來組織構造的地圖及確認與界定組織所欲進行之變革關鍵。模型的應用可提供對組織核心流程的持續成功及確認關鍵之處，且能將焦點放在所欲進行之創新類型。換句話說創新模型必須在全面創新流程組織的行動下加以定義。

🧭 圖6-9 某科技公司透過腦力激盪方式，正研討新產品開發之構想

(七) 成果

　　成果元素代表執行速贏及計畫的活動產出。這個在組織中的執行活動可能引起正面或負面的變革。當所有的變革衝擊到組織的全面績效與行動的貢獻時，現存的機制就必須被檢討。管理者可以以相對目標的達成度與修正行動的必要性分析執行行動組合的貢獻。

　　另外，根據Rank, D. & Brochu, M. 兩位學者針對加拿大學術研究商業化過程所進行的研究中指出，創新商業化過程中有許多關鍵角色是依其目標與觀點發展出不同的關注焦點。其相關人員與任務分別為：(1)教授與學生：是智慧財產權（IP）的主要創造者；(2)學院與附屬研究機構：雇用研究人員及進行研發基礎建設，並產生具有商業化潛力的研究結果；(3)技術移轉辦公室（OTT）：進行智慧財產權管理及相關行政作業；(4)包含教授及學生的研究機構：大部分進行具有競爭性質的研究，擁有自行將技術移轉到企業的發展功能；(5)科學性及專業性的學會：為會員引導或倡議研究主題給；(6)補助機構：提供大學研究計畫的直接財務資本；(7)企業及產業協會：其為推動學術研究商業化的主要驅力；(8)創投企業：為新企業採用新技術的創新者；(9)財務融資機構、創投及種子企業、技術投資金主：提供財務方面的支援；(10)地方政府及聯邦政府：提供財務支援及法律規範。由此我們可以了解創新商業化的過程實包含政策與執行實務、資金與投資、以及人力資源等三方面的課題。

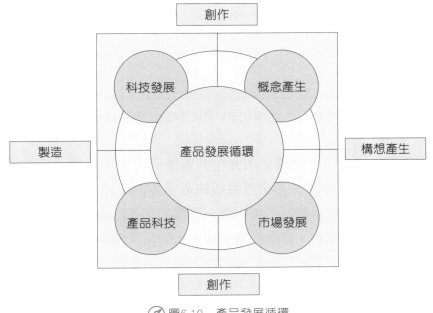

圖6-10　產品發展循環

資料來源：Jyoti S A Bhat。

　　如圖6-10所示，我們也可由此了解產品發展循環圖看出，現今創新循環並不是像以往被狹隘定義為組織中研發或科技發展單位，它已發展成一個包含產品科技及市場發展單位的廣義概念基礎。如圖6-11所示，在任何組織中，大多數的科技發展會依循這樣的模式進行。顯而易見的是，創新流程的起始點並非是基礎研究，而是以市場觀點為基礎的新概念發現，以及透過知識累積產生的概念或已呈現在組織中的模糊知識。

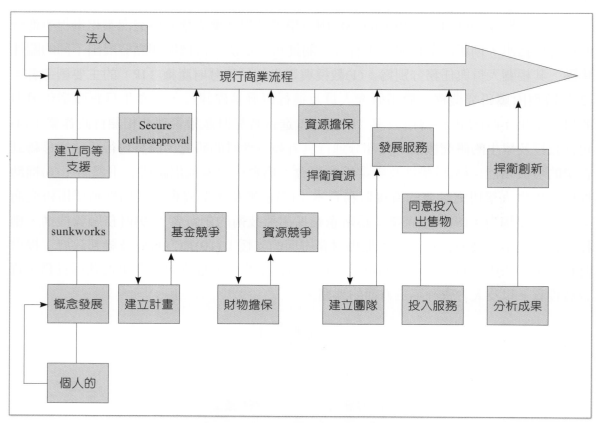

圖6-11　商業化流程發展過程所涵蓋的概念

資料來源：AIRTO paper 2001/2。

　　在概念的商業化過程中，組織必須強化其適應能力以反應環境所需的競爭力。首先，在這一連串過程的起始點，企業應將組織最重要的策略與目標明確地告知所有成員。接著，根據其所揭示的目標訂定更明確、具體的細部計畫，包括目前的技術發展、技術可能的應用與發展的概念、新產品發展與上市的時間等。最後，管理階層必須對商業化的流程進行非常詳盡的了解與參與，如此方能透過嚴密的流程控制，化解各部門間可能的紛爭與去除組織結構現存的障礙。而由於個人主義與各部門間習慣、專長的極度不同，故實務上，創新流程在人力資源層級上所考慮的因素與範圍會更為複雜，組織與內部供應鏈中現存團體的談判與協商亦顯得相當吃力。

 圖6-12　商業價值是各公司追求的目標，圖為某公司新產品策略會議活動照

科管亮點

Fin Tech 崛起，對金融業的影響

　　我們都知道，金融界是經濟發展的引擎及守護者，沒有金融界之貢獻，一切經濟發展是空淡的。依喬美網路跨平臺公司簡董事長指出：「網路、金融、專利」三者密不可分。在 Fin Tech 崛起後，金融業的革命變革是必經之路，它不再是智慧財產權的沙漠。在網路環境之下的「直接金融」，將是金融產品必然的發展方向。

　　所謂「直接金融」，係指在網路發展下，投資者與借款者可直接在網路上相遇，以往傳統銀行寡占的間接金融，將被存、借零距離的網路環境所取代。簡董事長也建議，在推動 Fin Tech 過程中，不斷要有研發新的 Fin Tech 產品應用，增加聘用財務與資訊人才進行腦力激盪，讓產業發展保持活絡。資管會科技法律所創意智財中心陳主任指出：Fin Tech 是當前政府推動「數位國家、創新經濟」不可忽視的一環，推動高價值智財，以提升產業競爭力。

　　各界專家在 Fin Tech 上，若能提供單一支援窗口智財支援機制，快速簡便地讓新創事業獲得基本智財分析、申請、運用等知識資訊，同時協助找尋合適的智財服務機構，提供制度面或個案處理的專家診斷、輔導，將是我國在推動數位國家、創新經濟發展，孕育體制強壯的機會，也是 Fin Tech 的核心目標。

資料來源：經濟日報 2016/12/09，A7 版，經濟部技術處提供

6-4 科技創新與產業發展趨勢 ★

　　現今產業環境受到科技變革及全球化的影響日益加深，而每個產業中所支援創新的研發成果也大不相同，如電子、航空器、以及化學領域中的企業在研發所進行的投資會遠勝於在設備及工廠建置的投資（Pavitt & Pattel, 1988）。在不同國家中，對產業重視程度差異頗大，投入研發的程度結果也當然不同，通常已開發國家在對於資訊、電子、製藥、醫學、以及生物科技方面的研發支出都有極重的比例。因此有學者提出，技術的組合與商業投資組合類似，應該從事多樣化的選擇，以期創造巨大的技術組合以支援組織所有的活動。

　　在激烈的全球競爭環境，快速的技術替代使得產品生命週期大幅縮短，企業唯有透過研發的創新方能維持其競爭力。為了減少浪費與風險，組織在進行研發投資的計畫前，必需審慎地進行研發投資計畫評估。有學者根據BCG矩陣模式提出研發專案的投資組合矩陣。許多研究證明，真正有價值的研發投資可以提供企業長期的競爭優勢，並確保永續經營的基石。對於選擇研發計畫而言，圖6-13中提供清楚又簡單的準則，以各種科技強度及營運效率所能得到的回收為基礎。很明顯的，B方案較A或C方案預期獲得更多來自研發計畫中的收益。

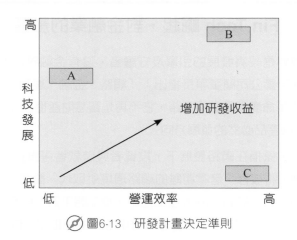

⊘ 圖6-13　研發計畫決定準則

資料來源：Jyoti S A Bhat。

　　在科技創新的議題中，若以技術發展為主要前提則可能無法開發出符合市場需求的產品，而若依賴市場需求為主要前提，則可能會忽視科技發展中的激進式創新部分，這個兩難的課題是現代企業的發展焦點之一。以Motorola公司為例，其以兼顧顧客需求與企業技術創造力的目標作為其策略宗旨。企業可以透過訪談的方式了解顧客需求，藉由公司在原有技術上的優勢來進行研究與發展，並發展出對企業營運有利的決策。

　　而在企業導向的前提下，決定科技的重要性程度及其競爭優勢時，通常會包含幾個關鍵，例如：分析、評估目前組織的科技競爭力、如何透過學習與移轉企業的科技競爭力、如何保持科技競爭優勢、以及如何將科技的競爭優勢發揮到最大功效等要素。若能找出最具影響力的科技，則能使企業的競爭力向上提升，並且能不斷地突破與創新，而保持其永續經營的能力。圖6-14之矩陣分別說明，並列出組織科技優勢的重要性程度，可評估的競爭優勢，及種種相關技術聯合核心技術的分類。此矩陣首先混合核心技術，再配合以發展活動為基礎的產品創新成果，表達對於抉擇的想法以利於研發計畫選擇的進行。

	低	科技競爭優勢	高
高	極弱勢技術	低技術優勢	核心技術
	進行複審	疑惑技術	主流技術
低	丟棄技術	可移轉技術	隔離技術

（科技重要性程度為縱軸）

 圖6-14　科技重要程度／科技競爭優勢

資料來源：Jyoti S A Bhat,1996。

6-5　創新過程中組織所扮演之角色 ★

　　在組織中的研究與發展，一般而言，可透過產品與服務的市場表現來衡量組織的研究與發展。組織中影響研發與創新過程的因素有許多，其中包括科技策略與規劃的整合、組織結構與管理、管理者專案規劃的能力、人力資源部門的支援等。企業組織為達成其創造價值的最終原則，在研發與創新過程中，應積極培養專業人員、透過跨部門、跨功能的團隊整合各領域的專業技術快速地反映市場需求。由於商業環境的變化日益劇烈，並不斷地衝擊一般企業、產業甚至國家的經濟運作。唯有加強管理能力，並且不斷的投入研發與創新，才能在這個競爭激烈的全球環境中存活。

因此，在動態的商業環境中，組織為維持其競爭力與適應力，必須進行許多組織變革的管理課題。當然，不同產業與企業有不同的因應方式，但無論是何種產業或何種規模的企業都有一些共同的特徵。進行全面管理變革所需的技術層面，相對於單一組織所有的問題可能更廣泛、更複雜。而因為組織的個別成員與組織的整體目標有可能出現認知上的缺口與利益的衝突，若欲執行成功的科技管理，組織必須針對所有可能的變革衝突進行一連串的消彌與緩衝的動作。

許多文獻亦指出，成功的創新也必須依賴企業整體與個人能力，以及目標的調整。這些相關的不成文約定早已超越了在文字上所可能論述的顯著議題。在許多情況下，管理者經常面臨組織成員抗拒變革的問題，但若能對於變革問題的來源與其可能影響進行深入的了解與分析，必能使組織進行變革的流程更為順暢，組織目標的達成度也會明顯提高。表6-2的內容為Morgan&Maddock在ESRC公司，進行創新流程與管理變革核心衝突的相關研究發現。

表6-2　管理變革核心衝突

辭令(支持行為)	事實(使用中行為)
創新推銷	對風險承擔者的懲罰
談話品質	報酬及衡量品質
談話策略	管理的戰術及回應
談話彈性	緊盯職員時間
價值訓練	準時下班
公司觀點	管理可操作性
人員與個體	管理團體
需求公開	隱藏事實

表6-3中列出了組織與個人支援創新的能力與作用，這是為了化解對於變革的抗拒，一連串根據個人能力及行為所可能提出的各支援行為連結，可以使組織的運作能夠激勵創新。根據Stephen與Robbins所提出的三套激發創新變數，我們可以了解創新是使創意成為有用的產品與服務的過程。首先在結構變數中，有機式的組織對創新較有正面的影響。這是因為有機式的組織通常具有較高的彈性與高度適應能力，可以激發創新的產生。在文化變數中，這類型的組織通常會鼓勵實驗與失敗，並且支持錯誤的發生。例如擁有高度的風險與衝突容忍度等特質。最後的人力資源變數部分，組織不斷的發掘新的觀念，其中有大部分來自於創意領袖的提倡與支持，由於組織會積極地進行員工訓練與發展，並且強調使員工免於革職的恐懼，此更能深度地執行組織的創新行為與成果。

表6-3　支援創新的能力與作用

支援創新行為	組　織	個　人
具遠見的領導關係	創新的整合觀點 藉較高層次範例移轉至實務 documented策略	需求目標的確認 有效企業通訊支援
創新推銷	確認創新系統 documented創新 創新政策及流程	資格及經驗 謹慎的招募政策、及早揭露產業的真實問題與高階人員顧問指導等支援
品質關注	錯誤極限 行動後覆檢 個別積極考量	風險了解 研究及創新商業的關連的了解
策略執行	策略的展望 公司策略與其串聯計畫	商業敏銳 商業發展訓練
彈性經營	新興計畫及流程覆檢的了解，替換目標的意願 跨越疆界 共同研究	彈性 層級式誘導(Graduate Induuction)，各種學問的團隊運作
價值培養	公司學習 持續能力覆檢 組織智慧資本的知覺發展	個人發展興趣 持續專業發展個人智慧資本知覺
公司觀點分享	清楚及共享的語言 公司計畫，次目標，持續溝通及回饋	合理 團隊工作技能，廣泛技術及商業能力
視職員為獨立個體	支援的環境及免費通訊 顧問指導 企業發展鬥士 開放政策及資訊給予更高階人員	開放及信任 個人經歷，私人的，與同事相關的
開放的運作	績效誘因 評估覆檢，職涯發展，非財物報酬	積極的 任務及目標熱誠

　　圖6-15的模型源自Blake&Mouton方格（Blake&Mouton, 1965）。這個方格呈現出兩個重要原則在領導者管理風格上的對比：關注人員與關注生產。企業可以自這個管理方格中推論出在這些衝突的議題中，簡單地比較爲何無法產生最理想的績效，次要決策的狀態，以及是否擁有符合適度的財務績效。其中，高度承諾組織的挑戰在於必須尋找同時滿足人員發展與產品需求的方法，而非僅視爲相互替代（Lawler, 1991& Pascale, 1997）。積極人力資源的經營可以提供積極創新態度與行爲（Guest, 2000），同樣的，關注生產也是受歡迎的實際作法（McCosh, 2000），並可能因此鼓勵概念商品化開發。

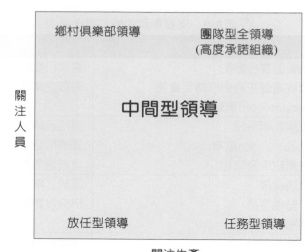

圖6-15 研發計畫決定準則

在Blake&Mouton的分析中,他們建議這些想法可能覆蓋較早的方格以提供對於創新行為的洞悉能力。其中以高度組織承諾的管理方式可以有最好的績效,因為這個型式的管理方式可以藉由協調與整合工作相關活動,維持員工士氣與工作效率的高度連結,創造出最佳領導風格與經營績效。

另外,Storey根據對經理人的探討發展出創新理論模型(如圖6-16所示),Storey指出了應用於跨越公司層級的理論變化。儘管其理論中已將情境偏好的選擇預先設計並清楚地定義,然個體與團體間的顯著互動仍可能導致實務中行為的差異。其餘與廠商創新行為有關的理論包括惰性的創新觀點與演化的創新觀點,如圖6-17中,根據Meeus, M. T. H. & Oerlemans, L. A. G.(2000)兩位學者的研究指出,演化觀點的廠商創新行為能隨時因應外在環境的變遷,且能再對組織結構、策略等組織實務做調整,但是對於產業層面而言,產業組織網絡結構中的網絡縫隙及適度的網絡中心性有利於創新與學習,產業組織成員若能擁有開放型的組織文化、高度信任感與跨組織邊界互動的態度等元素,都能對技術創新與學習有加分效果。

在目前科技管理中的議題,技術移轉與創新是當前最受矚目的焦點,因為技術的成功移轉與創新是突破現階段技術發展瓶頸的基石,亦是國家、產業以及企業競爭力成長的關鍵要素。但由於實際上企業的研發與成果績效評估工作困難,加上政策的規劃亦需要全面性的了解與支援,因此過去相關的探討文獻數量甚少。

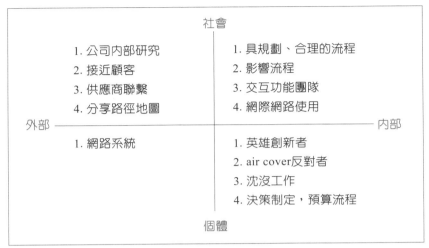

圖6-16　創新理論模型

資料來源：AIRTO paper 2001/2。

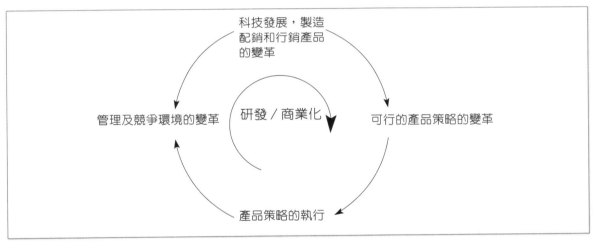

圖6-17　科技、產品策略、組織結構與競爭環境之間的正面回饋與系統關係

資料來源：Centre de Recherche en Gestion Document 14-2001。

就科技管理的觀點而言，Sanhchez所提出的動態產品競爭問題可以運用技術、產品策略、組織內部合作機制、以及商業環境支援的循環來進行概念化。而Major, E.（2003）所發表的以策略管理觀點探討技術移轉與創新的研究中指出，目前的策略管理核心觀點是所謂的核心能力與資源基礎，其策略規劃的本質在於企業對外部與未來環境的前瞻能力。Major指出，在資源基礎的前提下，企業組織的能力是反映在企業建立與進行資源績效的槓桿作用成效，進而透過策略執行以建立並維持其競爭優勢，這其中所謂的資源基礎包含有形、無形的資源。若政府對於相關政策的推動能夠提供各種相關諮詢與財務支援，並能建立適當的中介管道，就更能幫助企業在資源基礎積蓄與運用上的表現。

學習心得

1
企業有了知識衍生體系（即知識管理應用），才有技術提升之可能。

2
創新管理概念路徑模型傳達一些基本概念，從圖中又可以進一步衍生概念主體與參與的個體之間的相關性。如圖6-2所示。

3
企業中進行創作工具，包括了概念產生工具與創意聚集的選擇工具兩大類，如表6-1所示。

4
Freeman &Perze提出的四種創新模式：
(1)漸進式創新；
(2)激進式創新；
(3)科技變遷的模式是科技系統本身的主要轉變因素；
(4)創新模式影響了整體經濟的發展。

5
創新管理的程序包括有：概念收集等七階段，可參閱圖6-6所示。

6
創新循環請參閱圖6-7所示，從監控到網路應用⋯⋯等九個步驟。

7

創新漏斗包括有：顧客、目標、創新、計畫及速贏、團隊、模型及成果。

11

圖6-17所示，為科技、產品策略、組織結構與競爭環境之間關係性。

8

產品發展循環的內容有：科技發展、概念產生、市場發展及產品科技等。

10

從圖6-14所示，科技重要程度與科技競爭優勢關係性的程度。

9

現行商業流程可參閱圖6-11所示，從概念發展……等共13個因素。

 科管與新時代

康寧讓友達、奇美低頭的祕訣，它的創新，不只在玻璃餐具裡！

這是一家難以被歸類的長青企業。創立一五六年，康寧創造了家喻戶曉的玻璃餐具品牌，同時不斷在科技發展史上樹立里程碑：發明彩色電視映像管、光纖電纜，現在還是生產面板最核心零組件——玻璃基板的全球最大廠商。

玻璃，是康寧的根。小鎮上的玻璃博物館（**Glass Museum of Corning**），是與尼加拉大瀑布齊名的美東景點；康寧公司，也以玻璃聞名，從頂級（**Stuben**）水晶玻璃藝品，到一臺臺液晶螢幕裡的玻璃基板，都是這家百年老店引以為傲的。

乍聽之下，玩玻璃、做餐具起家的康寧，是讓人冷感的，也常被華爾街評為「不夠性感！」但細細探究，會發現不斷轉型踏進高科技領域的康寧，是一家很有學問的公司。

企業先驅：百歲研發中心很有學問？

因為這是一家難以被歸類的長青企業。它擁有一個即將度過一百歲生日的研發中心，是全世界創新歷史最長的企業之一。除了研發出球狀玻璃罩、讓愛迪生發明的燈泡在全球普及外，它還發明了彩色電視的映像管，並於一九七〇年代創造了光纖電纜，默默地不斷影響人類日常生活。

它還是全球最大的玻璃基板生產廠，市占率超過六成。不僅臺灣面板業者不得不買，全世界一年要賣出一億臺液晶電視、一億六千臺電腦液晶螢幕，它是幕後最大的贏家。

它是一個絲毫不顯老色、奉行「壓注式」創新的組織。創新人人愛談，但康寧卻走出了一條很不一樣的路。在外人看來，康寧像是賭博，把研發資源與預算，漫無標的地投注在大相逕庭的研究領域上。比方說，目前占康寧營收四一％的顯示器事業群，與占三〇％的光纖通訊事業群，就是兩個完全無關的領域，排名第三的環境科學、第四的生命科學，更是八竿子打不著關係。更不用說，全世界的印象裡，康寧還是一家做鍋碗瓢盆的老品牌。

這實在非常「跳tone」！康寧發言人羅斯基（**Paul Rogoski**）比喻，康寧是一隻「變色龍」，與時俱進，擁有變換保護色的獨家本領。

「這是變形式的革命！」麥肯錫資深合夥人佛斯特（Richard Foster）則觀察，康寧、嬌生與奇異（GE）這類大公司，皆以非漸進式的變革，掙脫老公司的文化枷鎖。

不墜關鍵：「拱心石」創新

康寧的長壽關鍵，都在這個蘇利文研發園區（Sullivan Park）裡頭。美國《商業周刊》比喻，蘇利文園區像是一個蔚藍深海，裡頭游著各式各樣的魚類，能夠自己茁壯，也可以互相交配，達成跨領域創新。總計一千六百名研發精英，聚集在小鎮旁的山丘上。他們眼裡專注的，是「拱心石」（keystone）的創新。

所謂拱心石（原指圓拱結構頂端契合兩邊的石頭）指的是在任何產品中、缺一不可的關鍵零組件，如果少了這塊拱心石，其他零組件都無法繼續運作下去。在康寧創新史上，包括玻璃基板之於液晶螢幕、映像管之於彩色電視機、DLP鏡頭之於投影機、光纖之於整個光通訊產業，都具有最關鍵的不可取代性。

「我們從不用金錢，衡量這些拱心石的價值。」同時掌管上百個專案的研發主管、康寧副總裁克雷格（Charlie Craig）說，一個研發專案做上十年、二十年，是稀鬆平常的事。

例如在八○年代，生命科學部門的一個製藥專案裡，康寧科學家們發現蛋白質會主動黏上玻璃表面，是一件極不尋常的物理現象，為了找出這個答案，就花了十五年的時間。蛋白質跟玻璃，是兩個毫不相干的領域，沒有人會同時吃下含玻璃和蛋白質的物質；但為了解釋這個有趣的問題，康寧研發部門仍然投注了大量資源，無條件地給予研究團隊支持。

康寧每年研發支出，約當一○％的營業額。美國各大科技企業的平均值約為三％，就算是歐洲的創新巨擘飛利浦，也僅達七％。

自我定位：材料開發專家

「事實上，我們把自己定位為材料專家！」克雷格說，由於研發領域太廣、項目太多，康寧僅聚焦在產業最前端的材料開發上頭，為發掘下一個拱心石做準備。

　　五十年前，一位負責推銷車用擋風玻璃的康寧業務員，在與一家大車廠談判時，對方不經意地抱怨說：我們生產的車子，汙染排放率太高，可能很難通過新的國家環保標準。這名業務員當下沒有回應，繼續聊擋風玻璃生意，但他立刻把客戶的需求一一寫下，回報給研發中心。

　　康寧本來就對玻璃、陶瓷等材料非常在行，聽到客戶的聲音後，立刻責成環境科學研發部門，開始研究。一九七○年，康寧發明了多孔陶瓷基板，不只多賺到一筆生意，更成了現在全世界車輛觸媒轉化器的主流規格。事實上，觸媒轉化器的技術層次相當高，也是康寧引以為傲的拱心石之一，其核心材料是表面覆蓋鈀、鉑、銠等貴金屬的多孔陶瓷基板，用來消除汽車排氣中九成以上的有毒氣體。不過，在高溫運轉的影響下，會使原本微小顆粒的貴金屬不斷凝聚，造成觸媒表面積縮小、活性降低，要提高效率、降低成本，就必須從陶瓷基板上來著手。

　　康寧推出新型柴油觸媒轉化器陶瓷基板，外壁僅僅千分之二英寸厚、大約只有一根頭髮的寬度，內部在每平方英寸、相當於不到一個小手機電池的面積上，遍布超過六百個細孔。這極精密的構造，不僅可以大幅降低冷啟動時的廢氣排放量，更可減輕排氣系統的背壓、增加引擎效能。

　　「這是跨世紀的累積！」一手負責陶瓷基板開發的廠長高爾迪（Robert Guardi）強調，陶瓷不是新鮮材料，但要做到如此精密，還不能有任何一點瑕疵，仰賴的是無止境、精益求精的投入。

　　「除了顯示器、光纖通訊外，這個柴油汽車觸媒轉化器中的陶瓷基板，將是康寧的成長契機之一！」康寧董事長暨執行長魏文德（Wendell P. Weeks），最近才對華爾街法人指出，在環保訴求下，柴油車市場已經到來。柴油車正將大行其道，康寧獨門的觸媒轉化器先進技術，卻已經練了將近四十年內功。

創意成真：五階段評量法

　　研發投入如此嚇人、期限拉得這麼長，康寧一年更同時進行超過百種研發專案，有基礎學科，也有已經完成商品化的產品，他們又是如何評估每一件專案的進度？克雷格說，康寧內部不外傳的創新法則是：五階段評量法。

從第一階段內部意見發想開始，到第五階段正式對外商品化為止，康寧在每一個階段，都會考量一項專案的科技進展與市場發展性，不斷進行周而復始的檢驗，如果能夠符合標準，才會進入下一個階段。以康寧內部正在研究、已經做出實機的電子書為例，這是仍屬於第一階段的專案。康寧擁有液晶顯示技術，也看好未來電子書隨身攜帶、隨時可讀的好處，但內部預計，要超過十年，才會達到第五階段。

「從第一階段走到第五階段，平均要投入八年時間！」克雷格強調。

不過，這還不包括很多做了二十、三十年的基本研究，總是等不到市場起飛，只能晾著。因此，在康寧內部，很多工程師開玩笑說：在我有生之年，都看不到我的研究心血，能夠被一般大眾所用。

為了激發工程師的成就感，康寧會視工程師的特質，做不同的調配。比方說，有的工程師很有創意，他可能就只負責第一階段的發想，跨入第二階段後，就交出去給別人做，他再找另外一個新點子來玩。有些人則可能同時負責兩至三個專案，如果一個專案一直沒有新進展，他就可以把心力多放到另外的專案上，慢慢再求突破。通常一個專案是由五到六位資深工程師執行，平均每兩到三個月之間，大家就會來共同檢驗，一方面互相腦力激盪，一方面也視進度，預測何時能進入下一階段。

資料來源：今周刊第569期 2015/11/19楊方儒

活動與討論

1. 你認為康寧所奉行的創新五階段評量法，是否也同樣適用於其他企業？
2. 請敘述康寧玻璃的「拱心石」（keystone）創新對其組織發展的影響。
3. 你認為康寧玻璃的轉型之路，對臺灣傳統產業的發展具有何種啟示？

問題與討題

1. 創新與研究發展管理的重要性?

2. 概念管理途徑主要傳達之意圖以及完整架構為何?

3. 試說明組織中研究發展階段包含之流程。

4. 組織中概念商業化之創新管理如何進行策略的擬定?

5. 新產品開發中,所有參與人員分別為哪些?其各自任務為何?

6. 組織如何在激烈的競爭環境中成功的進行技術移轉與創新?需要考慮哪些重要因素?

參考文獻

1. Jim Browne, Kathtyn Cormican, Lawrence Dooley, Yu Ming and David O, Sullivan.（1988）. Innovation Management For Product and Process Development. CIMRU.

2. Jyoti S A Bhat 1996.Management of R&D. Department of Scientific & Industrial Research. New Delhi.

3. L. Martin Cloutier and Michael D. Boehlje.（2001）. Innovation Management under Uncertainty： A System Dynamics Model of R&D Investments in Biotechnology. Centre de Recherche en Gestion Document. 5.

4. Major, E.（2003）. Technology Transfer and Innovation Initiatives in Strategic Management： Generating An Alternative Perspective. Industry & Higher Education 17（1）

5. P J Oakley, S B Jones & R J Wise.（2001）. Innovation Management Processes for Technology Based Knowledge Transfer Companies–The Impact of The Results of ESRC Innovation Programme. ARI

知識管理與企業價值

Technology Management

學習指引

1 了解企業文化的意涵，並說明企業文化類型的特質。

2 認識企業價值之興衰，可依照麥肯錫公司提出的成功企業7S。

3 了解知識管理的功能與整合方法。

4 介紹科技知識管理智庫之內容。

5 說明知識管理的內涵與知識創造模式。

6 認識科技專案管理之功能與作法。

7 認識專案管理的總覽圖之內涵。

8 認識專案經理人必需具備之十大能力。

9 介紹5S、12種計畫能力及C6I專案管理的內容。

10 認識科技專案衝突管理之內容。

科管最前線

從微小技術創新談起，落實到居家服務的產業

近年來，「居家服務」成為服務產業的另一種新興產業。在工業社會中，人們在家庭中的各項家電維護或服務，成為一項新的服務工作。

2015年好師傅居家服務公司成立，營運長林先生接受中天電視專訪，特別說明「好師傅居家服務公司」微小技術創新，也可為現代家庭服務及解決現實問題。如：「好師傅居家服務公司」提供家電清洗安裝，並開放小額技術創業加盟，設計了完整教育訓練及降低創業門檻；不到一年即有30位以上師傅駐點服務，提供清洗服務項目有：直立式洗衣機、滾筒式洗衣機、分離式冷氣機、吊隱式冷氣機、水塔、排油煙機等，獨創紫外線殺菌燈及免拆解探測儀。

同時好師傅更擴大服務項目有：監視系統、防盜保全系統、居家門禁、弱電工程、總機、淨水器、水塔過濾設備七大類安裝服務及居家水電修繕，服務地區從基隆擴及屏東，採24小時網路預約，與相關居家產品廠房採策略聯盟，讓每位師傅享有公司保障及有自己當老闆的感覺，創造了另類的居家服務產業，提高自身收入，以微小技術與服務創新，成就了新的附加服務價值。

資料來源：經濟日報2016/12/10，A15專題版，陳鴻震撰

活動與討論

1. 請分析在居家服務產業中，現在最受人們喜愛的有哪些服務項目。

2. 請介紹「好師傅居家服務公司」的創新服務理念及服務項目，並討論如何應用微小技術之創新，來提升人們的生活品質與方便性？

企業文化係由思想、信念（仰）、願景、任務與價值觀所組成。企業文化能以其獨特特質激發員工對組織之認同感、向心力、價值觀與信念追隨。留存在企業中之知識，近80%都尚未被有系統與廣泛地應用至企業各主要流程活動中。當知識廣泛分布在組織中，則須以更有系統方式組織其存取及管理知識。另需運用資訊技術（如Project 2003，P3，Expert Choice 2000）、系統思考邏輯、溝通技巧、衝突管理與問題解決手法與流程管理方法於科技專案管理上，以確保證專案能在既定之「規劃、時間、預算、資源、技術、人力」下，符合品質規範（Spec. of Quality and Quantity）與預期效益，並達成科技專案計畫目標與滿足內外部顧客需求。

7-1　企業文化與價值　

　　企業文化（Culture）係由思想、信念（仰）、願景、任務與價值觀所組成。且需藉由：(1)儀式與典禮（Rite&Ceremony）；(2)典範與歷史（Paradigm&History）；(3)符號與信號（Symbol&Signal）；(4)標語與手勢（Slogan and Gesture）；(5)語言（Language）；(6)隱喻（Metaphor）；(7)政策與方針（Policy&Guidance）；(8)格言與座右銘（Aphorism&Motto）；(9)精神堡壘（Spiritual Fortress）表達與建立之。可區分為四類型：(1)學院型（Academy）；(2)俱樂部型（Club）；(3)棒球隊型（Baseball Team）；(4)城堡型（Fortress），其特質如表7-1。如此，企業文化始能以其獨特特質激發員工對組織之認同感、向心力、價值觀與信念追隨；而在企業文化諸多價值觀中，則以「道德價值觀」為首要。「倫理道德（Ethics）」與「法令規章」均是「行為之規範」且彼此互補，前者非強制性且因人而異，適用於後者所未涵蓋之行為，而後者則具強制性且需人人遵守，但未必包容前者。而企業價值之興衰則有賴於麥肯錫（Mckinsey）7S（如圖7-1）：(1)Structure（架構）；(2)Systems（系統）；(3)Style（風格）；(4)Staff（人員）；(5)Skills（技術）；(6)Strategy（策略）；(7)Shared values（分享價值觀）等七項靈活搭配、發展與落實。

表7-1　企業文化類型與特質

類型	學院型	俱樂部型	棒球隊型	城堡型
	Academy	**Club**	**Baseball Team**	**Fortress**
特質	1. 穩定成長 2. 擅新人人才培訓	1. 適才適所適用 2. 員工忠誠度、行為規範 3. 年資、經驗、專業知識	1. 創新發展、自由發揮 2. 按專長、專業、生產力、貢獻度計酬 3. 重績效考核與激勵員工 4. 技術創新/革新	1. 以保有公司剩餘價值為主 2. 員工無工作保障

資料來源：蔡蒔菁（1999），商業倫理概念與應用，文京圖書有限公司，頁142~147。

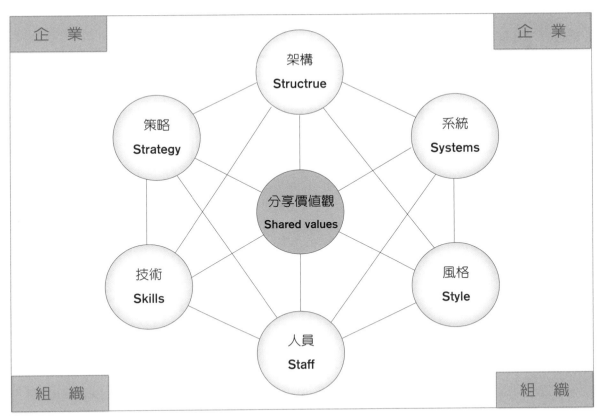

資料來源：Philip Kotler,〝Marketing Management,〞Prentice-Hall, Inc., 2000, pp.82~83。

（圖）圖7-2　美國麥肯錫顧問公司

科管亮點

從發展智慧城市，找出科技管理真正價值

近代科技發展最主要的大方向，就是應用 AI（人工智慧）、IOT（物聯網）、Big Data（大數據）及產業智能化（工業 4.0）來與新科技結合。國際組織「智慧城市論壇」在今年的各城市智慧化比賽中，臺灣的桃園市第四度獲選「智慧化」城市的首獎，成績亮眼。評比項目中，包括有：寬頻、知識勞動力、創新、數位平等、行銷倡導及永續性等指標。在智慧城鄉打造中，我們要共同找出科技管理真正價值性，宜有下列三點建議：

第一：發展智慧城市，不僅在智慧校園、智慧交通、智慧醫療等，更重要回歸到使用者的需求，也就是：市民、企業與政府等三方向，應用科技管理整合的觀念，從客戶價值出發，去規劃智慧化建設的方向。

第二：如何在智慧化成功的經驗，擴散並協助周邊預算少的偏鄉地區，也有機會享受城市民眾已擁有的福祉。同時都會間要互補有無，政府應主動協助。

第三：加強臺灣軟體服務品質，也能與臺灣硬體的出色程度相比，向全球城市行銷，除了提升臺灣國際形象，更要利用科技管理整合力量，擴大軟體外銷的商機。

資料來源：經濟日報 2019.6.18，A2 版，經濟日報社論

7-2 知識管理

　　Ernst&Young會計事務所專家認爲：留存在企業中知識，近80%都尚未被有系統與廣泛地應用至企業各主要流程活動中。當知識廣泛分布在組織中，則須以更有系統方式組織其存取及管理知識。大部分企業都未能建立一套有助於提升知識管理流程效益之組織環境與基礎建設，包括有利於知識管理的組織文化與資訊技術（IT）系統。爲此，知識管理已爲企業重要策略活動。知識管理著重於確認知識之價值和極大化的知識價值創造。

　　許多企業積極推行流程再造，且達成企業瘦身（Downsizing）目的，但代價卻是造成企業知識基礎嚴重流失。因此，目前正積極推行知識管理之企業，大部分時間仍在修補過去「BPR行動」所造成企業知識基礎之傷害。

　　全球化市場競爭日愈激烈，「創新」已爲企業競爭主要利器，知識必須以前所未有之速度持續更新，知識吸收能力亦須大幅提升，且企業將以更有效創造顧客價值及重組其組織結構，所有人員及管理部門都需以創造價值爲依歸。並依下述八原則進行知識管理與整合：

1. 辨認顧客眞正認爲有價值之知識，且確認它被部署在產品、服務之內涵中。
2. 確保顧客對於產品內涵之認知與公司說明書盡可能一致。
3. 適合移轉至資訊技術上之知識，通常是屬於比較簡單、程序性，且需要重複使用之知識。
4. 流動性較高之知識將是擷取及植入資訊技術之主要對象。
5. 經由轉換過程之監視，來加速「學習－知識－價值」循環（Learning－Knowledge－Value Cycle）。
6. 確認現有與未來知識之差距。
7. 確認推行知識管理之最佳實務，並學習其經驗。
8. 經由衡量知識之附加價值，創造知識內部市場。

　　組織變革（含組織再造、策略再造、文化再造、流程再造）與知識管理（含組織架構、知識流程、分享文化、知識策略）互爲因果。而知識管理（Knowledge Management, KM）則爲企業藉由個人工作室、搜尋引擎、內外部智庫、創新育成中心、群組討論系統、問題對策解決系統（問題案例輯）、電子公文系統，萃取所需資料、資訊、知識、智慧，永續經營與創新競爭力之不二法門。知識需經不斷之創作、篩

選、累積、分享、應用與回饋；始能增加企業核心知識（如問題改善、工作處理、會議記錄、標準作業指導書）與競爭力，如圖7-3所示。而科技知識管理（K）是在促進科技產業同僚間知識（I）、分享（S）與提升工作效率（P）（公式如下），如何擷取所需知識，適當應用，充分發揮其效益，已為所亟需。另以「問題－真因－對策－效果」四大面向建置之「問題對策與解決系統」，可臻促進經驗傳承與提升工作效率。

$$K = (P + I)^S$$

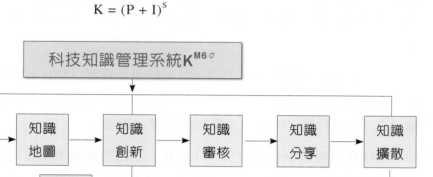

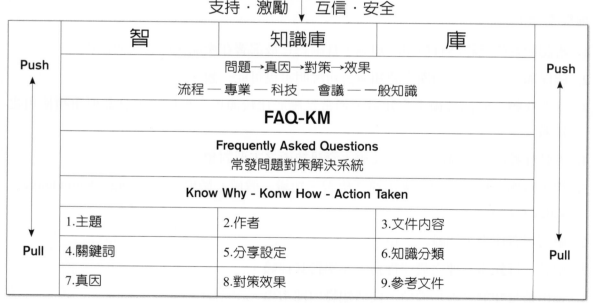

⊘ 圖7-3　科技知識管理智庫

7-3 知識創造模式 ★

　　知識分為二類：(1)內隱知識（Tacit Knowledge）：無法透過言傳與語言表達教授，是複雜且無法觀察；(2)顯性知識（Explict Knowledge）：可教授言傳與語言表達，是簡單且可觀察。

　　其創造模式（又合稱為知識螺旋）則依其內隱與外顯程度分為四種（如圖7-4）：

1. 共同化（Socialization）：藉由內外部顧客與供應商、師徒制、走動式管理、腦力激盪會議、觀察、認同與模仿手法，獲得內隱知識。

2. 外化（Externalization）：藉由觀察、歸納、分析、演繹、比喻、類比、會話手法，將內隱知識轉換外顯知識。

3. 結合化（Combination）：處理、擴散、設計、分析、執行與整合外險知識。

4. 內化（Internalization）：藉由吸收、消化觀念、習慣、討論、模擬、學習、行動、標準化與實作手法將外顯知識內化。

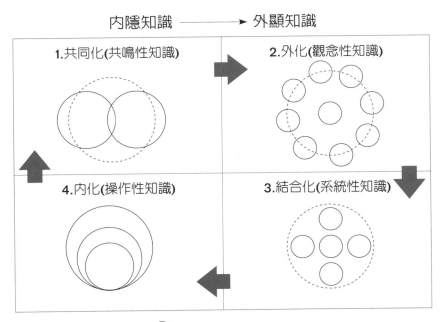

圖7-4 知識創造模式圖

資料來源：Nonaka, "Managing the Fields of Knowledage" 1996。

一、知識附加價值法

知識附加價值法（Knowledge－Value－Added Methodology, KVA）之分析，可顯示如何發揮及衡量存在於員工、資訊系統，及核心流程之知識。KVA分析，可產生「知識報酬率」（Return－on－Knowledge ratio, ROK），以估計知識資產所創造之附加價值。

KVA方法旨在將企業流程中所運用之知識轉換為一種數量形式，假設配置於各流程之收入與其知識附加價值與知識使用量相對稱。追蹤知識變為價值之轉換，同時衡量它對獲利之影響，將可使經理人知道應如何強化知識資產之生產力，即「知識就是創造流程產出所依據之方法與技能（Know－How）」。知識附加價值法適用於知識經濟時代，能協助經理人與投資者分析與評量「核心流程」中企業知識資產所產生之報酬。就算知識是深植在資訊系統中或一般員工腦海中，仍需經由核心流程中可觀察之共同知識單位，計算其價格及成本。

KVA分析之結果即是比較這些具共同知識單位之價格及成本所形成之比率，而這些構成比率之知識價格與成本則可由進行中之營運現金流量推導之。KVA之基本假設，如圖7-5。其公式為：P (X) = Y。只要我們擁有產生改變之必要「知識量（x）」，該知識量必帶來等比例之「改變量（r）」。

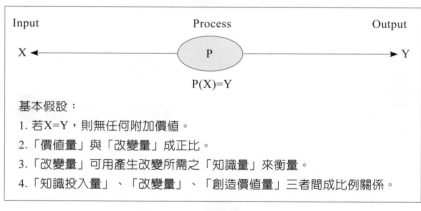

Input	Process	Output
X ←	P	→ Y
	P(X)=Y	

基本假設：
1. 若X=Y，則無任何附加價值。
2. 「價值量」與「改變量」成正比。
3. 「改變量」可用產生改變所需之「知識量」來衡量。
4. 「知識投入量」、「改變量」、「創造價值量」三者間成比例關係。

📍 圖7-5　KVA法基本假設圖

資料來源：中國生產力中心（2002），2002知識管理發表會，經濟部工業局。

圖7-6 有許多科技公司非常重視知識管理的應用,圖為某公司正在傳授知識管理給公司同仁

二、知識結構與服務矩陣檢查表

不同知識管理工具提供不同程度之知識服務,並管理不同結構之知識。以所能處理之知識結構及所提供之服務型態,來表現知識管理工具之內涵及其相互關係。並以「知識結構與服務矩陣(KSS Matrix)」(如表7-2)及「知識結構與服務檢查表(KSS Checklist)」(如表7-3)展現內涵關係。

表7-2 KSS矩陣表

知識結構 核心知識服務	正式知識	分類資訊	結構資訊	結構文字	標記文字	原始文字	聲音影響	內隱知識
生產								
擷取								
索引/組織								
管理取得								
使用/提取								

⊙ 表7-3　知識管理工具之KSS檢查表	
基本服務	溝通 合作 轉譯 內/外部網路 工作流程管理
配套服務	企業資訊入口網站 企業智慧服務 顧客關係管理

資料來源：李書政譯（2002），知識管理，麥格羅‧希爾國際出版公司臺灣分公司。

7-4　科技專案管理 ★

茲就「科技」、「專案」、「管理」、「科技專案管理」予以定義之。

Dr. Kerzner's16 Points to Project Management Maturity

1. Adopt a project management methodology and use it consistently.
2. Implement a philosophy that drives the company toward project management maturity and communicate it to everyone.
3. Commit to developing effective plans at the beginning of each project.
4. Minimize scope changes by committing to realistic objectives.
5. Recognize that cost and schedule management are inseparable.
6. Select the right person as the project manager.
7. Provide exectives with project sponsor information, not project managent information
8. Strengthen involvement and support of line management.
9. Focus on deliverables rather than resources.
10. Cultivate effective communication, cooperation, and trust to achieve rapid project management maturity.
11. Share recognition for project success with the entire project team and line management.
12. Eliminate non-productive meetings.
13. Focus on identifying and solving problems early, quickly, and cost effectively.
14. Measure progress periodically.
15. Use project management software as a tool-not as a subsitute for effective planning or interpersonal skills.
16. Institute an all-employee training program with periodic updates based upon documented lessons learned.

資料來源：Harold Kerzner, "Project Management-A Systems Approach to Planning, Scheduling, and Controlling," John Wiley & Sons, Inc., 2001。

1. 科技（Technology）：係指運用相關專業知識與技術及系統程序，以達成人類各項活動目的之方法。

2. 專案（Project）：運用各種科技技術，在限定之起迄時間與預算內，完成六大屬性：(1)暫時（階段）性（Temporary）；(2)獨一性（Unique）；(3)不確定性（Uncertainty）；(4)不可預測性（Unpredictability）；(5)變化性（Change）；(6)複雜性（Complexity）之任務或特定目標之一連串相關活動（Activity），以創造獨一無二之產品或服務。

3. 管理（Management）：係指進行交付任務之團隊籌組、規劃、領導統御、執行、資源整合、技術／進度／成本／人力控管、績效考核與改正措施之程序，俾便協調組織資源達成組織策略、目標、方案與任務。如此，管理功能（規劃－Planning、組織－Organizing、人資－Staffing、管制－Controlling、領導－Directing）、管理原則（分工－授權－紀律－命令－指揮－利益－報酬－集權－秩序－公平－人事－主動－團體）與組織機能（產、銷、人、發、財、資、法）始能整合並發揮最大功效。

🧭 圖7-7　專業管理是國內眾多公司常使用的管理方法，如某公司正在接受專業管理的知識

4. 科技專案管理：在已知之「行動」，有限「時間、經費、技術」及四大限制（時間、成本、品質、顧客關係）下，管控組織「資源」，運用資訊技術（如Project 2003，P3，Expert Choice 2000）、系統思考邏輯、溝通技巧、衝突管理與問題解決手法與流程管理方法於科技專案管理上，保證專案能在既定之「規劃、時間、預算、資源、技術、人力」（如圖7-8）下，進行專案管理（亦即管理專案），以符合專案之品質規範（Spec. of Quality and Quantity）與預期效益並達成計畫目標與滿足內外部顧客需求。而PMBOK則將科技專案管理規範分為五大階段與九大管理循環（如表7-4），以茲依循。

圖7-8 專案管理總覽圖

資料來源：Harold Kerzner, "Project Management-A Systems Approach to Planning, Scheduling, and Controlling," John Wiley & Sons, Inc., 2001, pp.2~5。

註1： C^6I係指：Communication（溝通）、Coordination（協調）、Compromise（妥協）、Collaboration（協同）、Commitment（承諾）、Command（下令）、Integration（整合）。

註2： ABCD即四種人格特質：A（理智型）、B（組織型）、C（感覺型）、D（開創型）。

註3： DISC即四種人格特質：D（掌握型）、I（影響型）、S（穩定型）、C（謹慎型）。

📍 表7-4　專案管理五大階段與九大管理循環

專案管理	五大階段	1.起始階段	・目標　　　・範疇 ・基準　　　・需求 ・規格　　　・可行性 ・期望
		2.計畫階段	・計畫　　　・預算 ・期程　　　・甄選須知 ・管理承諾
		3.執行階段	・責任 ・團隊 ・組織結構 ・細部計畫 ・啓始
		4.控制階段	・管理　　　・量測 ・控制 ・更新與重新規畫 ・問題解決
		5.結案階段	・結案　　　・文件 ・改善建議　・重新設計 ・技術移轉 ・待辦事項

專案生命週期

時間

九大管理循環	1.範疇管理	・專案起始　・範疇規劃　・範疇定義　・範疇確認 ・範疇變更控制
	2.時間管理	・活動定義　・活動排序　・活動期程估算　・時程發展 ・活動控制
	3.成本管理	・資源規劃　・成本估算　・預算編列　・成本控制
	4.品質管理	・品質規劃　・品質確保　・品質控制
	5.人資管理	・組織規劃　・人員獲得　・團隊發展
	6.溝通管理	・溝通規劃　・資訊分布　・成效報告　・談判管理
	7.風險管理	・風險辨識　・風險量化　・風險回應　・風險控制
	8.採購管理	・採購規劃　・邀商規劃　・邀商作業　・商源評選 ・履約管理　・合約終結
	9.整合管理	・專案計畫書發展　・專案計畫書執行　・整體變更控制

一、科技專案經理與矩陣式組織

專案經理（Project Manager）係負責與功能部門經理（Functional/Line Manager）進行C6I：(1)Communication（溝通）；(2)Coordination（協調）；(3)Compromise（妥協）；(4)Collaboration（協同）；(5)Commitment（承諾）；(6)Command（下令）；(7)Integration（整合）。

為因應快速變革（Rapidly Change）、不確定性（Uncertainty）之動態環境（Dynamic Environment）及企業內部資源（預算、人力、設備、設施、材料、資訊、技術）之分配與共享。是故，適當授權（Authority）與責任（Responsibility）賦予是必需的，始能藉由功能組織之效率（efficiency=Do the things right），達成矩陣組織之效能（effectiveness=Do the right thing）。

專案經理人必需具備「十大能力」：

1. 目標設定。
2. 規劃。
3. 資源／後勤整合。
4. 人力分派。
5. 控制（成本／進度／品質／績效）。
6. 領導。
7. 激勵。
8. 創新。
9. 彈性。
10. 系統思考與分析。

另養成「十大特質、十大技術與十大關鍵績效指標（KPI）」（如表7-5）與「領導激勵能力」（如圖7-9）及執行科技專案管理技術（如圖7-10）。專案經理（部門）與部門經理（部門）始能有良好互動關係（如圖7-11）與產出。

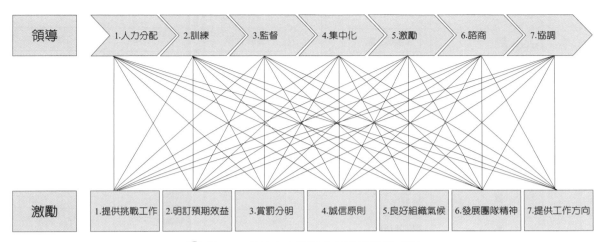

領導 1.人力分配 2.訓練 3.監督 4.集中化 5.激勵 6.諮商 7.協調

激勵 1.提供挑戰工作 2.明訂預期效益 3.賞罰分明 4.誠信原則 5.良好組織氣候 6.發展團隊精神 7.提供工作方向

圖7-9　科技專案經理人領導激勵模式圖

表7-5　科技專案經理人十大特質-十大技術-關鍵績效指標

特質	技術	關鍵績效指標(KPI)
1. 誠信	1. 籌組團隊	1. 專案願景，使命，任務，目標達成度
2. 諳個人隱私	2. 領導統御	2. 高階支持，參與程度
3. 諳專業知識	3. 衝突解決	3. 專案計畫能力-12**
4. 管理能力	4. 技術專家	4. 專案人員專業能力
5. 多才多藝	5. 規劃	5. 專案技術層級
6. 戒慎恐懼、快速回應	6. 組織	6. 顧客認可滿意程度
7. 精力充沛、堅毅不拔	7. 創新研發	7. 顧客諮詢訴怨頻率(不良率、重工率、退貨率)
8. $C^6I + 5S^*$	8. 行政/談判	8. 專案管制能力
9. 決策力	9. 管理支援	9. 專案溝通協調能力
10. 執行/競爭力	10. 資源分派	10. 專案問題解決能力

5S*：Smile, Softly, Slowly, Steady, Sorry。

12**：精確度、可靠度、完整性、持續性、可塑性、差異性、相關性、省時性、省錢性、難易性、安全性、一致性。

資料來源：Harold Kerzner, "Project Management-A Systems Approach to Planning, Scheduling, and Controlling," John Wiley & Sons, Inc., 2001。

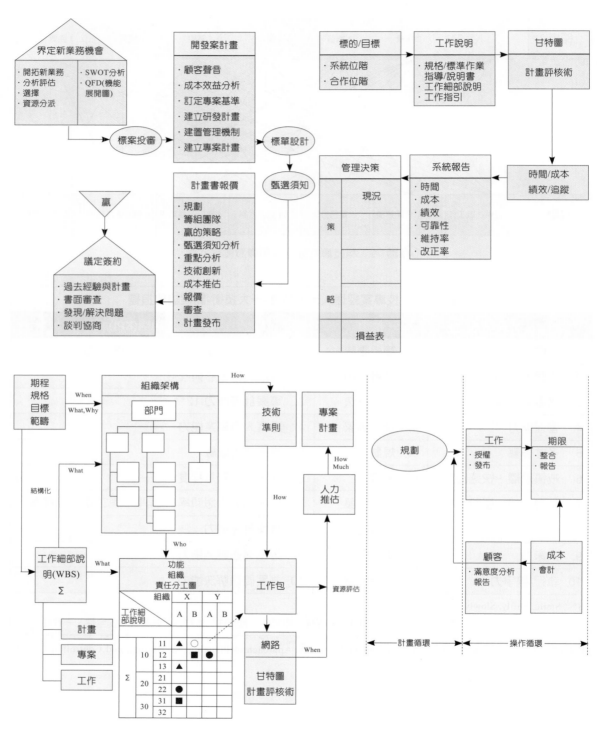

圖7-10　科技專案管理技術流程

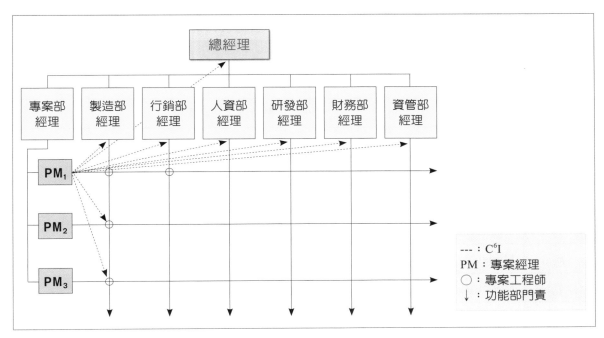

圖7-11　科技專案部垂直水平整合之矩陣組織架構圖

二、科技專案衝突管理

　　科技專案衝突議題類型有十：(1)人力資源（Manpower Resources）；(2)設備與設施（Equipment & Facilities）；(3)財務支出（Capital Expenditures）；(4)成本（Costs）；(5)技術評價（Technical Opinion & trade-offs）；(6)優先順序（Priority）；(7)行政程序（Administrative Procedures）；(8)進度（Scheduling）；(9)責任（Responsibility）；(10)人格抵觸（Personality Clashes）。如何均質化（Mean）與平衡（Balance）上述衝突係一主要課題。而其處理順序與模式及障礙解決方案，如表7-6、7-7，可供依循。

📍 表7-6　科技專案衝突處理模式

處理順序	衝突處理模式			策略
0	Model 0	Procedure	程序	建立衝突解決政策、程序、標準作業指導書
1	Model 1	Pausing	暫停	暫時停止思索衝突
2	Model 2	Trust	信任	誠信相待
3	Model 3	Sympathism	同理	異地而處，人同此心，心同此理
4	Model 4	Listening	傾聽	理性傾聽
5	Model 5	Compromising	妥協	藉由C^6I處理give-and-take交易問題
6	Model 6	Smoothing	撫平	避開差異性，強調同質性(圓滑)
7	Model 7	Sorry	抱歉	敢於說我錯了/對不起(wrong/sorry)
8	Model 8	Withdrawal	退縮	從實際或潛在不調和環境撤退
9	Model 9	Confrontation	面質	直接面對衝突，定義及解決問題
10	Model 10	Forcing	協迫	受到競爭對手win-lose/win-win立場影響

📍 表7-7　科技專案障礙與解決方案(BPS Table)

障礙	解決方案
1. 觀點/優先序/利益相左	1. 專案目標明確化
2. 角色衝突	2. 為何/誰而戰？
3. 專案目標/任務不明確	3. 專案對組織重要性
4. 動態/不確定性環境	4. 專案人員角色與重要性
5. 競爭力＞領導力	5. 完善獎勵制度
6. 任務編組與組織架構不明確	6. 預知專案問題與限制
7. 不當專案人員	7. 專案管理相關法令規章標準
8. 專案經理誠信原則	8. 達成成功專案方法
9. 缺乏共識/承諾	9. 關注專案人員權益
10. 溝通有問題	10. 強化專案挑戰性
11. 缺乏高階主管支持	11. 激發共識與承諾

科管亮點

從長榮航空公司空服員之罷工談起

　　這幾十年來，臺灣的長榮航空為國人爭取很多榮耀與飛安，是非常值得臺灣人讚許的企業，也不時讓國人出國旅遊與洽公皆不用擔心。但在今年（2019 年）6 月下旬，傳出長榮空服員傳出投票可以取得罷工權力；在臺灣的旅行業或一般民眾皆不敢相信，這麼優秀的企業，一定在罷工之前就可以處理完善，讓二千多位空服員工滿意才是；但是政府協調力欠佳，資方也沒有儘可能展現照顧員工的誠意，而弱勢勞方也表現團結的意志力，結果一罷工就 17 天，罷工人數高達 2350 人，取消航班 1440 架次，受影響旅客共有 27 萬 8 千多人，公司損失 30 億臺幣，剛好 1 億美元。發生這長達 17 天的罷工，影響之巨及公司損失皆是歷史新記錄。從政府、公司、員工及旅客等四方面來說，可稱皆四輸。

　　為何在這麼有人情味的臺灣，這麼保護勞資二方的政府，這麼優秀的航空公司及服務品質最優的空服員還是發生不應該發生的巨大罷工事件呢？其實在我們學習各種管理的勞資問題中，還是要回歸「科技永遠來自於人性」，最高層級的航太工業及航空公司，永遠要以更慈悲的心來對待每天辛苦的服務員工。非常期待下不為例，唯一希望長榮航空公司就是要以「創造優質企業文化」來逐漸來調整，才能達成勞資和協的目標。

資料來源：經濟日報 2019.7.7，A3 版（焦點），黃文奇撰

學習心得

1

企業文化係由思想、信念（仰）、願景、任務與價值觀所組成。

2

企業文化類型有：學院型、俱樂部型、棒球隊型及城堡型。

4

科技知識管理智庫有知識庫中的問題、真因、對策及效果，特別以FAQ-KM應用之。其包括組織變革及知識管理相互應用。

3

麥肯錫的成功企業7S：架構、系統、風格、人員、技術、策略、分享價值觀。

⑤ 知識有內隱及外顯知識，其知識創造模式分四個步驟：共同化、外化、結合化、內化，又稱知識螺旋。

⑥ Dr. Kerzner提出16項優良專業經理人之守則，可參考第四節之說明。

⑧ 科技專案管理總說明可參考C^{6}I、ABCD、DISC等各種要素。

⑦ 專案經理人需具備能力，如目標設定，規劃、資源與整合、人力使用、成本控制、領導、激勵、創新、彈性及系統思考與分析。

介紹旅館業新秀—雲朗集團帶動服務業創新

　　旅館業競爭瞬息萬變，集團總經理兼雲品國際董事長盛博士表示，旅館業因爭相擴張而出現「蛋塔化」隱憂，這種情況2017年會愈來愈明顯。在此現象，雲朗集團自2013年就有準備，藉由卡位東南亞客源及布局義大利等二大策略來因應大環境變化。

　　雲朗集團之服務創新作法可以介紹如下：

1. 雲朗前身是中信飯店，掌握兩個關鍵，強攻國民旅遊市場。一路深耕臺灣，除了產品屬於商務旅館之外，其國際旅客占絕大數之外，其他飯店都以國民旅遊為主，像是明潭雲品就高達八成是國民旅遊。雲朗逐步增加散客比重，其中兩大關鍵是：

   (1) 品牌熟悉度，需要花時間讓消費者願意選擇，雲朗在網路下了不小功夫。

   (2) 強化散客重視體驗和獨特性。雲朗集團因每天都在思考如何增加創新作法，以創新為目標，就是要讓顧客能感受到他們的體貼創新作法，期盼顧客下次可以再來。

2. 雲朗集團特別重視，將藝文融入旅館之經營。文化藝術與旅館的結合，不只在旅館裡面放藝術品，而是要做出深度的連結。譬如在義大利的雲水之都是16世紀的建築，雲朗聘請專家精細修復文藝復興時期的濕壁畫和大理石壁爐，18間房間都對應一個故事，只要走一遍，幾乎就綜覽威尼斯的歷史。

資料來源：經濟日報2016/12/19，A4版，黃冠穎撰

活動與討論

1. 請同學上網先行了解一下，雲朗集團的現況與經營理念。
2. 請介紹雲朗集團在近年來服務創新的作法。

問題與討題

1. 企業文化與價值可分為四種類型，各有哪些特質？

2. 何謂知識管理？何謂科技知識管理？兩者間之差異為何？

3. 知識有哪兩種分類？其創造模式為何？

4. 何謂知識附加價值法？其功用為何？

5. 何謂科技專案管理？何謂專案經理？而專案經理需具備哪些能力與特質？

6. 科技專案衝突議題有幾類型？如何處理與因應？

參考文獻

1. 中華專案管理學會（2006），專案管理基礎知識與應用實務（第二版），中華專案管理學會。

2. 中崴科技（2002），ARIS Concept，中崴科技。

3. 楊幼蘭譯（1997），改造企業–再生策略的藍本，牛頓。

4. 呂執中，田墨忠（2001），國際品質管理，新陸書局。

5. 中國生產力中心（2002），六個標準差，中國生產力中心。

6. 王忠宗（2001），目標管理與績效考核–企業與員工雙贏的考評方法，日正企管顧問（股）公司。

7. 朱道凱譯（2000），平衡計分卡–資訊時代策略管理工具，臉譜文化。

8. 遠擎管理顧問公司譯（2002），策略核心組織–以平衡計分卡有效執行企業策略，臉譜文化。

9. 吳贊鐸（2002），電子化六標準差即時決策管理系統建立之研究，中華民國品質學會第三十八屆年會暨第八屆全國品質管理研討會-F2-3.PDF。

10. 吳贊鐸（2003），電子化六標準差醫療即時決策與安全通報管理系統建立之研究－以臺北市立醫院為例，2003產業電子化運籌管理學術暨實務型研討會。

11. 吳贊鐸（2003），行動醫療通訊系統建立之研究，2003產業電子化運籌管理學術暨實務型研討會。

12. 李書政譯（2002），知識管理，麥格羅・希爾國際出版公司。

13. 中國生產力中心（2002），2002知識管理發表會，經濟部工業局。

14. 蔡蒔菁（1999），商業論理概念與應用，文京圖書，頁142~147。

15. 中國生產力中心（2002），平衡計分卡應用於年度經營計畫與預算規劃，中國生產力中心。

16. Harold Kerzner, "Project Management-A Systems Approach to Planning, Scheduling, and Controlling," John Wiley & Sons, Inc., 2001.

17. Nonaka, "Managing the Fields of Knowledage," 1996.

18. Peter S. Pande., etc., "The Six Sigma Way : how GE, Motorola, and other top Companies honing their performances.," Mc Graw – Hill Companies, Inc., 2001.

19. Peter Pande and Larry Holpp., "What is Six Sigma.," Mc Graw–Hill Companies, Inc., 2002.

20. Philip Kotler, "Marketing Management," Prentice-Hall, Inc., 2000, pp.82~83.

21. Richard L. Daft., "Organization Theory and Design.," South-Western College Publishing, 2000, pp. 313~338.

CHAPTER

08

科技專案管理

Technology Management

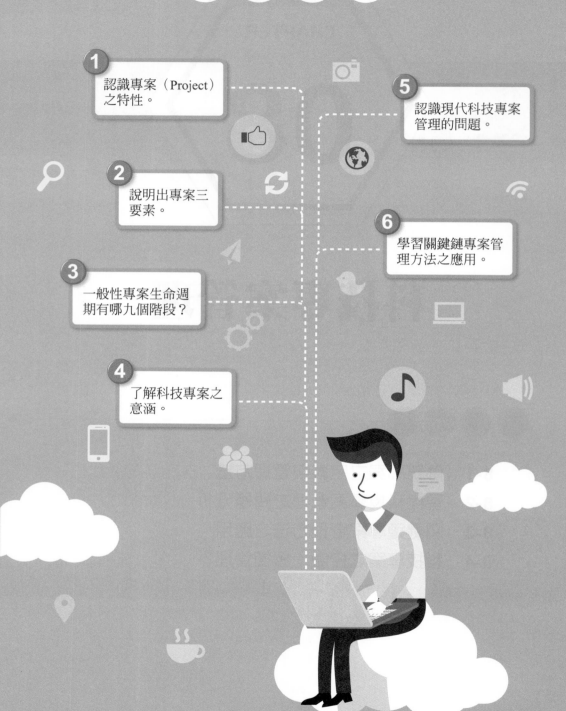

學習指引

1 認識專案（Project）之特性。

2 說明出專案三要素。

3 一般性專案生命週期有哪九個階段？

4 了解科技專案之意涵。

5 認識現代科技專案管理的問題。

6 學習關鍵鏈專案管理方法之應用。

科管最前線

創客與創新的意涵

在科技管理領域，特別重視產業之創新，而創新的背後有很多面向，如現在全球正盛行的「創客」（即Make教育），其各種活動推動皆與創新有關，創客的活動在各級學校，也相當普遍推動之，從小培養其興趣，在未來即有較大的發展。其中「創客」的理念包括有：1.創意：發現需求、解決問題；2.整合：整合各種科技元素以及各領域知識；3.實作：實踐的技術；4.自我：自我學習能力。

我們可以進一步認識創客的定義，在狹義來說，特別指運用數位工具實踐創意的人；就廣義而言，就是任何動手做東西、把想法實踐出來的人，這群人有熱愛分享、享受動手做的樂趣與開放的特質。因此，在創新教育的範疇中，舉凡將「動手實作」的試探、體驗及學習，納入相關學習領域及科目之中，在實際動手做的過程裡進行課程與教學，解決真實世界的問題，皆可謂為「創客」。

就美國為例，「小創客」是目前美國教育最希望培養的未來人才。他們主動學習，能清楚解釋作品的來龍去脈，小創客的表現，不用考試成績定義自己，而是用動手做的專題及模型來展現解決問題的自信與能力。在此我們了解創客就是創新研發的基礎養成。

資料來源：技職深耕務實數用論壇資料2016/12/17，第9至11頁，林騰蛟撰

活動與討論

1. 請上網找「創客」及「創新」關鍵詞的意義，來了解創客教育對未來產業人士在產品創新之影響與重要性。

2. 請說明「創客」的理念及意義為何？並對科技在創造價值上發展的潛在功能性。

研發團隊一旦確立研發標的，接下來的工作就是如何確保這些科技專案能如期完成並量產上市，這有賴於成熟的科技專案管理方法。因此，現代的科技研發專案的專業經理人愈來愈傾向於必須具備科技專案管理的知識。本章將介紹科技專案的特性，並藉由專案管理知識的探討，讓專案參與者，包括專案經理、專案成員及其他相關配合部門的人員充分了解專案規劃與控制的基本概念與技巧，同時本章也將引進目前風行於美國，對於科技專案的管理成效卓著的新專案管理思維—關鍵鏈專案管理方法，使科技專案參與者能夠在高度不確定的專案環境下，準時甚至於提前完成其科技專案。

8-1 傳統專案之定義與管理方法

一、專案的特質

一般定義所謂的專案（Project）是指透過一組相互關連的任務（或稱作業），努力的去達成一特定的目標，同時能充分利用資源。以下所列的特性可以幫助定義專案：

1. 具有明確的目標：專案的目標（Objective）通常被定義為範圍（Scope）、時程（Schedule）及成本（Cost）。

2. 由一連串相互獨立的任務（Task）或作業（Activity）組成：專案是執行一連串相互關聯又不重複的任務，以達成專案目標。

3. 使用多樣化資源：專案的達成是需要靠各種不同的資源以達成任務，這些資源包括不同的人、組織、設備、物料及儀器。

4. 具有一明確的時程：專案的開始及完成會隨著專案的目標而必須在特定時間內達成。

5. 唯一性：有一些專案像是設計及興建房子，其具有唯一性，因為在這之前從來沒有過。其他的專案像是發展出一項新產品、新製程或舉辦演唱會等，亦都具有唯一性。

6. 對某一委託者負責（內部或外部）：專案中所提的客戶（Customer）是存在的實體，簡單的說就是完成專案的資金提供者。外部客戶可以是個人、公司組織或是政府機關。如果我們要裝潢一間房子，我們找來裝潢公司替我們設計及裝潢，那麼我們就是他的客戶，因為我們是資金提供者，裝潢公司則是專案執行者。內部客戶就好比我們的老闆下指令要研發部門在年底前完成某產品的研發任務，那麼老闆或公司就是內部客戶，因為他或公司是資金提供者，而我們研發團隊就是專案執行者。

7. 具有程度不一的不確定性：專案具有某種程度的不確定性。專案開始之前的規劃階段，所有的工時、規格與預算都是基於規劃當時的某些假設與預測，它的精確程度與是否曾經做過類似專案、專案成員的執行專案經驗、或是外在環境變化的程度息息相關；然而，專案本身本來就具備唯一性；也就是說，大部分的專案重複性都很低，因此專案執行很難避免突發狀況或不可預知的狀況出現；換言之，專案的不確定性幾乎無法避免，只是程度上的高低而已。

圖8-1　專案管理是大多數科技公司的管理重點，如圖是某科技公司的專業管理會議情形

二、何謂成功的專案？

　　要成功地完成專案，除了受限於專案三要素：範圍、成本、時程，以及顧客滿意度外，還有一個要素是大部分專案執行者所忽略的，那就是「我們有沒有做對專案？」什麼叫做「我們有沒有做對專案」呢？想一想，有沒有哪個公司知道他們引進企業資源規劃系統（Enterprise Resources Planning, ERP）的目的？如果只是因為同業之間的競爭，輸人不輸陣，別人有我們也該有這樣的想法而決定導入ERP，那麼即使導入ERP系統非常順利，不僅時程掌控很好，預算也控制在原先規劃之內，所有的功能也都運作正常，你認為這是一個成功的專案嗎？只要它沒有解決我們公司最急迫的問題，它就不能算是一個成功的專案，因為專案的目的不外乎三個：需求的發生，例如必須導入ERP來解決整個公司各部門資訊整合的需求；或解決問題，例如提高良率；或追求公司的機會，例如開發新產品；而我們公司的資源有限，專案會使用珍貴的資源，因此專案的成立必須符合這個前提，接下去才談專案是否成功這個議題。

事實上，專案是否要成立是一個政策問題，專案管理並沒有管到這個層面。換句話說，在專案管理的範疇裡，我們並不擔心專案是否解對問題；我們比較關心的是專案的規劃與施行是否符合當初對於專案三要素：範圍、成本、時程的承諾。那麼，專案三要素的內涵是什麼呢？

1. 專案範圍：專案範圍（Project scope）也可以稱為工作範圍，如果從客戶的角度來看就是專案驗收的規格或專案的品質。換言之，為了滿足顧客交付產品或要提供項目的需求，與此專案相關的所有工作都要被執行，不能有任何一個項目疏忽了。例如一棟全新的大樓必須考慮到預留寬頻網路管線。另外像產品的輸出入電壓必須符合歐洲的安規等也都要在專案規劃之初先行訂定的專案範圍（規格）。

2. 專案成本：專案成本（Project Cost）是指顧客為了要求完成專案，所同意支付的費用。專案的成本包含人工成本、營運費用、物料成本、供應品、設備租借、行政及管理費用，可能也包含一些專案任務的諮詢費等。

3. 專案時程：所謂專案時程（Project Schedule）是專案各項任務的開始與結束時間。專案時程通常是以網路圖的方式表達。

如圖8-2的藍色虛線顯示專案超出原先目標，黑色虛線顯示專案績效不好，規格沒有達到原先的目標，時程與成本也都超過原先的規劃。

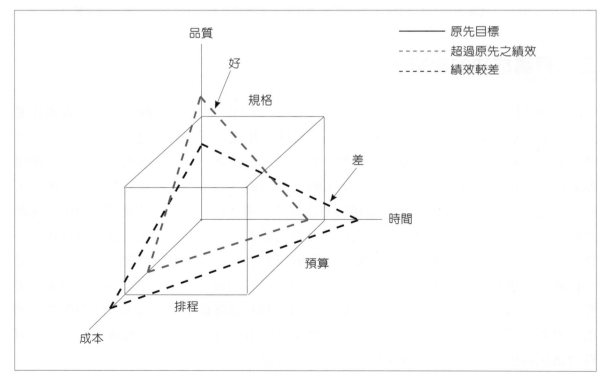

圖8-2 專案三要素

任何專案目標都是要在預算及時間內將工作範圍內的任務完成以追求顧客的滿意，確保目標達成。在專案進行之前，預先做好專案規劃是相當重要的，包括工作任務、相關的費用及預估所需完成的時間，缺一不可，若未能周詳規劃，會增加失敗的風險。

專案一旦開始，對於專案要達到範圍、成本或時程，都有原先所不能預料的不確定事情會發生。如材料的價格比原先預期的要高，通貨膨脹使得原先的預算不敷所需，天氣惡劣導致進度延誤，新產品元件因需要提升效能而修正原設計等。專案經理要能夠面對挑戰，要能防止、預期甚至於越過這些困境，以便能在時程、預算內完成專案範圍內取得專案的成功，就必須透過縝密的規劃與溝通才能使不確定因素所造成的傷害降至最低。

三、專案的生命週期

專案有其生命週期以定義其起始與終了。專案的生命起始於專案的誕生，終於專案的完成。由於專案的唯一性且又須面臨複雜的不確定性，在管理上通常將其區分成若干個專案階段（Project Phases），以利於管理和控制。將這些專案階段集合在一起，即稱為專案的生命週期（Project Lifecycle）。

每一個專案階段皆有其工作內容、完成時間及預算額度等。一般的專案生命週期如圖8-3所示分為四期：

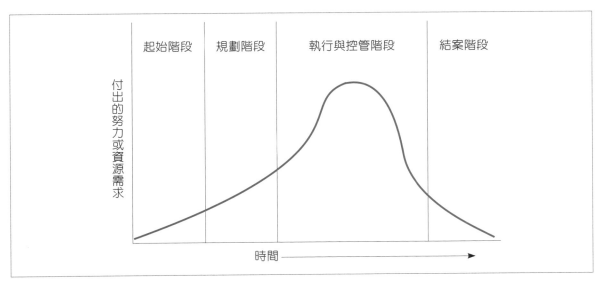

⊘ 圖8-3　一般性的專案生命週期

（一）第一階段─起始階段

專案的誕生是基於三個理由：需求的發生、解決問題或尋求機會。如果我們公司的產品日益龐大，亟需一套訂單管理系統來協助我們處理，於是我們有了需求，我們需要成立一個專案來導入這套系統。如果我們的產品品質出了問題，受客戶很大的責難，我們必須尋找問題的根源解決品質問題，因此我們成立一個專案來解決這個問題。或者我們發現新的產品如果能在半年內完成量產測試，則市場佔有率將會提升10%，於是我們成立一個新產品設計的專案來完成此項新產品開發工作。

專案一旦誕生，核心成員也組織起來，接下來就要讓這些成員完全了解此專案，且同意其定義、規格與基本策略。步驟如下：

1. 研究、討論與分析─確定解對了問題或追求的是真實的機會。
2. 寫出專案的定義。
3. 設定最終目標。
4. 列出想要得到的東西。
5. 尋求不同的策略─腦力激盪。
6. 評估不同的策略。
7. 選擇行動方案。

（二）第二階段─規劃階段

規劃階段主要是針對專案三要素做規劃，此階段須完成下列項目：

1. 明確的定義專案目標（包含在第一階段）。
2. 選擇達成此目標的策略（包含在第一階段）。
3. 工作展開（Work Breakdown Structure, WBS）。
4. 定義所需執行的特定作業。
5. 確定每一特定作業的績效標準。
6. 決定每一特定作業所需時間。
7. 決定作業的順序與專案時程。
8. 決定各作業的成本與整個專案成本。
9. 決定所需資源及任務分派。
10.決定專案成員所需的訓練。
11.發展必要的政策與程序。

▶ 品質面的規劃

　　品質面的規劃要務就是問到底要做哪些工作或作業。它可以讓我們知道專案是否完成，也因此我們需要量化專案的產出。品質面要規劃的項目，例如使用的材料、需符合的標準或要做的檢測等，都有助於確定最後的結果是否符合我們原先的要求。至於如何執行則需一套工具來做，這個品質面的規劃工具就是工作展開與專案規格的訂定。

▶ 時間面的規劃

　　時間面的規劃主要是透過各任務工時的估計，任務間關聯性的描述，再利用網路圖把這些任務連結起來，最終目的是要決定完成專案的最短時間。其步驟如下：

1. 獲得工作展開。
2. 獲得每一任務或作業時間的時間估計。
3. 獲得作業間的順序關係或平行關係。
4. 建構網路圖。
5. 計算每一作業所需最早與最晚開工／完工時間。

　　時間估計依賴經驗為之，而且以時間區間值較為實際。通常使用三點不確定估計來估工時，如圖8-4，只要給定最樂觀時間（To）、最可能時間（Tm）與最悲觀時間（Tp），即可計算出期望時間（Te）。整個專案時程即可依此計算出完成專案的時間與其機率。

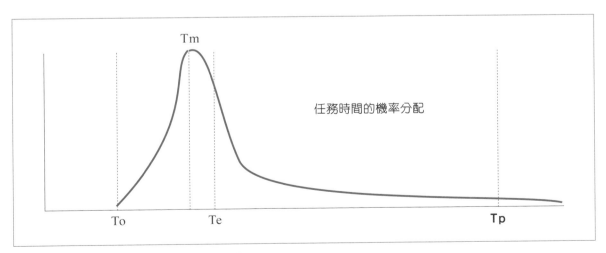

◎ 圖8-4　任務時間的估計

▶ 成本面的規劃

　　成本面的規劃通常要等到完成工作展開與時間估計才可能做好成本規劃，否則整個專案沒有很明朗，成本無法準確估計。專案的成本項目有：

1. 人工成本—參予專案的直接人工。
2. 營運費用—直接人工的薪資稅率與福利等，通常為直接人工之固定比率。
3. 物料成本。
4. 供應品—工具、設備、辦公用品等。
5. 設備租借。
6. 行政及管理費用—行政管理、採購、會計、秘書等，通常為專案成本之固定比率。
7. 利潤。

　　專案總成本是由人工成本、營運費用、物料成本、供應品、設備租借、行政及管理費用及利潤加總所得。至於利潤則視狀況編列，有些客戶不讓專案執行者編列利潤，他們認為利潤已經分布在各項費用內了。行政及管理費用則是人工成本、營運費用、物料成本、供應品及設備租借總合之適當比例編列。

　　預算編列有幾個潛在的問題須注意，如下：

1. 長期專案的通貨膨脹問題。
2. 跨國專案的匯率問題。
3. 無法從供應商及承包商獲得確實的價格資料。
4. 工作展開不完整，導致整個專案全貌看不清楚。
5. 不實的成本估算—膨脹或高估。
6. 成本估算的基礎或方法不同導致對數據的誤解（小時或$）。

　　此階段的結果就是產生一個可行的基準計畫（Baseline Plan, Roadmap），以做為日後執行時的基準。一般的情況下專案會超出預算，無法準時完成或僅部分符合原規格的原因是缺乏一可行的基準計畫，同時專案執行的人最好就是專案規劃的人，因為參與規劃有助於個人承擔完成專案的義務。

圖8-5　公司的專案管理小組，正在討論科技及加工成本的問題

(三) 第三階段—執行與管控階段

執行階段的主要工作是對於專案進度的有效掌控，工作要項包括：專案進度的控管、專案資訊的蒐集、專案相關資源之支援及變更管理。專案進度的管控工具有：

1. 控制點確認表。

2. 專案控制表。

3. 里程碑（Milestones）。

4. 預算控制圖。

專案進行當中對於進度須時時加以監督，主要的工作是檢討現況與計畫的差異、檢討已知問題與解決的情形及檢討預期的問題與解決方案。一旦發現進度落後則須採取更正行動，例如是否可以在未來的工作中追回、採取獎勵措施或增加資源。一般而言成本與時間通常是可互相轉換的，亦即，如果想要縮短時程，只要多花成本、增加資源即可；反之亦同。

此外，專案資訊的蒐集與回饋通常對於專案管控非常重要，其主要目的是要讓客戶、上級及專案成員充分了解專案現況與進度，讓好的績效得到讚揚，不好的績效得到修正，同時專案成員也可以經由回饋與修正而獲得經驗，專案經理則可以經由回饋而掌握現況。其進行方式有定期與不定期、口頭或書面，也可能因為突發狀況而做臨時性的報告。

至於專案所需物料、供應品、服務等之協商則通常是專案經理的責任。專案經理通常花費許多時間在資源、設備、物料、服務等的協調與交涉，專案經理需學會如何有效的作溝通與協商。

解決與原定計畫的差異，則需做變更管理。通常變更的來源不外乎人力資源的分配、設備與設施的使用、成本考慮、技術上的不同意見、行政管理的程序、責任歸屬、排程及優先次序。不管計畫有多好，仍然會變更，變更可能由客戶提出，也可能由專案團隊提出或不可預期的情況發生在專案進行期間，也可能是使用者對專案的結果的需求改變。無論哪一種情況變更，愈晚發生對專案影響愈大，且多數會影響預算與完工日期。因此在專案之始就應建立起何種情況是被允許及其變更程序是很重要的。

(四) 第四階段一結案階段

此階段的重要工作事項為：執行結束專案的相關作業、評估績效及徵求客戶的反應。

專案結束所需檢查的項目如下（以新產品設計為例）：

1. 結果是否達成原先目標。
2. 操作手冊是否完成。
3. 設計圖是否完成。
4. 結果是否已送交委託者。
5. 委託之人員訓練是否訓練完成。
6. 人員重新分派。
7. 剩餘之設備、材料、消耗品是否處理妥當。
8. 借用設備是否歸建。
9. 重大問題及其解決方案是否已紀錄。
10. 技術創新部分是否已紀錄。
11. 對未來研發的建議是否已紀錄。
12. 對於介面問題及經驗是否已紀錄。
13. 專案成員績效評估報告。
14. 對專案成員績效提供回饋的機會。
15. 完成最後稽核報告。

16. 完成結案報告。

17. 對上層管理者做報告。

18. 宣告專案完成。

至於執行專案的績效如何，通常會召開內部結案評估會議，議題包括：

1. 技術成效。

2. 成本績效。

3. 時程績效。

4. 專案規劃與控制。

5. 與客戶的關係。

6. 專案成員的關係。

7. 溝通。

8. 問題的確認與解決。

9. 建議事項。

圖8-6　專案經理常要與其他部門主管，討論與事業有關事宜，也尋求其他主管協助

其次，我們將會以下列的績效評估項目來確認我們的績效：

1. 專案實際完工時間與原先排程有多接近？

2. 我們從排程的經驗中學到什麼有助於下一個專案的參考？

3. 專案實際成本與原先預算有接近？

4. 我們從預算執行的經驗中學到什麼有助於下一個專案的參考？

5. 完工後的專案產出是否在未增加額外工作之下符合委託者之規格？

6. 如果有額外的工作要求請描述？

7. 我們從規格訂定的經驗中學到什麼有助於下一個專案的參考？

8. 我們從人員分派的經驗中學到什麼有助於下一個專案的參考？

9. 我們從績效追蹤的經驗中學到什麼有助於下一個專案的參考？

10. 我們從專案修正的經驗中學到什麼有助於下一個專案的參考？

11. 在這個專案中有什麼技術創新？

12. 有什麼新的工具及技術被發展出來可使用於下一個專案？

13. 對於未來的研發有何建議？

14. 我們從提供服務的公司與供應商處學到什麼？

15. 如果有機會重做這個專案你會如何做，有何差異？

對於客戶的反應，我們必須邀請專案經理、重要專案成員及客戶方的代表性人物，以自由詢答的方式來獲取客戶對我們的意見，討論的主題可以放在此專案是否提供客戶所期望的利益，以評定客戶滿意水準，並獲得客戶的回饋意見。同時我們也希望客戶儘量表達其滿意程度並提出評論，以作為後續專案之參考。

如果客戶對於此專案感到滿意，我們可以順勢探詢是否有其他專案可以承包而不需經過競爭的詢價手續或者徵詢其同意可將此客戶作為我們的案例。

由於不同行業的不同特性，其生命週期也有所差異。例如國防武器系統。依據美國國防部2000年4月所修訂的第5000.2指導綱要，武器獲得（Defense Acguisition）的一系列里程碑和各階段（Phases）如下：

1. 概念與技術開發階段－進行符合任務需求的備選概念研究；如次系統和組件的研發以及新系統概念與技術的展示。最後以選擇系統架構和採用成熟技術做為本階段的結束。

2. 系統研發與展示階段－系統整合、風險降低、工程研發模式的展示、研發與初期操作測試和評估。最後在操作環境下展示系統。

3. 製造與部署階段－初期小量試產（Low Rate Initial Production, LRIP）；全能量生產；進行中操作與支援的階段重疊。

4. 支援階段－本階段是產品生命週期的一部分，為實際進行的管理過程。在本階段可能有不同的計畫在執行，以改進性能、修正瑕疵等。

新藥品開發（Pharmaceuticals）的專案生命週期Murphy認為應為：

1. 發現及篩選階段－包括基礎和應用研究，以選出臨床實驗前的候選藥品。

2. 臨床前發展階段－包括實驗室和動物實驗，以決定安全性及有效性，同時填具新藥調查（Investigational New Drug, IND）做妥申請準備。

3. 註冊登記階段－包括臨床第一、二、三階段的實驗，以及填送「新藥申請（New Drug Application，NDA）」做妥準備。

4. 申請後活動－包括其他必要的工作，以支援食品及藥物管理部（Food and Drug Administration）對NDA之審查。

軟體開發（Software Development）的過程如下所示Muench建議：

1. 概念印證週期－掌握商業需求、定義概念印證之目標、產生概念化系統設計（Conceptual System Design）、設計和建構此階段、產生接受度測試計畫、進行風險分析及提出建議。

2. 初次建構週期－發展系統需求、定義此階段之目標、產生邏輯系統設計（Logical System Design）、設計和完成初次建構、產生系統測試計畫、評估及提出建議。

3. 第二次建構週期－發展系統需求、定義此階段之目標、產生實體設計（Physical Design）、完成二次建構、產生系統測試計畫、評估及提出建議。

4. 最終建構週期－完成單位需求、最終設計（Final Design）、完成最終建構、執行單位、次系統（Subsystem）、系統、和接受度測試。

專案管理的基本原理可以應用在任何專案及不同產業，然而由於不同的組織或產業對於專案的運作及需求均不太一致，表8-1就是Kerzner以九個特性來說明不同產業間的比較說明。對於專案導向的產業，如航空業、大型的建築產業及高經濟價值的專案通常都需要遵照較為嚴謹的專案管理方法；對於非專案導向的產業，則相對的對於專案的管理較傾向於非正式的方式。

📍 表8-1　專案與其特性分類比較

專案種類/產業型態　特性	公司內部研發專案	小型建築專案	大型建築專案	航空/國防武器	資訊管理系統	工程專案
1.人員技術層次	低	低	高	高	高	低
2.組織架構的重要性	低	低	低	低	高	低
3.時程管理的困難度	低	低	高	高	高	低
4.會議的頻率	極高	低	極高	極高	多	中度
5.專案經理的位階	中階	高階	高階	高階	中階	中階
6.專案主導者的參與	是	否	是	是	否	否
7.衝突的發生率	低	低	高	高	高	低
8.成本控制者的位階	低	低	高	高	低	低
9.規劃/排程管制程度	里程碑管制	里程碑管制	細部計畫	細部計畫	里程碑管制	里程碑管制

科管亮點

推動 AI 製造之關鍵 3P

依據希捷科技公司技術主管 Jeff Nygoard 指出：人工智慧（AI）在製造工程上應用，不是新概念，但在當今的 AI 新技術催動下，推升整體供應鏈的生產力與競爭力之際，各產業界對 AI 技術之期待日益增長。

依據科技研究心得，由於工業 4.0 與智慧製造策略的推波助瀾，AI 正為產業界創造出自我適應與自動化生產生態定位的新契機。

在 AI、IOT（物聯網）及 Big Data（大數據）分析之助波下，更智慧的機器人，更廣泛連結與精準的流程，以及更有競爭力之供應鏈，正如雨後春筍般湧現，驅動了整體產業之轉型。所謂「未來工廠」或「關燈工廠」是在整合 AI、IOT、Big Data 的應用更普及。也會使各產業在未來發展中有更大的潛力，可使傳統的人工作業流程推向全新層次的規模、客戶服務、決策品質與營運效率。

推動 AI 製造之關鍵 3P 是指：流程（process）、人才（people）及規劃（planning）。有關流程方面，在 AI 應用之下，對於生產線員工的要求，不再是能靈巧地手動組裝零組件，而是要學習如何管理設備？甚至還要熟悉數據分析的流程（processes）。有關新的人才（people），企業必須首先重視現有「員工」的再培訓，以協助養成新技術。有關公司的新規劃（planning），企業應視 AI 製造訂新策略，適時能雇用必要技術人力。唯有坐擁在大數據決策技能的豐沛人才庫，企業才能在 AI 製造立於不敗之地。

資料來源：經濟日報 2019.6.18，B5 版，經營管理，謝艾利撰

8-2　現代科技專案管理之問題分析　

一、何謂科技專案

　　對於「科技專案」一辭，目前並沒有一個確切的定義。近年來經濟部為了推動研究機構開發產業技術，並結合產學各界研發資源及能力，整合跨領域研究，落實產業技術應用，縮短研發成果移轉產業界之期程，乃推動許多「科技專案」的合作計畫，對於我國經濟發展與科技之進步展現非常重大之影響。

　　因此，我們可以為科技專案下一個簡單的定義：科技專案係指在一段時間內，為了完成對新產品的開發、新製程的改進、創新或是提供新的服務項目之目標，所進行的暫時性、唯一性的企業組織活動。在程度上，它傾向於高度創新、高度複雜性或是高精密性技術之開發活動，雖然目前並不普遍受到應用，但是在未來的應用領域將會相當寬廣的。其特性包含：

1. 許多高學歷的科學家或工程師的參與。

2. 技術變革的速度高於其他產業。

3. 競爭的要素是技術創新。

4. 研發的費用佔相當大的比例。

5. 藉由運用科技得以快速成長，而最大的威脅在於競爭技術的出現。

6. 工作內涵新穎，工作內容重複性低。

7. 重視研發成果高於其他問題。

8. 研究發展複雜度高，人員專業素養要求嚴格。

9. 所需儀器昂貴，研發成果精密度要求高。

10.研究成果不易在短時間內顯示。

11.研究工作進度及預算之不確定性高，不易掌控。

　　在複雜的科技研發專案需要動用到不同實驗室的資源以及協調各種活動，有時甚至要進行跨國的合作。管理這樣的專案是一項艱難的工作，並且需要相當的管理技巧。國內許多產業的新產品研發如主機板開發設計、IC設計，半導體廠的新製程研發，國防部主導的各項飛彈研發計畫，生物科技公司的新藥品開發計畫等都是以科技專案的方式運作。從設計、開發到行銷，整個過程牽連到各個部門的成員，甚至是其他實驗室、公司

或機構等。這些來自不同部門甚至是不同組織的科學家、專家以及工程師們必須彼此合作，將產品從概念階段逐漸成形。而在大型的專案裡，往往有數家的公司或機構參與其中，專案管理者的工作困難度是可想而知了。

雖然科技專案的管理與一般專案的管理沒有兩樣，但是由於科技專案的不確定性與複雜度比一般專案來得更高，成功的新產品開發專案所獲得的利益將數倍甚至數百倍於以往的專案，因此科技專案規劃與執行者除了應熟練傳統專案管理的手法外，更應思索如何才能準時甚至於提前完成其專案。

二、現代科技專案管理的問題

根據美國著名研究機構Standish Group在2000年對資訊科技（Information Technology, IT）產業中的軟體研發專案所進行的調查（http://www.SoftwareMag.com）發現，23%的專案在完工前取消或停止，已完成專案的64%未符合交期。已完成的專案中平均成本超出原成本的45%，平均時程超出原時程的63%。

為什麼專案在預算內，符合原先的範圍，準時完成有那麼大的困難？只要讓任何專案經理自由抱怨，例如，太多的設計變更，不管是客戶或自身要求的，如果不變更設計，專案就做不下去；太多的重工（Rework），我們做了某件事，結果規格不對，所以必須再做一次，否則專案做不下去，諸如此類的問題我們可以很輕易列出三四十個。然而，仔細分析，這些問題都有一個特性，那就是：不在我們預料之中。專案管理稱他們為不確定性因素（Uncertainty）。

既然專案管理開宗明義就告訴我們，不確定性因素是專案管理共同的特性，而專案經理與專案成員也知道它的存在。因此，他們在規劃專案時，當然會把不確定性因素考慮進去，他們會增加安全保護（時間與預算）來應付不確定性因素的發生，並以此規劃出他們可以承諾的專案時間、內容與預算，專案管理稱為風險評估（Risk Assessment）。如果我們依此一概念規劃與執行專案，還會出問題嗎？答案很明顯的顯示在前面的調查報告，只有幾近28%的專案是符合交期！

既然新產品上市（Time-to-Market）時程對於科技專案如此重要，如何找出專案管理的核心問題，並提出解決方案加以克服，才是當務之急。

首先，讓我們看看我們是如何規劃專案！

(一) 加法法則的誤用

　　簡單的說，專案規劃就是根據專案目標以及委託者的要求，從專案管理三要素─品質、成本與時間三方面著手規劃，以符合他們的需求。其中時間的表達就是將專案網路圖建立起來，如圖8-4所示。網路圖是由專案所要執行的任務或作業（由開始到完成）所連結而成，有的任務前後有關係，例如任務C→任務D，有的任務則可以同時進行，例如任務F、任務G與任務H，這些任務藉由單向的箭頭連結起來。所組成的專案網路圖只有一個起點及一個終點，中間可以形成很多條路徑，例如路徑一：開始-A-J-K-L-完成，路徑二：開始-C-D-E-G-I-K-L-完成，路徑三：開始-B-完成等。只有當每一條路徑都完成後，專案才算完成。因此，專案的時程長短取決於所有路徑中最長的路徑，也就是一般所說的「要徑（Critical Path）」。

　　那麼，要徑是怎麼計算的呢？如圖8-7所示，要徑的長短是將組成要徑的每一個任務所需時間相加，本例從開始到結束的最長路徑為：開始-C-D-E-G-I-K-L-完成，總共33天，把這個網路圖放在MS Project 2000軟體上，電腦自動計算的結果也告訴你，要徑為33天，這就是一般的加法法則。只要將要徑上的任務的時間相加就得到專案總時間，這樣的思維對嗎？有什麼盲點沒有被點出來呢？

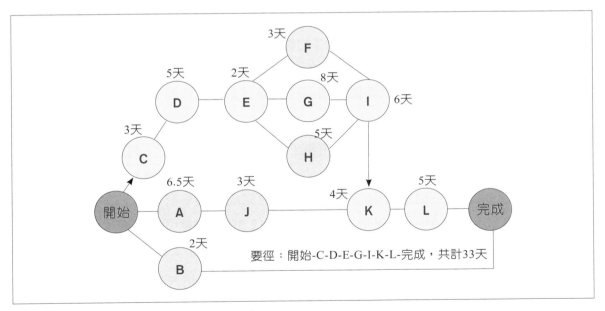

🧭 圖8-7　專案網路圖

讓我們來思考其中的一些情況。假設這是一個完美的世界，沒有協力廠配合上的問題，沒有時間到了物料不到的情形，也沒有人為干擾等問題，每一個工作時間遵循相同的常態分配（記得，專案任務時間估計遵循偏態分配，為了簡單起見，此例做不同的假設），我們做這樣的假設是要讓干擾降到最低，以便於說明目前專案管理的盲點所在。我們再用更簡單的例子來說明為何專案網路圖的加法出了問題。圖8-8顯示三個任務，電路板設計、機構設計及外觀設計分別需要8天，後續任務組裝需6天，前三個任務必須完成才可以進行後一個任務的組裝，我們稱這種情形為「匯流（Feeding）」。這個網路圖最長路徑是14天，電腦也是這樣告訴你的，也就是前置作業8天加後續作業6天。

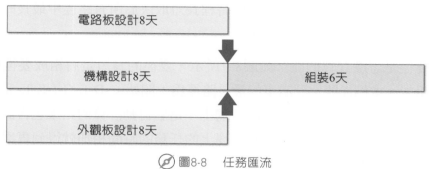

圖8-8　任務匯流

假設每個作業的時間是取平均值，也就是說電路板設計平均需要8天，意思是這個任務有50%的機會低於8天完工，也有50%的機會高於8天完工。如果三個前置任務都準時完成，接續的任務當然可以準時開工。如果三個前置任務中有一個無法準時完成，則後續任務就會延遲。前三個任務即使有兩個任務提早完工，只要另外一個不準時，後續任務仍然無法準時開工。

如果以一般的加法來估計，前三個任務平行進行平均8天完工，後續任務平均6天完工，四個任務平均將在14天完工，這個說法正確嗎？讓我們看一看前三個任務，每個任務皆為平均8天完工，三個任務同時在8天或8天內完成的機率有多高，答案是：$0.5 \times 0.5 \times 0.5 = 0.125 = 12.5\%$，意思是後續任務只有12.5%的機會可以準時開工，而不是原先認知的50%機會可以準時開工，這跟我們一直都在使用的加法法則有多大的差異呀！

一個包含數十個甚至上百個任務的專案，有多少匯流的情況發生，而我們居然沒有考慮到他們的影響，以至於在規劃階段就產生錯誤的認知，認為我們的計算是正確的。至於影響有多大，端視匯流點的數量而定；匯流點愈多，專案可平行作業的任務也愈多，我們一直都在試圖讓所有任務能平行作業，以爭取更短的專案時間；但是，匯流點愈多，加法法則所算出的結果就離真正需要的時間愈遠，誤差就愈大。我們以一個稍微複雜的網路圖再用電腦模擬來估計期間的差異有多大。

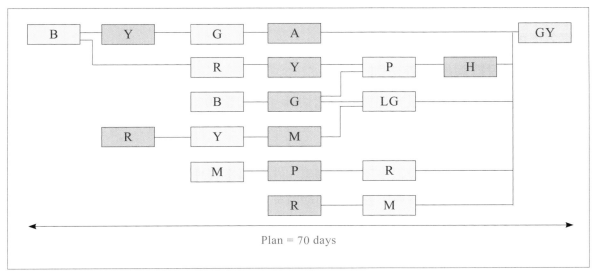

◎ 圖8-9 專案網路圖

　　圖8-9顯示20個任務的專案，每個任務都是估計平均10天完成（亦即50%的機會10天完工，任務行為遵循偏態分配），考慮資源排平（Resource leveling）後計算出要徑為70天。經電腦模擬1000次後，其結果如圖8-10所示，平均完工時間為89天，換言之，如果我們答應人家平均70天（這表示達成70天的機會是50%），但是真正需要的時間卻是平均89天，反過來說，70天完成的機會其實只有不到2%。

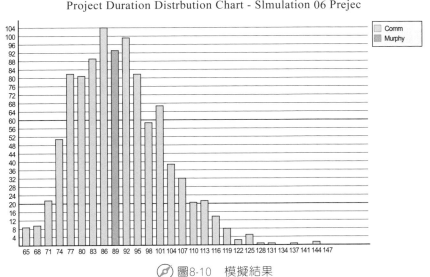

◎ 圖8-10 模擬結果

我們一開始就搞錯了，我們答應了一個完工機會遠小於我們所認知的時間。我們的專案怎麼可能準時完工呢？

（二）學生症候群與帕金森法則

如果大部分的人都以很有把握的時間估計（譬如說90%左右的完工機率）來估計他們的任務時間，專案應該有相當高的準時完成機率才對；但是事實上為什麼專案還是很難準時完成？還記得前面的調查報告嗎？幾乎只有28%的IT專案是準時完成的，他們估計時間也跟我們一樣要考慮很多不確定因素。由於專案管理是跟人打交道而不是電腦，讓我們看看有哪些人的行為會影響專案的準時完成？

有沒有人聽過學生症候群（Student Syndrome）？你們是學生，我是老師。我宣布下星期考試。大部分學生的反應是他們修很多課，交很多作業與考試，時間太短不夠準備。因此，他們會要求可不可以多給他們一星期的時間準備。我是一個體諒學生的老師，我答應了，有多少學生今天回去會馬上開始準備考試？很少。管他的，反正還早，急什麼？他們什麼時候才會開始準備？考試前幾天。這叫學生症候群。

大部分的專案成員都有學生症候群。開始時做一點，很有把握，而且時間還很多，不急，更何況還有其他更急的事要做。因此，提早完成這項任務的機率是多少？幾乎為零。問題是等到我們開始要做時，狀況可能發生，這時候當初我們爭取用來應付莫非（Murphy）的安全保護已被浪費掉了，時間不足以保護狀況的發生，結果任務延誤了。專案成員會承認任務延誤是因為他有學生症候群，還是時間不夠？他會說：他要求90%機率的時間，但是上司核准的卻是50%機率的時間，難怪無法應付狀況。

另一件更嚴重的事叫做帕金森法則（Parkinson law）－工作會去填滿所有可以利用的時間。你極力爭取任務時間30天，最後妥協成25天。現在你開始進行此任務，相當順利，你發現可以在15天內完成。你會怎麼做？報告出來，還是想辦法善加利用時間！在這裡做點修改，在那裡加點東西。畢竟任務什麼叫做完是很難定義清楚的。大部分的人提早做完是不會報告出來的，更何況提早做完告訴老闆對下次相類似任務，要爭取同樣的的時間會更加困難。你的上司會告訴你，上次你15天就做完了，這次應該也可以，所以不需要25天。你跟他解釋，上次可以提早作完是因為幸運，莫非出現的少。他會說，這次莫非也不會出現的。問題是誰能夠預知？

學生症候群和帕金森法則引發的結果是：很少任務能提早完成，大部分都在估計的到期日完成，有些甚至無法如期完成。不論我們放了多少的緩衝安全時間，學生症候群和帕金森法則就會把它消耗掉。

(三) 不良的多工作業

　　事實上，認為自己公司有專案管理問題亟需解決，而又只有單一專案在公司內進行的情況是非常少的，大部分的公司都是因為有太多的專案同時進行，才會產生亟待解決的許多專案管理問題；也就是說，專案管理真正的問題不是在單一的專案，而是在多專案的環境之下所產生。有三種人參與多專案的環境，專案經理人、資源經理人與上司。他們構成一個矩陣式的組織。在這個組織裡，專案經理有責無權，幫他做專案的人都不是他的部屬，無權要求他們，但是他負責專案的成敗。而資源經理則是每個專案的僕人，負責執行專案資源分派的任務。他們不會只參與一個專案，他們手頭都會同時有好幾個專案在進行，他們任由多任務同時進行。

　　多任務同時進行，對任務時間有多大的影響呢？圖8-11裡有三個任務分屬三個不同專案，都由同一個專案成員負責。假如專案成員堅持做完一個再做一個，每個任務從頭做到尾完成的時間皆為10天，總時間為30天。每個專案只需10天就可繼續它的下一個任務。但是假如他採取多任務同時進行，第一個做了五天後，換去做第二個，五天後再換去做第三個，然後再回來完成第一個，第二個與第三個。你會發現，總時間一樣仍為30天，但是每個任務從開工到完工的完成時間變為20天，這將使得每個專案的時間都增加一倍！每個專案的後續任務都要等20天才可以接下去。實務上的嚴重性可能比我們想像的還大，例如，你花了5天寫一個程式，寫到一半，被要求去寫另一個程式，5天後你再回來繼續完成原來寫到一半的程式，你可以馬上接下去嗎？不可能，你可能需要花一天的時間，重新了解，這叫做換線（Set-Up）。

　　因此我們了解到，多重專案同時進行的情況下，專案成員不良的多工作業才是專案一延再延的元兇呢！

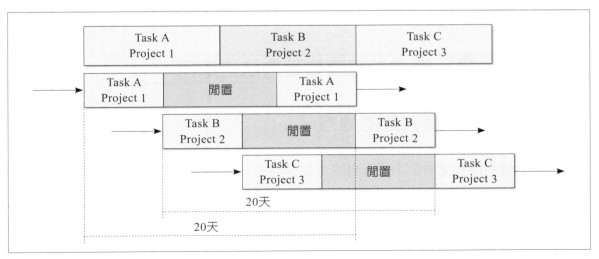

🧭 圖8-11　多任務的工作環境

科管亮點

談領導技巧也可以活用它

在經濟日報的經營管理版中，特別要企業界每位領導者，要向「美國海豹部隊學領導」。「海豹部隊」直屬於美國海軍部隊，是世界知名的特種三棲部隊，海豹部隊的特色有：自在、尊嚴、信任、安全感和團隊。現役一位海豹部隊指揮官曾在自己的書《海豹部隊領導力》中提到，海豹部隊是一股邁向成功的動力，絕對不會被驕傲、自滿與自

私阻撓；海豹部隊是有高度積極組織地，且同時強調以「自願參與」及「自己選擇」的精神，每一位弟兄可以隨時放棄離開此組織，相當自主性。

在海豹部隊重視團隊訓練，他們有一個不成文的規定——若有一人失敗，全體將受罰，因此，他們有一句座右銘為「協助最弱者達標」，也是領導者在實際案例中最主要理念。海豹部隊之領導統御經驗，可以讓每位領導者在這麼競爭環境下，活用海豹部隊領導風格，說明如下：

1. 高標訓練與嚴格淘汰：通過嚴格艱困的訓練，才能勝任大小挑戰。
2. 營造團隊目標：部隊行動中的每一分鐘都是專注在「團隊合作」。此組織面對各種困難合作無間，只求最終達成任務。
3. 重視個人生活成就：讓每位皆可以在自我崗位上快樂地發揮所長。

資料來源：經濟日報 2019.7.5，B5 版（經營管理），賴長川撰

8-3 關鍵鏈專案管理方法之應用

一、專案僅保護最有效的地方

專案的個別任務完成並不代表專案可以準時完成，因此我們不要在每個任務放太多安全保護時間，而是將大部分安全保護時間放在應付不確定因素最有效的地方。那麼，那裡才是保護專案最有效的地方呢？試問，是什麼決定專案時程—要徑！要徑的最後一個任務完成專案才算完成。

　　應付不確定因素最有效的地方就是要徑完工的地方，因此我們要保護要徑，將安全保護時間放在要徑的後面來保護要徑。另外，有許多非要徑會匯入（Integrate）要徑與要徑整合，假如非要徑延誤了，要徑也會受影響而延誤，因此我們也在所有非要徑會匯入要徑的地方放入安全保護時間。在關鍵鏈專案管理方法裡，我們稱保護要徑完工的安全保護時間為專案緩衝（Project Buffer），保護要徑不受非要徑干擾的安全保護時間為匯流緩衝（Feeding Buffer）。

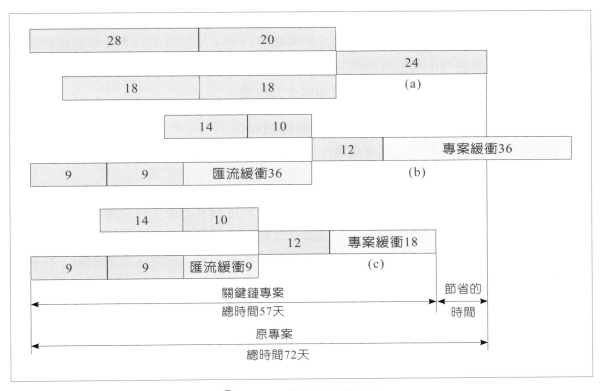

圖8-12　保護該保護的地方

　　讓我們用一個例子來說明此構想。圖8-12(a)為一個簡單的專案網路圖，兩條路徑，要徑為28-20-24的路徑，時間為72天。匯流任務（非要徑）為18-18兩任務。每個任務的時間以90%完工機率來估計，亦即，已加入足夠的安全保護時間，比50%完工機率估計的時間約大一倍（視任務的不確定性及資源而定）。

　　把安全保護時間放在要徑的後面保護要徑的意思是，我們將要徑上的每個任務時間的安全保護時間拿出來，累加起來放在要徑的後面。

　　同理，我們把某條匯流任務上的每個任務的時間的安全保護時間拿出來，累加起來放在這條匯流任務的後面。要拿出多少安全保護時間呢？這要看個別任務當初所要對付不確定因素所給予的安全保護時間有多少，每個任務多少會因為不確定的程度而有所不同，為了單純化起見，我們以平均狀況大約是估計個別任務時間的一半視為安全保護時間。為什麼？因為安全保護時間就是從50%完工機率到90%機率完工的時間的長度，而這個時間長度平均而言大約是50%機率完工時間的一倍。

　　圖8-12(b)即為改變後的結果。要徑時間變成36天，拿出來的36天安全保護時間為專案緩衝，放在要徑的後面保護要徑。匯流任務變成18天，拿出來的18天安全保護時間為匯流緩衝，放在非要徑的後面保護要徑不會受到非要徑的干擾。專案只保護最需要與最有效的地方，從圖8-12(a)到圖8-12(b)是非常大的改變。

　　現在專案排程上每個任務的安全保護時間變得很少了，我們要非常謹慎的安排資源，避免任務時間被浪費掉；這意謂著，我們要盡量消除學生症候群、帕金森法則與不良多工作業的行為。

　　學生症候群為什麼會發生呢？主要理由就是時間足夠，不急，可以慢慢來。當每個任務的安全保護時間變的較少後，專案成員就比較不敢浪費，學生症候群可以降低。當然任務時間也不能低到完成的機率太低，專案成員乾脆放棄。另外，我們對每一任務不再設定完成日期，任務可以開始就盡早開始，當任務的完成標準完全符合時立即宣告完成，帕金森法則的問題也可消除。設定任務完成時間是造成這些不良行為的重要因素之一。

　　至於不良多工作業行為要如何消除呢？第一，非要徑不要太早開始，因為提早開始可能會產生不可預期的資源衝突。第二，除非緩衝管理告訴資源要換到別的任務，否則資源指定給一個任務後，一定要從頭做到完。第三，只有當所有前置任務都完成才將資源指派去執行後續任務。

　　我們希望專案成員改變行為，效法接力賽跑者（Relay Runner）的精神一棒接一棒的傳下去。仿效接力賽跑者的精神應用在專案工作上就是：工作可以開始時儘早開始；工作不要間斷，一直做到完成；當任務的標準完全符合時立即宣告完成。

　　如果專案成員的行為改變，同時從統計觀點，將安全保護時間集中在要徑以及匯流點後，我們發現不再需要那麼多的安全保護時間了，因為整體的變異遠小於個別任務的變異，亦即，用來保護整條路徑的整體安全保護時間會少於保護個別任務的安全保護時

間的和。因此，我們可以再降低整體安全保護時間。我們可以再將專案緩衝與匯流緩衝的時間降低。至於要降低多少呢？我們可以簡單的估計大約只要原先的一半即可以獲得相同的保護。圖8-12(c)為最後之結果。目前為止，我們並沒有對專案做更多的投資，但是，我們不但可以保護專案，同時還可以縮短專案時間，這個例子很明顯的將原專案總時間72天縮短為57天，而所受到的保護與先的保護並沒有改變，反而因為行為的改變而將專案的完成日期變得更為真實。

二、關鍵鏈排程

圖8-12(c)的例子並沒有考慮到資源的問題。如果我們將資源加入就會得到如圖8-13(a)的例子。在圖8-13(a)的情況下，假如非要徑遭遇到比要徑更大的不確定性因素，有沒有可能要徑與非要徑同時需要用到G資源？這情況是可能的而且經常出現。問題是我們的專案緩衝並沒有考慮到這種情況的發生，這意謂著，我們的專案緩衝時間可能會不夠。專案還是有可能延誤。怎麼辦？

此問題的產生是因為我們沒有考慮資源相依的影響。我們的專案緩衝只保護任務相依的影響。因此，當我們在決定哪一條路徑對於保護專案最為關鍵時，不可以忽視資源相依性，我們必須把資源相也納入考慮。限制管理定義：同時考慮作業相依與資源相依所連接而成的最長路徑為關鍵鏈（Critical Chain）。圖8-13b B9-G9-G10-M12即為關鍵鏈，而R14即為非關鍵鏈（Non-Critical Chain）。R14-G10是作業相依，G9-G10則是資源相依。第一個G9在傳統要徑觀念裡，是不屬於要徑任務的。關鍵鏈的使用可以避免G9-G10兩任務的衝突。

關鍵鏈的時間比原來要徑的時間較長，專案緩衝的時間也需要較大，多大？關鍵鏈所有任務時間的總和的一半。匯流的地方也改變了，現在非關鍵鏈為R14。我們在他們的後面加入匯流緩衝，非關鍵鏈所有任務時間的總和的一半。透過這樣的規劃我們稱之為穩健的關鍵鏈專案排程規劃，圖8-13(c)。我們稱這樣的專案規劃為免疫且可行的專案排程。這樣的規劃有沒有信心準時完成？

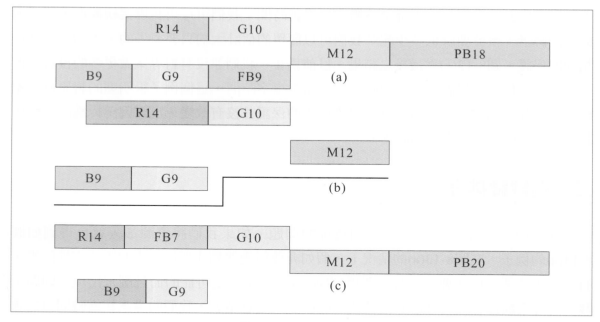

圖8-13　關鍵鏈排程

8-4　科技專案之控管─緩衝管理　★

　　到目前為止我們已經做好專案管理的規劃工作，我們有信心可以使專案能夠準時完成。但是記住，我們並沒有消除莫非，莫非仍然是存在的。只要莫非出現，我們的專案規劃就會被打亂，我們需要一個控管機制，能夠讓我們採取適當的行動克服莫非的影響，這個機制限制管理稱之為緩衝管理。我們需要作專案緩衝管理與匯流緩衝管理。

　　圖8-14為專案緩衝管理圖，我們將時間分成三區。第三區為安全區，意思是當任務延遲消耗到第三區緩衝時，專案經理可以很安心的說沒關係，不需要採取任何行動。第二區為警告區，意思是當任務延遲消耗到第二區緩衝時，專案經理需要注意，並思考與規劃萬一任務繼續延遲消耗到第一區緩衝時，應改採取何種對策。第一區為行動區，意思是當任務延遲消耗到第一區緩衝時，專案經理必須馬上採取行動，使緩衝最少能夠回到第二區。

　　舉個例子來作說明。圖8-15(a)為一個關鍵鏈規劃的專案管理排程，關鍵鏈時間為40天，專案緩衝為20天（關鍵鏈時間的一半），整個專案的時間是63天。非關鍵鏈時間為14天，匯流緩衝為7天（一樣是非關鍵鏈時間的一半）。

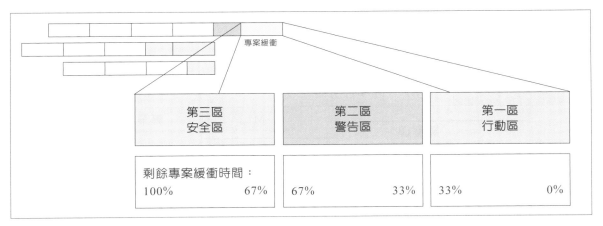

專案緩衝

第三區 安全區	第二區 警告區	第一區 行動區
剩餘專案緩衝時間： 100%　　　　67%	67%　　　　33%	33%　　　　0%

◎ 圖8-14　緩衝管理

　　專案開始執行，負責的工程師定期報告進度狀況，還需多少時間才能完成其任務。專案經理則負責控管專案與匯流緩衝時間，採取必要的措施。圖8-15(b)顯示，關鍵鏈的第一個任務提早4天完成（專案緩衝可以增加4天時間），但第二個任務花了18天（用掉9天的專案緩衝時間），緩衝管理顯示目前專案緩衝在第三區。非關鍵鏈路徑的第一個任務需要18天才能完成，匯流緩衝在第二區。專案經理該作何處置？對於關鍵鏈而言進度正常，不需採取任何行動；對於非關鍵路徑而言，卻已經在警戒區了，專案經理要思索如果匯流緩衝繼續惡化則須採取必要之行動，如加班或增加人手協助R14的工作。

　　第16天，被指派到關鍵鏈第三個任務G10的工程師報告預計再過10天後才能完工，意思是此任務將會延遲10天，緩衝管理顯示專案緩衝被消耗到第三區，如圖8-15(c)。專案經理作何處置？關鍵鏈第三個任務最初預估時間為10天，現預估需要 20 天。對尚未完成的關鍵鏈第三個任務修正為10天。重新估算所需的專案緩衝時間，專案經理瞭解到需要11天（尚未完成關鍵鏈任務時間22天的一半）才能足夠保護，但是目前緩衝指標在第二區，因此專案經理需預作準備，萬一G10的任務繼續延誤的話，專案經理該採取甚麼措施以確保任務的延誤不會影響最後的交期。可以採取的行動緩衝時間恢復計畫有加班、加派資源、部分工作外包或尋求更快速的替代方案等。

　　緩衝管理的機制除了可以預先知道哪一個任務有了麻煩，以利採取必要之補救措施外，對於個別資源所擔負任務優先順序的決策，也是非常重要的指引。例如當兩個分屬不同路徑或不同專案的工作同時需要某個資源去執行時，資源如何知道先做哪一個任務才是對整體最佳的決策？以往的做法可能全憑工程師的喜好或者依照任務的上司來決定，因為誰也無法看清哪一個任務對整體的影響；限制管理的緩衝管理機制可以以宏觀的角度告訴我們哪一個任務不立即執行就會對專案交期產生衝擊。基本的規則是視緩衝耗盡的程度來決定哪個工作需要優先完成。

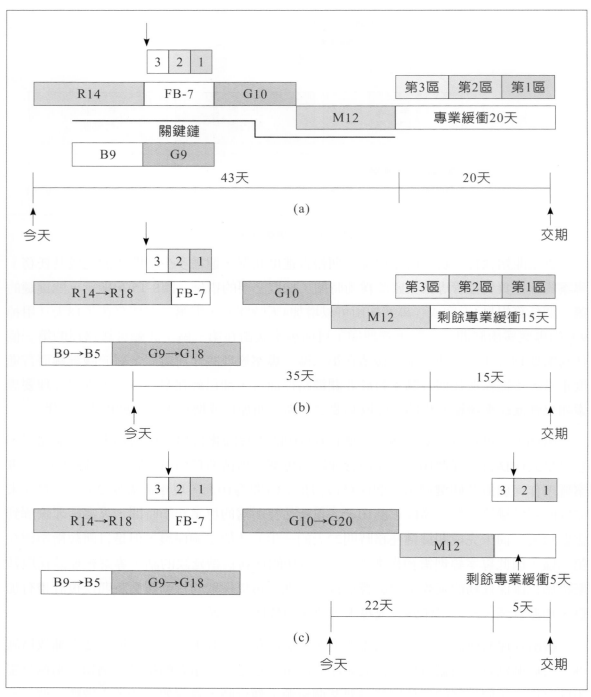

圖8-15　緩衝管理的運作

學 習 心 得

1
專案的共同特性有：明確目標、獨立性任務、資源多元化、完成時程、唯一性、對委託者負責及具不確定性。

2
專案三要素為專案範圍、專案成本及專案時程。

3
專案生命週期有起始、規劃、執行與控管、結案四大階段。

4
科技專案指在一段時間內，為完成新產品開發、新製程的改進、創新目標，所進行的暫時性、唯一性之企業組織活動。

5
專案管理常有不確定性因素發生，如時程上的誤用、帕金森法則、不良的多工作業等。

6
專案管理方法之應用需注意：專案僅保護最有效的地方、特別注意到關鍵鏈排程、緩衝管理的應用。

科管與新時代

利用「團結圈競賽」拉動產業躍升

2016年11月18日財團法人中衛發展中心舉辦第29屆全國團結圈活動競賽。今年特別踴躍，共有103家企業派出179圈參加競賽，共有106圈獲獎，創造35億驚人的改善年效益，20多年來在各行各業成立2萬4000多個改善團隊，至今仍持續運作者超過1萬3000多圈，這些持續改善活動，正是累積臺灣企業競爭力的主要來源之一，並透過競爭活動，促使產業之間相互交流與學習，共同進步與成長。

就2016年參賽團體之產業別分析，包括了：傳統製造業、高科技產業、服務業、化工業、醫療體系、食品業、教育產業及行政機關等，今年首次有金融保險業參與競賽。本次活動，自2015年起，為了使整體競賽能更豐富與完整，特別新增精實管理活動（LEAN）及全面生產管理活動（TPM），使得2016年的競賽活動呈現出更多元的面貌。

就2016年團結圈之各隊分析，有44%的競賽團隊來自於半導體產業及其供應商，藉由此品質改善活動為己身企業創造或節省可觀的效益成本，亦透過整體產業鏈的改善活動，以提升整體產業的水準。

團結圈之願景，除了延續秉持「持續改善，不止於至善」的核心精神，鼓勵國內更多不同產業前來共同參與，讓活動的改善問題，亦可以更寬、更廣。不論是生產面、服務面或流程面，皆可運用全員參與持續改善，不斷地提升自身的競爭力。

資料來源：經濟日報2016/12/19，A18版，團結圈專題(一)，經濟部指導，財團法人中衛發展中心提供。

活動與討論

1. 請同學上網到「財團法人中衛發展中心」之官網，認識本中心的業務範圍及功能性。

2. 請介紹全國團結圈競賽的活動內容及拉動產業躍升之功能性為何？

問題與討題

1. 說明專案的特質？

2. 請具體說明專案三要素的內涵？

3. 試說明專案的生命週期？

4. 專案計畫在預算編列有哪些潛在的問題？

5. 試比較各種產業的專案特性。

6. 何謂科技專案？

7. 科技專案具有何特性？

8. 何謂學生症候群，舉例說明之？

9. 何謂帕金森法則？

10. 如下圖顯示20個任務的專案，每個任務都是估計平均10天完成（亦即50%的機會10天完工，任務行為遵循偏態分配），不同字母代表不同的資源分派，請找出此專案的關鍵鏈。

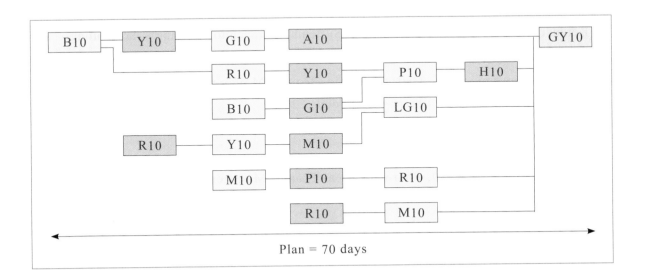

Plan = 70 days

 參考文獻

1. Burke，Rory，Project Management: Planning & Control Techniques，3e，John Wiley & Son Ltd.，1999.

2. Dennis，L.，Project Management，6e，USA: Gower Publishing Limited，1996.

3. Field，Mike and Laurie Keller，Project Management，UK: International Thomson Business Press，1998.

4. Gido，Jack. and J. P. Clements. Successful Project Management，2e，South-Western College Publishing，2002.

5. Goldratt，Eliyahu M.，Jeff Cox，The Goal: A Process of Ongoing Improvement，Rev. Ed.，NY: North River Press，1992.

6. Goldratt，Eliyahu M.，It's Not Luck，North River Press，1994.

7. Goldratt，Eliyahu M.，Critical Chain，North River Press，1997.

8. Goldratt，Eliyahu M.，Eli Schragenheim，Carol A. Ptak，Eli Shragenheim，Necessary But Not Sufficient: A Theory of Constraints Business Novel，North River Press，2000.

9. Gray，Clifford. F.，and Erik W. Larson. Project Management: The Managerial Process，Singapore: McGraw-Hill Companies，2000.

10. Kerzner，H.，Project Management: A Systems Approach to Planning，Scheduling，and Controlling，New York: Van Nostrand Reinhold，1995.

11. Leach，Lawrence P.，Critical Chain Project Management，MA: Artech House professional development library，Norwood，2000.

12. Martin，Paul and Karen Tate，Getting Started in Project Management，USA: John Wiley & Sons Ltd.，2001.

13. Murphy,Patrice L., 1989, Pharmaceutical Project Management: Is It Different?Project Management Journal（September）.

14. Muench, Dean, 1994, The Sybase Development Framwork, Oakland, Calif. :Sybase Inc.

15. Newbold，Robert C.，Project Management in the Fast Lane: Applying the Theory of Constraints，Boca Raton，FL: St. Lucie Press/APICS Series on Constraint Management，1998.

16. Project Management Institute Standards Committee，A Guide to the Project Management Body of Knowledge，PA: Project Management Institute，2000.

17. Rosenau，M. D.，Successful Project Management: A Step-by-Step Approach with Practical Examples，3e，United States of America: John Wiley & Sons Ltd.，1998.

CHAPTER

09

科技行銷

Technology Management

學習指引

1 學習科技行銷與傳統行銷之差異性。

2 了解科技產品行銷的影響因素。

3 認識4P、4C及4R的意義。

4 認識馬克波特的新七個競爭力分析。

科管最前線

以行銷為目的的研發策略

　　在當今全球主要企業領導人中，有**80%**是行銷或業務出身的，因為行銷業務工作最貼近市場，最了解客戶的需求，也最能立即為公司帶來大利潤。研發人員置身於以行銷為終極目標的市場經濟中，就必須在心理和行為上要有所調整，才能如魚得水，既能發揮自己的專長，又能得到可觀的回饋。同時，高階經理人必須熟悉基層研發人員的心聲，擅用賢能之才，以高明的策略創造出良性的研發環境，以達到行銷世界的目標。

行銷是企業的命脈

　　除了行銷業務人員以外，一般基層員工很少會明白行銷與業務工作的重要性。傳統上對業務員或推銷員的負面刻板印象，造成新一代年輕人不願意從事行銷業務工作。一方面，行銷業務工作是很容易讓人產生挫折感的，所以他們會對自己沒信心，不願意接受這種挑戰，進而也不想去研究這個領域。另一方面，因為行銷業務工作都是由公司高層主管直接管轄，一般基層員工是很難一窺堂奧的。因此即使有某一位研發人員想發表自己的特殊見解，也難見於議事之堂的。這是國內企業文化的常態，而且歷史越悠久、組織越龐大者，此情況就越嚴重。

行銷業務是企業生存的命脈，只要不洩漏公司的商業機密，身為公司的一分子都應該有機會參與或提出建言。但是，從目前的產銷會議、品管會議、稽核會議、經管會議等開會情形都可以觀察出，行銷業務部門比較有機會可以對研議、製造等部門提出改進意見，甚至嚴厲的批評；而研發、製造等部門反而比較弱勢。除非高階主管是研發、製造或其他部門出身的，否則縱使問題是出自於行銷或業務部門，也不會有人有能力改變這種現象。長久以往，這對公司的整體發展傷害很大。非但優秀的人才不會待在研發、製造等部門，連行銷業務師也會充斥著陽奉陰違的人，身為再造公司組織文化的企業主不可不慎。

「幕僚」單位的作用

不可諱言，在正常情況下，銷售部門的效益是大於其他部門。而且一位優秀的銷售部門主管必須能正確觀察出市場的未來趨勢，提前引導其他部門朝同一方向努力。萬一失敗，他也必須負最大的責任。不過，實際情況未必如此。許多業主自己就是銷售部門的最高主管，在公司內成立一個專門儲備業務主管或特別助理的參謀部門，這些「幕僚」雖然還沒有權利帶領部屬，但卻有豐沛的人脈或銷售經驗可以提出許多建議，但是他們都不須為自己所提出的建議負責。萬一某日業主採納了他們的建議，可是最後卻造成公司的損失，在一般情況下，董事會是不會追究業主的責任，也不會追究「幕僚」的責任，而會追究執行單位的責任，這執行單位就是基層業務主管和研發、製造等部門的主管。

所以，一個公司組織和制度要不遷就於個人是很難的。尤其是針對一位具有豐富人脈或銷售經驗，且對市場非常熟悉的銷售專家而言，企業更是要百般拉攏，因為他們可以利用人脈為公司賺取大額利潤，其他人只能自嘆不如。

上述情況是很普遍的，所以一位有眼光的研發主管應該了解這種利害關係，事先和這些「幕僚」們充分溝通，讓他們多了解你部門的工作，才不會造成事後的誤解。研發主管的橫向溝通工作在平時就應該要做，這就是所謂的未雨綢繆。經由平時的溝通，研發主管也可以更了解公司未來的整體發展策略。假使研發主管能更進一步主動地向上建議任用某人擔任銷售顧問，則此銷售顧問平時可協助做好與企業主和跨部門的溝通工作，緊急時也可將自己的意見婉轉地上陳。只要對公司有利，何不為之呢？

所以一位優秀的研發主管不應只是埋首於研發的瑣碎工作之中，平日就應該廣交益友才對。

業主也應該在預算許可的情況下，除聘用銷售顧問以外也應該聘用研發顧問。因為「術業有專攻」，銷售顧問不見得了解每項技術的詳細內容，而研發顧問正可補其不足之處。而且，藉由研發顧問的崇高地位，也可以證明公司重視研發工作的決心。不過，研發顧問的任用最好由研發經理來建議，否則萬一抵觸到研發經理的職位，將會造成兩者的衝突。同樣在聘用銷售顧問時，也須考慮這個問題。在分工日益精細的知識經濟年代，不管是內部或外部顧問或幕僚的角色將日益重要。他們可以補充企業內部組織之不足，就像另開一扇窗一樣，讓管理階層對未來看得更清楚。

產品開發前的配合

我們經常聽到有人批評銷售單位，只知道拚命賣產品，卻不知道規格到底符不符合客戶的需求，或不了解研發部門能不能做到。這就是在產品開發前，行銷部門和研發部門未能充分溝通所造成的。我們不應該一昧責怪銷售單位，因為市場變遷快速，競爭日益激烈，他們能開發出新客戶和把握舊客戶已經很不容易。重點在於產品規劃要有整體策略，知道未來的主流技術、產品是什麼？客戶與市場在哪裡？當然這需要非常專業的市場行銷經驗才能準確預測。

約在2000年當DRAM市場慘跌時，韓國三星電子卻加碼擴廠生產高容量的FLASH，而在2003年時1G bytes以上的FLASH市場幾乎被三星電子壟斷。這就是行銷指引研發方向的成功範例，也是一個良性的循環。錯誤的產品行銷規劃不僅會浪費公司的資源，也容易造成銷售與研發單位的對立，變成惡性循環。所以說企業主必須思考公司未來五到十年內的產品，然後編列所需的預算。研發主管要針對這些目標定出技術來源和人才招募計畫，並且也要協助其他部門了解新技術和新產品。這些工作都需要事先妥善規劃，有節奏地逐項推行，絕不是一蹴可及的。

產品開發中的配合

產品經理（Product Manager）或產品專員是產品開發的負責人和協調人。他好比公司內部的「業務員」，一般是隸屬於行銷部門。他需要協調業務、採購、研發、製造、品管等部門，在預定時間之內，將產品交給客戶。在產品開發階段，產品經理和研發經理要事先協調、決定開發工作的內容和安排每項工作的負責人，每位研發負責人必須每日或至少每週以電子郵件或書面方式報告自己負責的工作狀況，產品經理據此彙整向上級呈報專案開發狀況。

這種做法有許多好處：1.分工負責；2.進度容易掌握；3.對每位研發負責人有時間壓力；4.若當日能做進度報告，更能了解每位研發負責人的工作情況和能力；5.當某一研發負責人的進度變慢或遇上障礙時，產品經理可以要求研發經理直接解決；6.因為協同合作的結果，大家的團結意志更高、默契更足，很容易在預定時間之內完成專案。

許多產品開發專案都毀於公司內部部門的不良溝通，產品經理或產品專員雖然是專案的總協調人，但是絕不是「總經理」（雖然有人說他們是「地下總經理」），他們不能越權破壞其他部門的作業程序。當然更不能自以為是，否則疊床架屋的結果，遲早會被裁撤的。

產品開發後的配合

當新產品交給客戶後，保固和售後服務就開始了。一般保固期限是一年，而技術服務工程師或應用工程師（FAE : Field Application Engineer）是此項工作的負責人，而不是研發工程師。如果售後服務工作是交給研發工程師來負責，那研發工程師將無法專心開發新產品和學習新技術。而且售後服務工作常需要安撫客戶的抱怨情緒，這恐怕不是每位研發工程師都想做或有能力做的工作。國內許多中小型企業，因為要節省人事成本，通常會要求研發工程師兼任售後服務工作。

在這種情況下，我們就不要期望研發工程師能開發出多麼好的新產品出來。出售的產品若有瑕疵，先由業務人員提報給品管單位，品管單位在品管會議中彙整提出。若是偶發性事件，還可能是客戶操作不當、環境設定不對、少數不良元件或

生產品管疏忽所造成的。不過,如果是經常性事件,這就要回過頭來研究當初的電路設計圖、程式碼、技術規格是否正確了。萬一要重新設計或重工(**NRE : Non-REngineering**),這將會增加研發、製造和其他成本,所以必須檢討原始設計者的過失,以做效尤。

每一個產品開發專案結束時,研發經理應該針對此專案的得失召開內部會議,並統計每位研發工程師的工作績效和需改進的事項,以激勵大家的鬥志。長期而言,研發經理更要觀察出自己團隊的優缺點,並據此研擬改善方案或建議案,作為上級的決策參考。所謂「冰凍三尺,非一日之寒」藉由統計數據,我們可以清楚明白自己的優缺點和各項專案成敗的主因,這也是對股東們負責的作為。我們千萬不要將此項工作當成「考古」或「挖瘡疤」的任務,而應該將它當成審視財務報表一樣,自細微處了解。

自己的團隊到底發生了什麼問題。在追究產品瑕疵的原因時,常常會遇到「羅生門」的情形發生。主要原因有兩類:一是內部因素,例如:每個部門的本位主義、某部門的主管比較「紅」沒人敢惹,業務單位沒有告知正確的需求規格等原因;二是外部因素,如客戶要求使用劣質的元件設計,或客戶要求使用的元件太貴,為了節省成本,只好使用較便宜、品質較差的替代品等。凡此種種都會造成追查工作的困難,公司也會白白浪費一些資源。在**ISO 9001**的標準中有規範售後服務和瑕疵品的處理要點,只要每個部門有心,願意遵照大家一起制定的規定去做,相信就可以降低上述事項的發生。

優質產品就是最好的行銷

一項新產品的誕生,就像婦人懷胎十月一樣艱苦。對**OEM**廠而言,為了維持產品的新穎和多款,新產品的平均開發週期約只有三至六個月。在這麼短的時間之內,要完成銷售、設計、採購、製造等主要工作,如果公司各部門無法齊心合力,是無法達成的。因此,企業主在平時應該致力於凝聚各部門的向心力。雖然,明知要利用他人的智慧和能力,可是千萬不要見之於言,因為凡是知識分子大都不願意聽到:「我被利用」這樣的話或邏輯。

優質產品比業務員的伶牙俐嘴還有用。想要有好的產品就必須在開發的每一個環節好好把關。品質是一種習慣，只要大家養成好習慣，就不會生產出劣質品，大家的努力和辛苦也會得到回饋。

銷售是研發的終極挑戰

只要自由經濟繼續存在，銷售工作將是研發人員一生不變的挑戰。研發工程師和科學家最大的差別是前者比後者更要對研發工作的商業價值負責。一位科學家也許有數年的時間和預算來執行某一項研究專案，但是研發工程師必須在很短的時間內，將所知應用在產品開發上，當然其收穫有時是巨大的。許多年輕的研發工程師不了解這個差異，也造成他們日後不願意繼續擔任工程師的原因。

當研發工程師轉換跑道成為銷售人員時，他們自然就會體會出：「銷售是研發的驅動力」的道理了。一個企業的成敗絕大多數決定在銷售部門和其他部門的配合程度上。國內業者已經享有獎勵研發免稅措施的優惠，其餘就要靠研發、銷售和其他部門的充分配合，才能發揮最大的統合戰力，求得最大的利潤。組織重整是產業升級的第一步，其中研發和銷售部門的重整是兩部門是否能充分配合的關鍵。而這中間牽涉的利益折衷和分享，考驗著業者的智慧。

資料來源：元件雜誌2003年9月號

活動與討論

1. 行銷人員要如何來協助研發人員開發出好的新產品？
2. 當行銷人員和研發人員在新產品的開發過中，有不同的意見而發生衝突時要如何處理？

科技行銷是一門新興的行銷學，有別於傳統的行銷大都著重於一般民生用或傳統的硬體產品的消費型態研究，科技行銷大都著重於消費性結合了電腦通訊甚至控制等科技成分較重的科技類產品，目前的代表產品就是幾乎人人每天不可或缺的手機、電腦與網路之類等，它結合了硬體與軟體的技術並且把它應用在人類的生活上面，不但讓使用者更具有方便化、豐富化和娛樂化，也造福了人類的生活，尤其是自1995年網際網路（Internet）大量商業化以來，已徹底的改變和影響了人類的生活型態，生為21世紀的人們不可不了解科技行銷。

9-1 科技產品的定義和應用

所謂「科技行銷」它有兩層意義，一般而言科技行銷是一種行銷的方式，聚焦於產品的功能與規格，並設計出以技術面為訴求的產品給顧客；而另一層意義是以現代科技作為行銷工具也稱為科技行銷，任何公司若有許多技術產品或他的客戶都是有技術背景的人士，都需要用到科技行銷的技巧。

比如說一家公司要行銷一系列先進的工廠設備，而他的顧客也知道了一些工廠設備的技術規格參數，則公司就要準備一些機器設備的基本規格參數例如：設備的運作速度如何（多快）？安全操作的溫度範圍是多少？每小時的耗電量是多少？這方面的數據說明都非常重要，而非一般傳統行銷只要告知如何使用即可。

自Internet大量應用以來，各產業的新產品開發大都環繞著結合4C（Computer, Communication, Consumer and Control）領域科技而開展，有別於傳統行銷的內容較著重於人類日常生活消費品方面，以產品行銷而言，科技行銷與一般行銷在產品價格通路和促銷等方面與不相同的，茲比較如表9-1。

📍 表9-1　科技行銷與傳統行銷之比較

	科技行銷	傳統行銷
產品	大都是選購品 生命週期短	便利品、必需品 生命週期長
價格	價格高, 定價方式多 降價速度快	價格低, 定價方式少 降價速度慢
通路	混合行銷系統	多階層通路
促銷	混合行銷系統 多階層通路	促銷會展少 廣告少
過程	較複雜 應用新科技	較簡單 一般製造
人員	需了解多領域知識	一般專業知識
實證	服務行銷 體驗行銷	傳統行銷

9-2　科技產品行銷的影響因素 ★

　　高科技產品的行銷最主要來自四個層面的影響：1.未來市場不確定性；2.技術創新的變化太快；3.競爭型態的不確定性；4.資金財務需求大，如圖9-1所示，以下就依次說明。

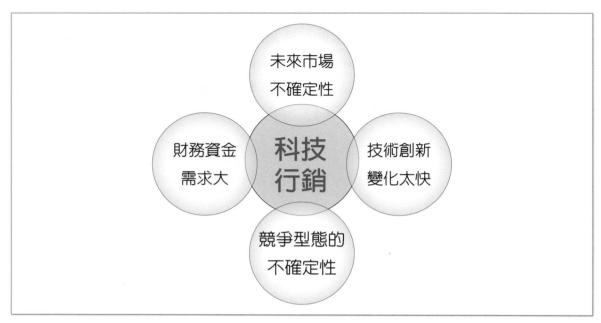

🧭 圖9-1　科技行銷的環境特性

(一) 未來市場不確定性

　　隨著時間的遷移變化，市場在明朗與模糊之間更替，隨著網際網路（Internet）的快速進展，顧客在知識方面的取得既廣又深，心目中理想的產品也一直在產生變化，IBM觀望或轉進其他領域市場？一直是行銷人員與主管們要深思的議題，唯有不斷的投入產業分析與研究，深刻洞察未來環境的變遷脈動，適時快速掌握商機，才能贏得市場。

(二) 技術創新變化太快

　　以現代科技的墊腳石—半導體為例，自1950年代被開發出來不斷的應用與再創新，遵循著自1965年開始的摩爾定律（Moor's Law）的技術發展藍圖，已歷時50載而不衰，尤其自1995年網際網路大量商業化以後，科技技術的發展更是一日千里，而自2010年開始的智慧機器人（Intelligent Robot），2012年開始的工業4.0浪潮，更是大大的改變了整個世界。

　　圖9-2　科技產品正在展覽會場進行科技行銷

(三) 競爭型態的不確定性

　　自1980年代學者Michael Porter在其所著Competitive Advantage一書中所提的競爭5力分析（Five Force Analysis）即：

1. 新進入者的威脅。
2. 替代品的威脅。
3. 供應商的議價能力。
4. 顧客的議價能力。
5. 產業內現有的競爭狀態。

　　但是歷經1990年代網際網路的興起，智慧型手機2G、3G、4G或5G的快速發展，以及iPad等平板電腦的竄起，科技產業的競爭模式已隨著市場環境的變遷而多有改變，2010年代 Geoffrey A. Moor 提出了新一類的新5力分析（Five Power Analysis）。即：1.品類力（Category Power）；2.公司力（Company power）；3.市場力（Market Power）；4.產品或服務力（Product or Service Offer Power）；5.執行力（Execution Power）。以下就針對此5力進一步說明：

1. 品類力：品類力是某類產品或服務相對於其他所有類別的需求度，顧客需要什麼？想要什麼？甚至是顧客的未來潛在需求是什麼？也就是洞悉顧客的產品或服務需求類別才是新產品企劃與開發的重點項目。這需由產業分析、個人心理分析、顧客購買行為分析、行銷市場分析及未來學等層面探討，公司組織掌握這項訊息能力時，就能發揮出這項品類力。

2. 公司力：某項品類中公司力反映了特定的供應商相對於競爭群的現狀與遠景，某家公司所能掌握的上下游產業供應鏈（Supply Chain）優於相對於其他公司所能掌握的供應鏈時，這家公司就擁有了公司力的競爭優勢，這在網際網路發達的21世紀，更屬美國蘋果（Apple）公司主導了智慧型手機的供應鏈管理，這也是我們所說的「蘋果供應鏈」，它同時也大大的影響了臺灣資訊電子產業的發展，主要是因為臺灣是資訊產品代工的王國。

3. 市場力：市場力是指單一市場區隔內的公司力，也就是公司在利基（Niche）市場中的市場占有（Market Share）力，透過市場區隔化（Segmentation），目標化（Targeting）和定位（Positioning）的STP分析，公司找出自己的利基之後，能全力滲透（Penetrate）這個市場，讓在此市場屈居第二名的競爭者沒有存在的價值，也就是新知識經濟時代消費市場中的「贏者通吃」（Winner Takes All）的市場潛規則。

4. 產品或服務力：它是某一種產品或服務相對於參考競爭者對手的需求度，產業若是產在新興成長期的市場，則其參考競爭對手就是相對可被替代的解決方案，產業若是處於成熟期的市場，擇期參考競爭對手就是一群提供相同產品或服務的廠商。

5. 執行力：是指在任何供應商都沒有居於特別有利的情況下，其表現優於競爭群廠商，其過程與結果的重點是呈現在環境現有的市場之中。

(四) 財務資金需求大

科技類產品，技術層次高、研發不易、使用原料及人力特殊，因而在商品過程中，要進行推廣及商品化的科技行銷較為不易。因此，科技行銷過程其財務資金需求較大，是影響科技產品行銷的因素之一。

科管亮點

行銷的新利器——AI 電子貿易預測平臺

邁向 AI 時代，國內的學術界、企業界及相關社群，皆共同關注。依臺灣網路銀行銷協會理事長葉先生指出：國內各界，大家關注 AI 應用之力道逐漸加強，強化人工智慧（AI）相關技術提升，如臺灣智慧機械、智慧金融領域皆有相當程度之突破。就於國內首度創立「電子貿易暨 AI 實習基地」，結合產學界，共同建置學習平臺，如本基地共同建立 AI 智慧中心及 GPU 的伺服器機房，設計完整 AI 跨領域教育訓練資料。開始辦理 AI 專班，以解決企業在推行物聯網、AI 人工智慧、大數據分析時，所面臨之人才缺乏困難。這次參與建立之行銷新利器—AI 電子貿易預測平臺的機構包括有：佳能國際公司、國發會產業發展處數位經濟科、王道銀行、慧與科技（HPE）公司、View Sonic 優派、臺灣網路行銷協會、德明科大、技嘉科技公司、關貿網路、Nvidia 輝達臺灣分公司、華南永昌綜合證券、久大寰宇資訊等單位，共同參與 AI 教育訓練平臺。

資料來源：經濟日報 2019.7.15，C8 版（企業新知），鄭芸珊撰

9-3　科技行銷的環境面分析　★

自1995年網際網路（Internet）從學術界的應用展至商業應用以來，飛速改變了整個世界，世界趨勢大師Thomas L. Friedman在2005年發表其有名的著作《世界是平的》《The World is Flat》一書，其中提到抹平世界的十輛推土機：

1. 1989年柏林圍牆倒塌改變了全世界人類的思維，引發資訊革命。

2. 1991年第一部IBM個人電腦問世，1995年英國電腦科學家Tim Berners-Lee發明 WWW（World Wide Web）電腦網址的應用，網景公司（Netscape）創造瀏覽器（Brower），讓人們可以透過電腦分享訊息，世界從此改觀。

3. 數據語言XML（Extensive Markup Language）和傳輸規範SOAP（Simple Object Access Protocol）新一類軟體（Software）在1990年代末出現，不同軟體之間可以互相交換，工作流程應用軟體被大量開發出來。

4. 電腦資源碼（Source Code）開放上網公開，任何人都可以免費下載使用，促發更多應用軟體的開發與應用。

5. 2000年全世界Y2K危機的軟體改善業務讓印度成為軟體設計的外包業務大國，也成就了印度的資訊業，創造出水平合作與分工的價值及全新商業模式。

6. 企業將原在本國生產的整個工廠，移到海外人工便宜的他地生產之「岸外生產」，將全世界的外包業務帶到一個全新的層次，尤其是中國在2002年加入WTO之後，將中國與全世界帶進岸外生產的新模式，也把岸外生產納入了全球產業供應鏈體系之中。

7. 2000年左右世界最大零售商Wal-Mart應用新科技建造了世界嶄新的存貨與供應鏈管理，改變了全世界的商業面貌，供應鏈愈大愈廣，就能賣更多更便宜的貨品給顧客，進而創造更好的營運佳績。

8. 1996年UPS公司推出同步商業解決方案（SCS:Synchronized Commerce Solution），協助中小型企業建立自己的貨品供應鏈，「內包」是一種合作與水平的創價新形勢，此種方式的業務替公司設計與管理整個全球供應鏈，甚至提供融資，如應收帳款和收貨交款。

9. Google的出現讓任何人都可以透電腦查詢全世界圖書館的資料，取得所需要的資訊，也可以讓每一種語言成為全世界的知識，利用搜尋引擎大家都變得有能力接觸他們感興趣的事物，也可以更快和更容易變成某方面的專家，更可以與他人分享。

10. 數位、行動、虛擬與個人透過無線傳輸在任何時間、任何地點傳送到任何人手中，於是，引擎與電腦溝通、電腦與人溝通、人再與引擎溝通，接著人與人溝通，任何地方與時間之間都能進行。

以上十輛推土機把世界抹平了，小蝦與大鯨魚可以平起平坐了，如果說知識就是權力，那這個權力在現今科技時代就要重新分配了，你我任何人都有機會取得而且不論多寡，端視你個人的能耐。

科管亮點

後 PC 時代的個人電腦，只是備胎

　　當產業處在一個關鍵的轉型時期，若我們忽略了「商品的本質是在解決消費者的問題」，那麼對於企業的發展將會有嚴重的影響。過去曾有一則網路傳言是這樣的：有一天，微軟總裁比爾蓋茲（Bill Gates）看到了 Google 的徵才廣告，赫然發現為什麼跟微軟開出的條件那麼的相似？這才驚覺到 Google 的野心與計畫，開始擔憂著未來有一天 Google 將可能取代微軟，成為全球科技產業的霸王，而這麼一天確實是到來了。

　　Wintel（Microsoft Windows+Intel，意指微軟的作業系統與英特爾的處理器）聯盟在取代了過去的大型主機與終端機之後，可以說主宰了將近 20 年的個人電腦世界，這段期間也造就了比爾蓋茲成為世界首富，以及 Intel Inside 在個人電腦中難以撼動的地位。然而當世界的中心由個人電腦移向網路的時候，這樣的型態就會完全改變。

　　回想一下，當你打開電腦之後有多少的時間是停留在電腦桌面上的工作？Facebook、Twitter、線上遊戲、網路下單、網路搜尋、電子郵件等，這些全部都是需要建上網路的活動，真正在電腦上運作的大概就只有 Office 相關的應用程式了吧？而當網路的速度持續提升，上網普及率提高之後，這些桌面上的程式在未來也都將移到「雲端」解決。

　　在這樣的趨勢之下，未來使用電腦的用途將會以上網為主要功能，也就是說使用者在使用電腦時，想要解決的基本問題在於「連上網際網路」。這麼一來，消費者就不會像過去一樣那麼在乎電腦的處理器是什麼？作業系統是什麼？有多少記憶體？因為以現在的技術來說，一般的電腦已經可以滿足上網的需求，消費者未來汰換個人電腦的頻率將會因此太幅度的降低，而這麼一來，停留在硬體製造的企業將會首當其衝受其影響。

除了 Google 以外，另一家企業也發現到了這個趨勢，那就是蘋果。這家公司在 2007 年發表了第一代 iPhone 之後，緊接著就在 2008 年推出了 App Store 軟體商店服務，iPad 與 iCloud 更是把行動上網的功能發揮到極致。如果電腦的本質演變成是「連結網際網路」，而電腦的使用者想要解決的是「連上網際網路」的問題，那麼所有能夠連結網路的裝置就都成了電腦的競爭者。因為它們在本質上都能夠解決消費者相同的問題，而各種行動的聯網裝置相對於個人電腦而言，則是更具有便利性及移動性。在這樣的趨勢之下，個人電腦就從過去的科技核心裝置轉變為眾多聯網裝置的其中一項，自然價值就愈來愈低了。

相較於 Google 與蘋果專注於問題的本質而將重心放在行動聯網裝置，一些傳統的個人電腦製造商如華碩、宏碁、惠普與戴爾則還停留在強化處理器的數量、速度、螢幕解析度與筆記型電腦的輕薄省電，這些企業完全忽略了消費者在使用電腦的時候所想要解決的是什麼問題。

彼得‧杜拉克（Peter Drucker）曾說：「過去的領導者可能是知道如何解答問題的人，但未來的領導者必將是一個知道如何提問的人。」

上述這些傳統個人電腦製造商，在提出正確的問題之前就拚命的想要解決問題。透過併購來提升市占率、削減製造成本、做出更輕更薄更快的產品，甚至於回過頭來要求政府給予匯率與稅率上的補助等，這樣的做法其實就有如百米賽跑，彼此之間在爭奪那小數點後兩位的差距，然而當你看透了這場比賽比的是誰能最快到達終點，而不是誰跑得比較快，那麼那些腳踏車、摩托車或汽車的參賽者，早就遠遠的把世界百米冠軍給拋在腦後，這些忽略了後 PC 時代競爭本質的業者，自然也就會逐漸消失在歷史之中。

資料來源：預見未來

9-4　科技產品的行銷策略的進化

　　行銷管理在1960年代Jerome McCarthy提出了4P的概念，所謂4P就是指Product（產品），Price（價格），Place（通路）和Promotion（推廣），1990年代以後隨著科技的進步和服務業的發達漸漸發展成4P加上了People（人員）變成5P，再加上Process（過程）變成6P，到了1990年代Robert Lautorborn提出了4C即：Customer（顧客）， Cost（成本），Convenience（便利）和Communication（溝通），而此4C和4P是有互相對應的關係。（如表9-2）

表9-2　4P與4C的對應關係	
4P	**4C**
Product	Customer
Price	Cost
Place	Convenience
Promotion	Communication

一、產品的行銷策略

　　由此表可以看出現代科技行銷的主軸已經從以「產品」爲導向的行銷轉變成以「顧客」爲導向的行銷，新產品與新技術的考量點必需以顧客價值爲出發點，而成本比價格更受到重視，因爲成本關係是利潤的主要來源之一，科技產品一旦推出，價格只降而不升，因此掌握成本及快速推出新一代的產品極爲重要，又因爲科技的發達，便利性是顧客購買產品（如網購）的首選，顧客可以很方便買到所需要的產品才是銷售王道，新產品更需要透過良好的人際互動溝通，體驗行銷和感動行銷才能最終獲得消費者的青睞，也才能突顯產品的價值和創造出更好的業績。

（一）4R

　　2001年左右有兩位學者Elliott Ettenberg和Don E. Schulz相繼提出了4R模型理論，此4個R分別是關聯（Relevancy）、關係（Relation）、反應（Response）和回報（Return），如圖9-3所示，分別說明如下：

1. 與顧客建立關聯：企業與顧客是一個生命共同體，建立長期發展的關係是企業經營的核心理念。

2. 關係行銷愈來愈重要：在快速變化的市場環境中，搶占市場變成了與顧客建立長期而穩定的關係，從管理營銷組合轉成企業與顧客的互動關係。

3. 提高市場反應速度：從如何站在顧客的角度及時回應市場，建立新商業模式的高度顧客回應需求。

4. 回報是行銷的泉源：任何行銷的交易和合作關係都是以經濟利益爲出發點，一定的合理回報是行銷活動中的支撐點、伸展點或延續點。

　　實體產品眞正的價值來自於完成製造此產品所應用到的知識，而非製造此產品的成本。

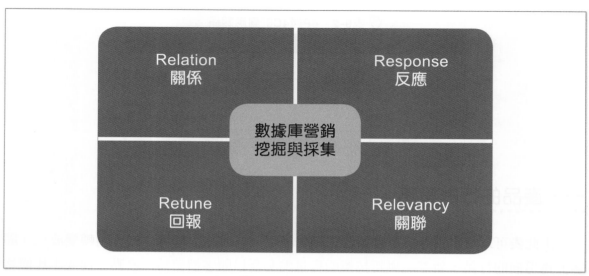

◎ 圖9-3　4R模型圖

　　成本包含有：設計成本，唯此設計也是知識的轉化和應用，成本會反映出價格，但是知識卻引導出價值，只推銷產品的價格是不夠的，價值才是重點。

(二) 顧客訴求的層次

　　若以行銷的觀點來看，對顧客的訴求可以分成三個層次：

1. 外層的功能特性。
2. 中層的價格。
3. 內層的價值。（如圖9-4）

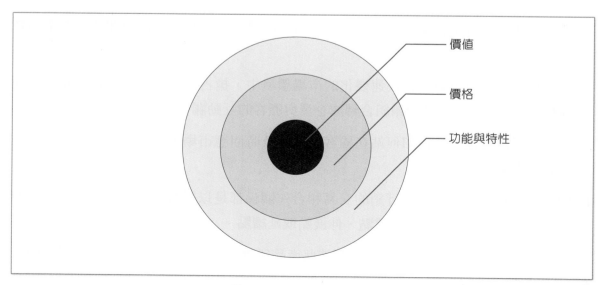

◎ 圖9-4　顧客訴求的層次

　　一般的產品銷售都忽略內層的價值訴求，所以不容易說服顧客買單，價值的認定是從顧客面來著眼，而非銷售者或推廣者的看法，是客觀的審視而非主觀的自我判斷。

 ## 科管亮點

失敗的教訓：頑固的柯達

　　柯達（Kodak）是世界各地眾人皆知的名牌，曾稱雄於世界攝影器材市場一百多年，它的年營業額曾達到兩百多億美元，已經形成一個強大的柯達王國。但曾幾何時，柯達公司（Eastman Kodak Compnay）陷入困境步履維艱，後起之秀的出現對柯達形成了強大的衝擊，而此時的柯達並沒有充分認識到公司所面臨的危險，不重視運用最新的科學技術來改良和發展自己的產品，而是陶醉在往日巨大成功所帶來的喜悅中。1950 年代後，各種成像及攝影新技術的興起，使柯達公司差點陷入危機。

　　二次世界大戰後的日本，極力尋找一種復興的道路。模仿、創新、求品質、重客戶是日本企業迅速發展的秘訣，豐田與本田等都是透果這種方式進入並紮根於競爭激烈的國際汽車市場。攝影器材中的代表企業便是富士公司，富士公司以柯達的同類產品上市，但其價格比柯達公司低廉，性能也比柯達優越，於是富士公司成了柯達公司最強勁的競爭對手。

　　在近二十年的較量中，柯達屢戰屢敗，這個風靡全球的名牌企業不得不進行為期三年的大規模重組，在 2007 年完成時裁員了 3 萬人，而且被迫讓出很大一部分市場，以緩解其入不敷出的局面。但柯達並沒有反思與富士競爭失敗的慘痛經歷。

　　1988 年柯達公司看到醫藥市場的生意興隆，又步別人後塵，開始跨足經營醫藥產品。由於缺乏經驗，市場銷路難以打開，結果效益令人失望。柯達公司陷入困境的原因，就在滿足於已經取得的成就而忽視了產品的創新，沒有繼續運用新技術不斷開發新產品，開拓新市場，以至於企業失去了活力，使競爭對手超過了自己。從更深的層次來思考，則可以發現，柯達公司之所以總是不能夠從屢次市場失敗中吸取教訓、重視創新、再次重振雄風，在於因為它所缺少的正是倡導創新思維和鼓勵創新精神的文化環境。柯達的興衰歷史對於今天處在競爭中的每一個企業說，都是非常寶貴的借鑒。

資料來源：決策的智慧

二、科技市場與產品的競爭分析

在行銷活動中，要瞭解自家產品和其他競爭者的產品之間有何差異時，可以用產品市場定位圖（如圖9-5）來做為分析的工具。

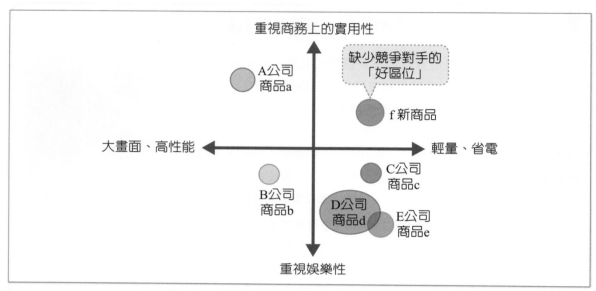

圖9-5　產品市場定位圖（以個人電腦為例）

圖中X軸和Y軸表示5種產品（a、b、c、d、e）的特性，圓圈的大小代表各公司產品市場的占有率或業務規模，整個市場暫由A、B、C、D、E等5家公司的5種產品分別定位於整個座標的5個地方，圓圈彼此重疊表示的部分表示兩種產品都同時重視這種性能，由此圖中可以顯示出各個圓圈以外的地方都是第6家進入者可以搶進的定位，在此定位中暫時可以一枝獨秀，無相對的競爭者，也是一個新產品好的定位點（如圖9-5中的黑點圈圈f），此定位圖顯示，開發重視商務實用性且易於攜帶的新型個人電腦，就是新產品的開發目標。

在應用上，此圖中的上下左右都可以填上相互對立的質性特徵，也可以設定相對的數值，以顯示各家產品的相對定位，此在了解自家產品在策略行銷中占有的一部分。

(一) 五力分析

傳統行銷在分析產業競爭狀態時引用了馬克波特（Michael Porter）在1985年所提出的5力分析架構（Five Forces Framework），亦即：

1. 新進入者的威脅。

2. 產業內的競爭狀態。

3. 替代品的威脅。

4. 供應商的議價能力。

5. 客戶的議價能力。（如圖9-6）

　　時至今日進入網際網路的年代，從科技行銷的層面來看，這五種力量已經不足以解釋或分析新科技時代行銷市場的完整性，因此還要再加入兩個因素才能完整的分析其競爭狀態，此兩個因素一為政府或法律的力量，另一為產品的互補品（如圖9-6），茲分述如下：

1. 政府或法律的力量：政府為培植、保護或淘汰某種產業，會訂定各種法規條文並應用於於產業中，如1990年代開放手機電信產業只發使用執照給9家廠商（經過甄選），避免過多廠商投入而打壞整個新興市場，果不其然，經過20多年的競爭營運，最後只剩下不到一半的廠商，其他都因經營不善而關門了，而曾經在1990年代帶領風潮的傳統PCB（Printed Circuit Board）產業，也在政府改善環境汙染、綠化臺灣的政策大旗下，也逐漸沒落或轉型了。

2. 互補品的力量：例如噴墨印表機和墨水匣、光碟機與光碟片、手機與電池等都是一種產品的營業量與決定了其互補品的營業量大小。

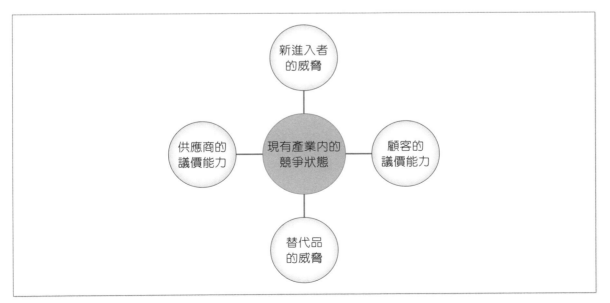

🧭 圖9-6　馬克波特（Michael Porter）的五力競爭分析模式

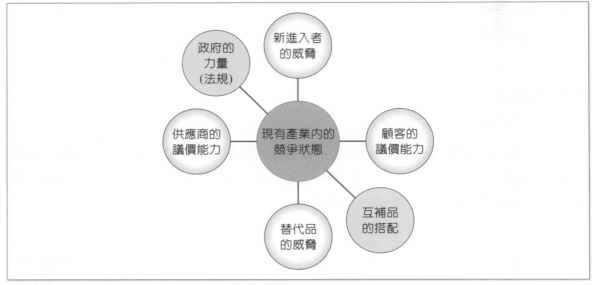

圖9-7　馬克波特（Michael Porter）的新七個競爭力分析模式

9-5　科技產品的生命週期　★

　　世間的一切事務都是呈現常態分佈（Normal Distribution），也就是我們一般所說的高斯分佈（Gaussian Distribution），高斯（Carl Gauss，1777-1855）是一位偉大的德國數學家，他首先將常態分佈曲線（Normal Curve）運用在實際資料的分析，此種分佈曲線在統計學上有很重要的意義，如圖9-8所示。

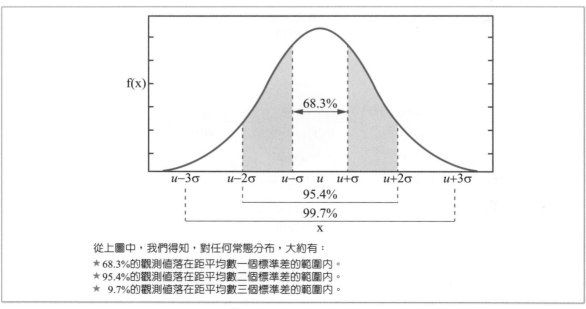

f(x)

68.3%

$u-3\sigma$　$u-2\sigma$　$u-\sigma$　u　$u+\sigma$　$u+2\sigma$　$u+3\sigma$

95.4%

99.7%

x

從上圖中，我們得知，對任何常態分布，大約有：
★68.3%的觀測值落在距平均數一個標準差的範圍內。
★95.4%的觀測值落在距平均數二個標準差的範圍內。
★　9.7%的觀測值落在距平均數三個標準差的範圍內。

圖9-8　常態分佈曲線

一些常見的變數如：身高體重、股價高低、智商分佈以及自然現象的發生頻率等，大都是依這種分佈型態呈現。若將此種分佈應用於產品生命週期的分析時，就可以看出各階段的特色。（如表9-3）

表9-3 科技產品生命週期與各階段特色					
	創新者	早期採用者	早期大眾	晚期大眾	落伍者
消費者	嘗新者	追隨創新者	態度審慎者	對價格敏感者	對新科技無感者
需求量	極少數	低	快速成長	緩慢成長	衰退
價格	極高	高	中低之間	低	最低
競爭者數	少數	增加中	許多對手	最多對手	減少中
功能	基本的	改進的	多變化的	不改變的	合理的
利潤	少	小	快速增加	尖峰水準	低或零

一般產品的生命週期（Product Life Cycle, PLC）可分為：1.萌芽期；2.成長期；3.成熟期；4.衰退期。

但是科技產品的生命週期略有不同，除了這四個時期以外，在萌芽期後段和成長期初段有一個時期稱為風暴期或鴻溝期（如圖9-9），以下就這五個時期做一個說明：

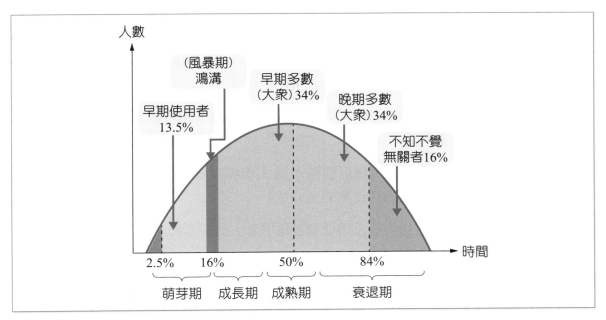

圖9-9 科技產品生命週期

(一) 萌芽期前段

萌芽期前段的創新者（Innovator），這時是應用新科技而研發出來的新產品，功能特徵和新亮點首次推出市場，讓顧客覺得既新鮮又好奇，大約有2.5%的族群會喜歡這種嘗鮮而不論價格是多少，這類族群稱之為創新者。

iPhone與iPad是很好的例子，每當蘋果公司有這類新產品出現時，創新者徹夜排隊買新產品即是在此時期，這些創新者也包含了專業玩家和同業競爭者。

(二) 萌芽期中段

萌芽期中段的早期採用者（Early Adopter）：看到創新者這使用新科技產品後，某些族群就會想新產品沒有什麼大問題就跟著嘗試採用，這族群人約占13.5%稱為早期採用者。

第1和2種採用者加起來總共有16%，這些人可稱之為所有族群的先知先覺者，扮演著行銷的先鋒者（Pioneers）。

(三) 風暴期

萌芽期的後段和成長期的前段有一大鴻溝稱之為「風暴期」，無後續行銷能力者或市場無法再繼續擴大化時，就會掉到深溝而一蹶不振，再也沒有後續的成長期了。

此鴻溝的產生主要在於產品的提供者（或創新者）無法將產品的知識與技術完整且有價值地傳遞給消費者使而產生的「知識差距」（如圖9-10），如早期的PDA（Personal Digital Assistant）即是，若能跨鴻溝，表示有持續擴大的行銷機會而進入了產品的成長期，逐漸被主流顧客所認可而大量使用。

進入成長期到成熟期的頂點時，進入市場者稱之為早期多數大眾採用者（Early Majority），所占的比率約為34%。

從成熟期的頂點到開始進入衰退期時，進入市場者稱之為晚期多數大眾使用者（Later Majority），這類人所占的比率約為34%。

進入衰退期才不得不使用者稱之為硬頸派採用者，這些人約占16%。

科技行銷的最主要的重點就在於對前述的各個階段時期對不同的使用者，都可以從4P的各個層面將產品推廣到所有的顧客之中，並且在產品逐漸衰退之際，適時引發另一階段的新科技產品，以新技術取代舊技術，功能更好更多，價格卻更便宜，這是科技產品的一大特色。

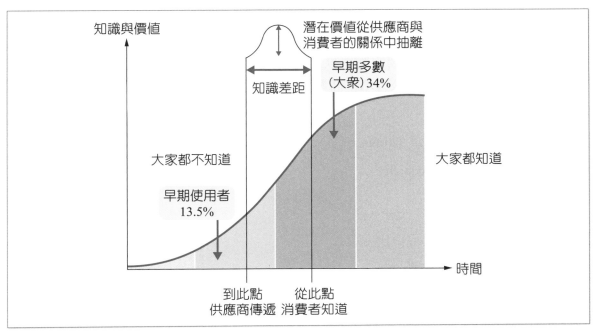

圖9-10　價值與知識差距圖

圖9-11　美國Wal-Mart公司是世界最大之零售商（圖片來源：維基百科）

9-6 ┃ 科技行銷的新型態

　　2010年以後，順應新科技的應用以及產業發展的需求，德國工業4.0時代順勢因應而生，也就是整合資訊科技於各項工商業的智能化社會建構的開始，其中所包含的主要技術分成三大類：

1. 物聯網（IoH: Internet of Things）
2. 雲端系統（Clouding System）
3. 大數據（Big Data）

一、新行銷4P

　　利用大數據技術，可進行一對一的行銷以及個人化的行銷，而由美國Gartner Research 公司的副總裁Kimberly Collins提出了大數據時代的行銷新4P：人（People）、成效（Performance）、過程（Process）和利潤（Profit）理論，以下就針對此新4P提出說明：

1. People：依NEC（New Existing Customer）模型，顧客可以分成4類：
   N：新顧客（New Customer）
   E：既有顧客（Existing Customer）
   (1) Eo主力顧客：個人購買週期2倍時間內回購者。
   (2) S1瞌睡顧客：超過個人購買週期2倍未回購者。
   (3) S2半睡顧客：超過個人購買週期2.5倍未回購者。
   (4) S3沉睡顧客：購買頻率超過個人購買週期3倍未回購，回購力低於10%。
2. Performance：每一間店都可以自己做行銷，完全表現自我的行銷能力。
3. Process：從各種工作事項找出優先性（Priority），優先處理危急問題。
4. Prediction：精準預測顧客下次回購的時間。

　　以上NEC模型的四種新的顧客分類法，表現了科技時代消費者購買行為的質性和變動性，此可應用在預測消費者的動態，將可達成零時差與零誤差的個人行銷目的。

　　以21世紀企業所面臨的科技技術日新月異的環境變化和在全球化的經營環境以及數位化的網路世界中，所謂行銷已由一種「無距離、無時差、無國界和無形化」的「四無」狀態所構成。在這種狀態下，要做到供需之完美契合，一方面其選擇的可能性多到

超乎想像，在另一方面市場所要求達成的水準是極其嚴苛的。比如說，在過去支配行銷的主流思維，如麥可波特（Michael Porter）所建議的「五力分析」模式或所謂的「區隔化–選擇目標市場–定位」（STP；Segmentation，Targeting，Positioning）模式，對現在而言已顯得是有侷限性了，難以有效地應用於今日這種「四無」狀態的經營環境中。

在現代先進的科技企業中，既不是應用傳統的4Ps：Product，Priceing，Place和Promotion，也不是之後的4Cs：Customer Value，Costs，Convenience和Communication，而是DCVC：Differentiation，Customerization，Value-creating和Collaboration，茲分別說明如下：

(一) 差異化（Differentiation）

多年來企業賴以生存的的條件就是要求產品物美價廉，或是追求更高的品質，但時至今日，目前企業所面臨的一個普遍而基本的問題就是有太多相似的企業、相似的產品，甚至是全相似的高品質產品。但今後行銷所追求最重要的，卻是讓顧客覺得他們所獲得的乃是一種不一樣的滿足！

(二) 顧客化（Customerization）

這是比客製化（Customization）更進一步的想法和做法，客製化的意義僅偏重於產品或服務之設計配合個別顧客之需求，而顧客化則將這觀念擴大到包括公司所有行為都在內，科特勒（Kolter）指出，今日許多公司都意圖在組織內建立一種觀念：他們不是為公司在工作，而是在為顧客工作，如美國西南航空公將行銷部門改稱為顧客部門。

(三) 價值創造（Value-creating）

科特勒（Kolter）認為，顧客所要的，既不是單純的「價廉物美」也不是產品本身的特色，而是以他所支付的代價所能獲得的最佳「價值」，它是一種感受或體驗，這種感受乃建立在「價格、品質和特色」三者不同的組合上，這種感受是非常個人化的，而且是整體性的，同時也會隨著生活水準和社會價值觀念的提升，由物質層次向上昇華到心理和心靈層次，如此將為企業行銷開創一個無限發展的空間。

(四) 合作化（Collaboration）

在傳統觀念下，消費者和供應者分別是供給與需求兩方透過市場進行交易，它是制式且處於一種"零和"的對立關係，但是隨著「顧客化」觀念的發展，尤其是在數位科技和網路設施的支持下，消費者和供應者——包括生產者和通路——之間的界線逐漸模糊，他們從產品概念開發到產品設計與產製以及供應、使用與維護，都採取不同程度的

合作方式。這樣使得最後消費者對於以上所稱之「價值創造」過程中，從一種被動的角色改變為積極參與者的角色，此一趨勢顯示行銷從此進入一個嶄新的境界。

科管亮點

成功的啓迪：巨化集團的創新之路

　　中國大陸的巨化集團公司是一個以基礎化工為主的傳統國有企業，地處浙江西部。1999 年他們在兩億多的巨額減利因素基礎上，實現銷售收入二十一點三十億元，利潤同比增長百分之一八點二七，出口創匯同比增長百分之十八的經營佳績。巨化集團能夠在激烈的市場競爭中脫穎而　，得益於他們始終堅持科技、堅持技倆創新。在強化管理的基礎上，將體制改革和技術創新緊密結合，藉著技術進步，實現及掌握了由單一規模擴張向高新技術發展的契機。

　　二十世紀 90 年代初，巨化傳統產業還佔有較大比重，產品加工度淺，產品結構中科技比率低。巨化主動順應國際市場發展潮流，確定了以氟化工為核心，以鹽化工、煤化工為依託，以精細化工、合成材料、生物化工為支柱的發展方向，全面推進經濟增長，從量的擴張轉變向品質的提升，並因此獲得了新的動力和新的經濟增長。巨化集團的科技創新走的主要是以下三個方向——引進技術、引進智力、自主開發，茲分別說明如下：

一、高起點引進技術

　　產品的競爭力首先源於技術的先進性，巨化集團透過引進國際一流技術，提高產業層級，調整產品結構，實現了主導產品的升級。氟化工是新興的技術密集型化工產業，含氟產品用途廣泛，產品鏈長，擁有廣闊的市場前景，同時發展氟化工還可以帶動基礎化工工業的發展。

　　巨化集團認準了這一產業優勢，於 1993 年投資五點四億元，從日本、瑞士、美國等國家引進世界一流技術，建成國內規模最大、技術最先進的氟化工生產基地。1995 年正式投產後，當年實現利潤一千零六十萬元，至 1999 年利潤增長了四倍。

二、實施「借腦工程」引進智力

巨化集團在自身培育人才的同時，堅持引進智力，不求所有，但求所用。他們先後與多所高等院校及科研院所建立了緊密的合作關係，把他們作為技術後盾和人才智庫。通過產品技術物色人才，謀求更深入的合作。巨化加強了科研開發管理，設立了科研開發基金，建立了專家實驗室和企業博士後工作站。「借腦工程」的實施，實現了企業與院校及科研機構的技術合作與交流，為公司的高新技術開發和技術創新提供了不竭的智力支持和人才資源。

三、產、學、研三位一體自主開發

巨化集團在重視引進國際先進技術的同時，注重提高自我開發的能力，走產、學、研三位一體的自主開發之路，實現技術和產品創新。

聚偏氯乙烯（PVDC）是一種理想包裝材料，具有良好的市場前景，國外只有少數幾個發達國家能夠生產，但他們一直對中國予以技術封鎖。在這種情況下，巨化公司知難而進，結合原有的生產條件，聯合浙江大學、浙江省化工研究院自主開發，技術攻關終獲成功。

巨化從制度改革入手，形成了有利於提高企業技術創新能力的內在動力機制。加大投入，激勵技術改革，提高企業裝置的生產能力，推廣運用現代新技術，大規模提高生產裝置的技術和生產能力，這是巨化取得快速發展的又一關鍵所在。巨化集團公司技術改革投入達七點六億元，僅一年之內就有十八項重大新技術被採用，新技術的應用推廣成為企業效益增長的重要來源。

資料來源：決策的智慧

二、科技發展的S-曲線（S-Curve）

談到科技發展就會想到創新技術，自18世紀工業革命以來，人類朝著創新不斷的發明出收音機、電視、汽車、飛機、電腦、手機等，這些技術一代一代的更新與開發都有一些脈絡可循，所謂「S-曲線」就是新技術或技術成果的展現與產出會隨著時間、技術的努力與投入程度而呈現S曲線形狀（如圖9-12）。

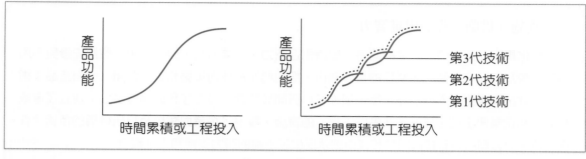

圖9-12　S-曲線圖

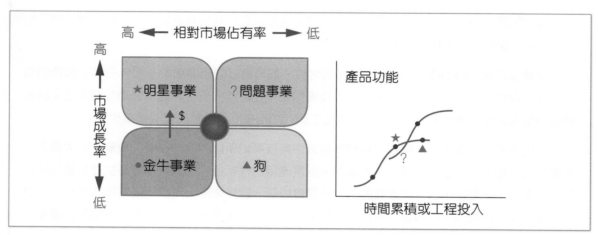

圖9-13　S-曲線在BCG產品矩陣分析的應用

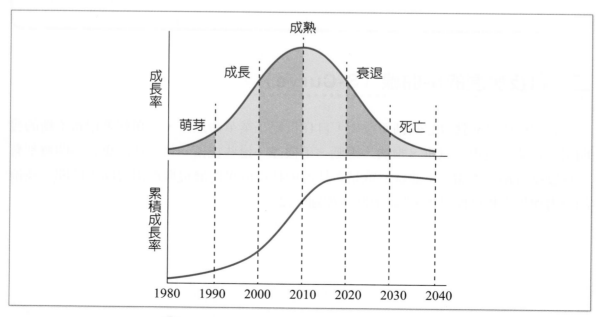

圖9-14　產品生命週期曲線和累積成長的S-曲線

　　同時S-曲線也提供了新的技術開發替代了現行技術的選擇方案，而在兩代技術交纏重疊之際，也是發展歷程的一種有利說服方式，從S-曲線可以看出歷年來技術代代演進的歷史軌跡，也提供了科技產品在行銷策略上BCG（Boston Consulting Group）矩陣分析的應用，前者可藉這分析S-曲線而預測下一階段新技術的發展，進而規劃下一代前瞻技術的開發與分析，而後者則可協助公司在進行產品篩選或產品歸類（選擇投入資源在何種產品較有效能）的參考依據（如圖9-13）。

　　此外，S-曲線與產品的生命週期也有相關聯的關係（如圖9-14），從此圖中可以看出每一世代的技術發展都會歷經產品生命的四個周期，而當某種產品走入衰退期的時候，有可能是另一個S-曲線的開端期。

　　然而S-曲線分析也有一些極限，目前所看到的成熟技術是一種技術發展的尾聲或另一種替代技術的新開發時期？有時還是很難判斷，因為在此技術複雜的眾多產品中，其功能特性的極限在哪裡？　幾乎沒有人會知道。經由技術架構的改變，少用成熟元件而改用新開發的元件，到底是目前S-曲線的延伸或已轉換到新的S-曲線了？有時還很難判斷呢！

三、科技產品的行銷企劃

　　目前任何一家高科技公司在要投入人力與物力開發某項新產品時，必須要事先經過一番熟事前的可行性研究（Feasibility Study），此研究方式可透過市場調查、技術評估、生產規劃和成本與歷任估算等，完成完整的行銷企劃報告，經由各層級不斷的討論和修訂，再做出決定拍版定案，唯有經過層層不斷的評估與討論，才能萃取出成功機率較高的開發案，這種行銷企劃要寫好並不容易，它需要具備一些市場、生產與技術的一些基本知識，哪些是行銷企劃人員的必備的知識呢？（如圖9-15）

(一) 策略競爭分析

　　策略競爭分析基本上的意義是要讓人對內外在的環境和資源進行分析，比較與評估，找出本身的SWOT，亦即優點（Strength）、弱點（Weakness）、機會（Opportunity）和威脅（Threat），它可以用數量化或非數量化的形式表現出來，端視個人在觀念的應用純熟度與資料的可得性而定。

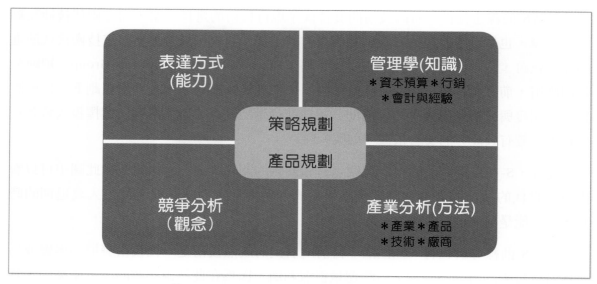

圖9-15　科技行銷企劃人員的必備知識與能力

圖9-16　蘋果電腦創始人賈伯斯於新產品進行科技行銷的情形（圖片來源：TechNews科技新報）

(二) 產業研究分析

　　要做好科技行銷的產品企劃工作，首先必須對各種產業，尤其是科技產業的研究與分析技巧有某種程度的認知和了解應用，尤其是2012年以後興起的工業4.0革命，對現有產業所造成的衝擊更是要特別注意，包含有大數據（Big Data）、雲端技術

（Clounding Technology）等大趨勢，才能在變化快速的大環境中，尋找出立基產品。

(三) 企業管理知識

　　企業管理中的生產管理、行銷管理、科技管理、品質管理、財務管理、管理會計、經濟學和資訊管理等，都必須要涉略，此將有助於行銷人員的工作效益與協調整合能力的提升。

(四) 企劃書內容

　　不過要先了解產品企劃書如何寫以及如何寫好它，卻是行銷企劃人員必備的先備知識，好的行銷企劃報告必須要讓主管易於下決策，也要讓相關人員對此企劃案有一個一致性的看法，因為它往往牽涉到新舊技術、設備、材料、市場、行銷、投資和理財等各個領域層面，通常一個人不太可能獨自完成，而需要多方面資源的配合，整合各方面的意見後，再提出執行方案，茲將行銷企劃書的內容說明如下：

1. 產品介紹：包括產品特性、應用、功能和重要性等，目的在於讓人對這項標的物有清楚的認識與了解，進而引發對該產品的好奇與興趣。

2. 產品應用面說明：表列出產品的屬性分類以及它的應用範圍，包括初期應用的主要規格（Specification），以及未來進階級的主要應用規格。

3. 競爭分析：這包含競爭對手（廠商）與競爭技術（產品面）的分析，在各項應用領域內，與本產品有競爭性（含現在與潛在）的競爭廠商，競爭產品和競爭技術有哪些？其優點和缺點何在？

4. 生產製造或產出地點：分析上述各項技術與產品來自何方？產能如何？

5. 潛在市場與顧客：分析潛在的市場和顧客何在？其需求的預估量？

6. 全球市場需求分析：除了找出市場需求量之外，更需要注意到產品的特性、產品生命週期及可掌握的市場時機為何等因素，以適時修訂市場預測。

7. 目標市場的大小：由全球市場中找出目標市場，並估計市場營業額與數量。

8. 競爭者分析：分析誰是市場上的主要競爭對手？現在的狀況如何？在目標市場上對手的虛實？當我們進入市場後，對手是否會反擊？可能的反擊方式為何？我們有何因應對策等。

9. 可達成的目標市場：經過1至8項的分析後，找出可能達成之目標市場及我方最大最小可能攫取之市場空間為何？

科管亮點

日本松下電器公司的市場行銷策略

面對網際網路和通信技術的迅速發展，越來越多的企業把自己的產品與兩者的完全結合作為今後發展的主要目標，同時也是應對同業競爭和自身拓展市場的有力武器。松下電器公司確立的「兩大使命」、「一個重點」的發展戰略就是針對這一市場變化的重要策略。「兩大使命」，一是建立一個「星羅棋佈的網路社會，另一是「與地球環境共存」；「一個重點」是把在中國大陸的發展作為帶動松下整個海外事業發展的重點。公司負責人已經達成了共識，隨著寬頻通信迅速發展和用手機上網、電子交易等的普及，建立一個讓任何人在任何時間、任何地點都能夠方便進行互動，都能夠享受各種服務的「星羅棋佈的網路社會」已是迫在眉睫了。

公司的技術人員向消費者演示了這樣一個場景：下班離開辦公室前，用手機打開家樓的冷氣、微波爐、洗衣機，人一到家，房間溫度已經舒適宜人，早上離家時放在微波爐裡的菜餚剛好熟了，洗衣機裡的衣物已經洗淨烘乾；晚飯後，上網瀏覽世界各地發生的最新消息、上網購物或查閱自己的銀行帳單。

建立「星羅棋佈的網路社會」市場前景廣闊，商機無限。為此，松下重組了公司結構，把數位廣播系統、行動通信、半導體、記憶體、顯示器確定為具有發展前途的五個龍頭產業，同時開拓電子網路商務、系統解決方案和與設備合為一體的高附加價值服務等新事業，在日本高新技術展上，松下公司向人們展示了全新的網路產品，包括網路家電、數位影像、行動通信、SD（Secure Digital Memory Card)（數位記憶卡)網路技術等方面的產品。

「與地球環境共存」是在松下公司經常聽到的一個話題。各種各樣的家用電器給人們生活帶來便利的同時，被稱為「電子垃圾」的廢舊家電也不斷增多，對環境造成日益嚴重的損害，松下提出「從商品到商品，實現商品循環」的概念。松下環境技術中心，向人們解讀了這一概念，該中心位於日本兵庫縣加東郡於 2001 年 4 月開始運轉，任務是把廢舊電視機、洗衣機、空調器和電冰箱進行分解，回收各種材料再利用，這些材料可以用來加工成家電產品的零件，把過去的「電子垃圾」再變成商品。

如今松下公司在中國大陸已經建立了五十三家企業，員工五萬餘人，直接投資七十億元人民幣，2002 年的銷售額達二百八十五億元人民幣。為適應經濟全球化的發展，松下公司重視發展在海外的事業，其目標是未來把海外事業的收益提高到占全公司總收益的 60%。為實現這個目標，松下公司把在中國大陸的事業發展列為重點，設定的目標是未來的銷售額將達到一萬億日圓。

10. 執行方案之擬訂：依產品之生產與銷售策略，擬定出不同的方案，找出關鍵問題所在，並且訂定不同的商業企劃（Business Plan），其中包含有：

(1) 若將產品授權給國內廠商製造，則要估計對方可能的做法、生產良率與品質水準等，以此估算出我方的授權訂價基礎。

(2) 若將產品自行發展，則須計算出未來產品規劃出與後續投資的時程。

(3) 估算出何處是損益平衡點（Break Even Point）？

11. 計算投資報酬率：根據前面各項的銷售計劃、投資計劃以及成本資料，計算出內部的投資報酬率，投資金額多久可以回收？以及是否值得投資？

12. 風險評估：本計劃可能發生的風險有哪些？這些風險的對策何在？

13. 結論：經過以上分析後，擬定本計劃未來的行動時程與方案。

四、科技行銷人員的工作內涵

科技行銷人員是在推廣、銷售科技產品或服務時的技術專家，他們要能夠結合行銷技術的知識與能力以滿足公司的銷售目標，此外，還要能在開發新產品方面提供技術支援，分析市場**趨勢**與預測，以及設計新的推廣銷售技巧，以下就列出科技行銷人員的主要職責和所需技巧：

(一) 主要職責

1. 設計、開發和執行技術行銷策略。

2. 建立及拓展技術行銷標的和目標。

3. 分析和解讀行銷**趨勢**以及如何與自家的產品和服務連結。

4. 準備和展現分析報告。

5. 組織和引導研究活動。

6. 評估顧客的需求與期望並設計和引介新產品。

7. 設計和開發新策略與新技巧吸引推廣和銷售更多的產品。

8. 開發行銷和推廣造勢活動。

9. 建立行銷和銷售預算。

10. 在開發新產品時提供技術支援。

11. 與供應商、客戶和公司內部人員建立和維護長期的夥伴關係。

12.對相關人員提供技術諮詢。

13.提供高品質的技術產品和服務與推廣絕佳的客戶服務以增加公司的價值。

(二) 所需技巧

1. 優秀的口頭和書面溝通技巧。

2. 人際能力和簡報技巧。

3. 專業外表和行為。

4. 非常好的組織能力。

5. 優良的策略規劃能力。

6. 有效的時間管理。

7. 良好的談判技巧。

8. 注意細節。

9. 結果導向。

10.具商業知覺。

11.分析與解讀資料的能力。

12.能夠瞭解市場趨勢和顧客需求。

13.能夠在壓力下工作。

14.能夠在期限內完成工作。

15.能夠協調與管理一個團隊。

16.具備技術知識與能力。

17.了解資訊知識和熟悉電腦。

18.具備隨應性與彈性。

19.具備熱忱與動態性。

20.具備倫理道德與負責任。

21.具備自我啓發能力。

22.快速學習者和渴望開拓與改善。

　　以上這些行銷技巧並非要全部具備，當然具有這些能力的項目數是愈多愈好，此將有助於行銷活動的績效表現與達成個人與組織的目標。

科管亮點

與 Z 世代年輕人，如何行銷溝通呢？

　　Z 世代是數位建構而成的新一代族群，臺灣這群充滿活力的年輕消費者約四百萬人（約 15 至 30 歲之間），他們對自我的特性有：快、速、急、變等。維基百科對 Z 世代的定義是：受到網際網路、即時通訊、簡訊、MP3 播放器、手機、智慧手機、平板電腦等科技產物影響的年輕世代。有人又稱 Z 世代為「數位原生世代」。其生活特質有六點：

1. 數位 Z 世代：任何事皆透過手機來聯繫及獲得資訊，重視隱私，但不在網路上留底。
2. 活在網路國教：習慣遊走在網路世界中。
3. 極簡踏實主義：腳踏實地，有儲蓄的習慣，屬於極簡主義者。
4. 忠於自我尊重他人：勇於表現意見，且尊重不同文化。
5. 享受互動體驗：期待並享受品牌帶來的快速且簡易的互動消費體驗。
6. 喜愛 Sharing、Cashless：提倡以租代買的共享經濟，偏好使用無現金交易。

　　Z 世代使用最多 APP 依序：Line（48%）、Facebook（22.6%）、Instagram（13.9%）。而 Youtube（65.0%）為最常被年輕世代消費者所使用來關注 Youtuber / 網紅的裝置，其中 56.8% 的人認為看 Youtube 可讓他們在忙碌有壓力的生活中喘口氣，同時透過他們學到許多新知和創意層面的影響。在數位經濟的影響下，對 Z 世代的行銷也必須做「數位轉變」；在行銷溝通 Z 世代，宜深入了解他們的思維、語言和習慣來進行溝通。這是行銷溝通的關鍵條件。

資料來源：經濟日報 2019.7.8，A20 版（經營管理），蔡益彬撰

學 習 心 得

1

科技行銷與傳統行銷，可在產品、價格、通路、促銷、過程、人員及實證等提出不同看法，可參圖表9-1所示。

2

影響科技產品行銷的因素有：未來市場不確定性、技術創新的變化太快、競爭型態的不確定性及、資金財務需求大。

4

馬克波特新七個競爭力分析：新進入者的威脅力、替代品的威脅力、現有競爭者的競爭力、供應商的議價力、顧客的議價力、政府的公權力、互補品的搭配力。

3

行銷4P：產品、價格、通路、推廣；
4C：顧客、成本、便利、溝通；
4R：關聯、關係、反應、回報。

研發、行銷、品牌

我們每天都可以在電視裡看到汽車廣告，華麗的外型、高貴的配備及跋山涉水的性能，這一幅一幅的影像深深烙印在人們的腦海中。我們也可以在電視裡看到手機的廣告，五彩繽紛的色彩、獨樹一格的造型和視聽娛樂的功能，實在會讓人想馬上擁有它。全世界的消費性產品業者都肯花巨資大力地做廣告、做宣傳，經年累月之後，他們的公司名稱和品牌深深為人們所熟記。在電子資訊業有全球的企業主、家庭、消費者莫不認識IBM、Intel、HP、Microsoft、Toshiba等大企業，這就是品牌的魅力，即使像IBM這種百年老店，其繼續成長的動力仍是來自於品牌形象所產生的長期信譽。

研發可以實現產品內部的物理特性，它追求科學的真理，是屬於科技思維的；行銷是到市場上推廣產品，拉近客戶和產品的距離，是屬於人性思維的領域。許多事實證明，現代的科技產品只靠研發、行銷或業務是無法達到商業目標的，因為人性是複雜的、因時因地而不斷變化的，而行銷、業務人員只能掌握到點、線之間的客戶心理，且只能對已製造好的成品做銷售，他們或許可以空談一些最新的設計概念，但是對大多數客戶而言，其說服效果是很小的。

現在的電子高科技業界都存在著一個嚴重的問題，就是每個新技術的最佳應用到底在哪裡？從藍芽到4G通訊都存在著這個疑問，縱使是當紅的WLAN（Wireless Local Area Network）也一樣。CPU速度不斷攀升，可是有哪些用戶真正需要這種高速的電腦呢？許多工程師和科學家時常樂觀地認為技術應用並不困難，例如：汽車數位化、家庭數位化、工廠自動化等應用都是處處可見的，但是許多銷售案例告訴我們，一場大規模的技術更替和市場流行是需要一段時間醞釀的。

PC的銷售額超越大型電腦（Main frame）、UNIX工作站就花了將近十年的光陰；乙太網路的流行至今將近三十年，到現在SONET（Synchronous Optical NETwork）、ATM（Asynchronous Transfer Mode）網路仍然需要繼續和它連接溝通，而Giga Ethernet 似乎只有電信公司才需要。有人說ADSL（Asymmetric Digital Subscriber Line）技術會被VDSL（Very-high-bit-rate Digital Subscriber Line）或其他有線寬頻擷取技術所取代，但是到現在仍然有許多人喜歡用低速的類比式數據機，連ADSL＋或ADSL2技術似乎仍然在紙上談兵的階段。JPEG2000（JPERG：Joint Photoographic Experts Group）是新一代的影音壓縮技術，但是MPEG-I（MPERG：

Moving Picture Experts Group）、MPEG-2、JPEG的用戶仍占大多數；除了新的影音數位裝置以外，短時間之內，原有的數位裝置似乎沒有必要升級到JPEG2000。HomeRF工作小組已於2003年元月停止一切運作。IEEE過去頒布的標準中，有一些到最後也無疾而終。

凡此種種告訴我們，技術的不斷開發，並不保證在市場上就能夠成功，也不保證品牌形象就能夠深植人心。除了尋找「殺手級應用」（Killer Application）以外，品牌形象的建立也要靠工業設計（Industrial Design）。這些年來，消費者更在乎產品的外觀和使用感覺，企業也更重視工業設計。工業設計是機構設計的上游，講求人體工學和美觀。由於世界各國、各地區的人們依不同季節對「美」的感覺各不相同，雖然可以使用類似的機構原理來設計相同的新產品，但是從各地區回饋的利潤可能不盡相同。這個差距必須靠工業設計和市場調查來彌補。

工業設計人員不應隸屬於研發部門，而應獨立於研發和行銷團隊之間，扮演協調的角色。研發和行銷經常會有衝突，所以工業設計很像橋樑。過到衝突時，研發和工業設計必須團隊合作，嘗試達到一個平衡。在過去，產品都是「由內而外」產生，也就是先從研發開始，然後才有工業設計。現在不同了，是「由外而內」的思考，許多產品都是先有外部的工業設計理念，才進行內部零組件的研發。此外，值得注意的是：國外的工業設計團隊中，包括有社會學家、心理學家、哲學家，對電子產品做消費者心理研究。哲學家為他們探索許多深層、複雜的消費面向，尤其當碰觸到不同的文化議題時，特別有意想不到的效果。國人大多重數理工程而輕人文社會，實在值得業者深思改進，唯有如此才能成功打造出自有品牌。

資料來源：零組件雜誌2003年12月號

活動與討論

1. 工業設計如何影響研發、行銷和品牌形象？

2. 行銷人員如何利用行銷活動來建立產品的品牌？

問題與討題

1. 現代科技行銷與一般傳統的行銷有何不同？ 請分別從Robert Lautorborn 的4C理論和Don E. Schulz 的4R模型加以分析比較。

2. 請以Geoffrey Moor的新五力分析（Five Power Analysis）為架構來進行我國的個人電腦產業的競爭分析。

3. 請比較高科技產業的產品生命週期和一般產品的生命週期有何不同？並解釋為何會有這種不同？試舉出一個例子說明之。

4. Kimberly Collins提出了大數據時代的新行銷型態—NEC模型，試以您熟悉的一種科技產品為例，調查說明各種顧客所佔的比例（百分比）是多少？如果您是銷售者，請問您對此結果的對策是什麼？

5. 試以您想開發的一種新科技產品，構想並提出新產品開發企劃書，以說服投資者願意投資您的計劃。

參考文獻

1. 商用圖表學入門，譯者： 蕭雅文，天下雜誌股份有限公司出版， 2014年6月

2. 大數據玩行銷，作者：陳傑豪， 30雜誌出版， 2015年9月10日

3. 當科技變身時尚：作者： 黃彥達，先覺出版股份有限公司出版， 2005年2月

4. 世界是平的，作者： Thomas L. Friedman，譯者： 楊振富、潘勛， 雅言文化出版股份有限公司出版， 2005年11月

5. 100個最經典的管理小故事， 編者：李語堂， 出版者： 靈活文化事業有限公司，2006年6月初版

6. 預見未來，作者: 王伯達，天下遠見出版股份有限公司出版，2012年5月20日第一版。

7. 決策的智慧，編者: 李一宇，草原文創有限公司出版，2019年2月初版。

8. 決策的智慧，編者: 李一宇，草原文創有限公司出版，2019年2月初版。

9. 這就是行銷——科特勒精要，譯者：洪世民，日月文化出版股份有限公司出版，2005年8月出版。

10. Dmitry Kucharavy & Roland De Guio，Application of S-shape curves，TRIZ Future Conference 2007，Procedia Engineering，Sep. 2011

11. http：//www.jobsdescriptions.org/marketing/technical-marketing.html

12. http：//www.technicalmarketingltd.com/downloads/WP_pdfs/wpaper02.pdf

13. http：//www.marketing-schools.org/types-of-marketing/technical-marketing.html

14. http：//wiki.mbalib.com/zh-tw/4Rs%E8%90%A5%E9%94%80%E7%90%86%E8%AE%BA

15. http：//paper.udn.com/udnpaper/POB0010/287577/web/

16. http://mail.ypu.edu.tw/~wnhuang/Biostatistics/1.normal%20distribution/

CHAPTER 10

智慧財產權的管理與應用

Technology Management

學習指引

1. 了解智慧財產權在企業中的角色。

2. 了解我國保護智慧財產權的法律。

3. 認識專利法。

4. 認識商標法。

5. 認識著作權法。

6. 了解營業秘密法之意義。

7. 了解積體電路電路布局保護法。

8. 了解公平交易法之意義。

科管最前線

談金融科技化FinTech後，有關智慧財產權申請專利的議題

　　依國內智慧財產局之統計，在2016年1～9月，申請金融科技專利權達到63件，有逐年成長，但與美、日、韓或中國動輒數千篇甚至上萬篇，臺灣金融專利數量仍遠遠落後。隨著網路科技發展帶動近年金融服務之轉型，不論涉侵權之疑慮或從市場邊緣化之商業危機考量，智慧財產權均已經成為金融機構應嚴加控管的風險之一。

　　在發展FinTech過程中，想打亞洲盃或世界盃的金融機構而言，在FinTech世代高度競爭中穩紮馬步。如能先搜尋研究相關專利，加以詳細評估之後，才能提早做好因應策略，降低被訴風險。從另一個角度而言，若要取得優勢競爭地位，需不斷創新並加強專利保護，進而創出質量佳的專利，在競爭激烈的市場才能取得合法壟斷的優勢。

　　依據安侯法律事務所資深顧問孫欣女士指出：針對業者發展金融科技、落實智財管理，參酌實務操作經驗，有下列五項可以參考之：

1. 藉專利教育訓練建立員工之智財基礎概念，培養全體智財共識。

2. 盤點與檢視企業內部的智財，如專利、商標、著作權與營業秘密，以了解金融業手上有多少競爭武器。

3. 依金融業發展策略，進行專利申請、取得日後續維護管理規劃，積極保護自主技術。

4. 針對產品或服務可能涉及他人智財進行了解評估，降低並控管可能涉及之智財風險，提高自由實施度。

5. 逐步建置相關管理制度，賦予金融智財自我運行能力。

資料來源：經濟日報2016/12/15，A17版，孫欣撰

活動與討論

1. 請提出在推動金融科技（FinTech）化，為何要重視智財風險？

2. 請列出在推動金融界智慧財產權之管理過程中，宜注意哪些原則？

　　智慧財產權在過去被公司視為研發工作的保護機制，屬於企業功能層級的議題。然而隨著技術全球化的結果，已經成為公司制訂策略，發展產品的重要因素。但是要將有用的知識發揮其經濟效益，必須有賴於企業的策略管理。近年來，由於企業策略思維的改變，像是IBM、CISCO、PHILIPS、SAMSUNG 與鴻海等國際企業在發展企業成長策略時，已經結合其智慧資產與智慧財產權管理的觀念與作法，使得專利數量增加的同時，在專利的品質上也不斷地提升。近年來，任天堂運用擴增實境（AR）技術發展出寶可夢，公司股價從低點一路再創新高，也是一種標準的智慧財產權運用。在另一方面，也將原本屬於法律課題的智慧財產權，變成新經濟產業競爭環境下企業經營策略的重心之一。

　　智慧財產權雖然是高科技產業發展的重要策略性資產，然而許多高科技廠商卻未能善用這些資產並制訂適當、合宜的技術發展策略。目前，臺灣正欲由過去以製造為主的經驗與基礎，轉型為以創新研發為主的綠色矽島，過程中，必然會遭遇到許多科技法律上的挑戰與限制。從實務界的角度來看，有許多新經濟典範遷移的衝擊。例如：企業在激烈競爭環境下，無形的智慧財產如何成功取得、如何運用、如何獲利、如何因應競爭對手以訴訟作為競爭的工具之一、如何維持持續的競爭力（Sustainable Competitiveness）；這些皆是新經濟時代，企業欲永續經營不可避免的挑戰，也是本章所欲探討的主題之一。

　　智慧財產權法內容廣泛，並且有很多艱澀的法律條文。為求非法律背景的同學能夠比較容易清楚了解智慧財產權的應用，在本章引用了許多實例，讓商管或理工背景的同學能夠快速了解智慧財產權的運用和效果。

10-1 　智慧財產權在企業中的角色 ★

　　所謂知識經濟，就是將價值直接建立在知識與資訊的創造、擴散與應用上。在知識經濟的時代，創造知識和應用知識的能力與效率，凌駕於土地、資金等傳統生產要素之上，成為支持經濟不斷發展的動力。從這個角度來看，智慧財產權法對於新經濟下的企業經營，有著越來越重要的影響力。

　　由於知識經濟時代最著重知識的創新，而創新成果的展現，必須透過智慧財產權的保障。因此，智慧財產權的累積將是企業在劇烈競爭環境中勝出的關鍵，有時智慧財產權所衍生的權利金，更是公司獲利的重要來源。

臺灣企業在智慧財產權的重視程度上目前仍有不足。熱門的寶可夢（Pokémon GO）手機遊戲引起全球的風潮，從公部門到私部門製作了許多怪獸地圖，這些各式精靈都會牽涉到動漫肖像權，POKEMON的字樣與寶貝球，也是商標法的授權範圍。

以美國國際貿易委員會（ITC）1997～2001年間所進行調查的22件個案為例，11件被判敗訴的個案中，有6件個案就是臺灣廠商，而臺灣廠商中只有旺宏與聯電打贏官司。然而在臺灣企業一面挨打的同時，國際大廠如IBM公司，卻持續注意相關廠商的產品動向。只要發現對方使用的技術可能侵犯IBM的專利權，IBM就會採取法律行動，要求對方付權利金，或提出侵權訴訟。因此，IBM從製造業轉型服務業後，長年以來的授權金收入都超過10億美元以上，這數字約為比國內許多大型企業的利潤高出很多。晶片巨頭高通（Qualcomm）公司的營收甚至有三分之二來自於專利授權收入。但是要留意的是專利侵權案件即使勝訴，也可能失去市場。過去英特爾控告Cyrix的五次侵權案件，雖然沒有一次成功，某種程度上卻阻止了Cyrix在市場上的發展性。由此不難看出國際性高科技產業為何對於智慧財產權如此重視，也將專利由被動的防禦工具轉為主動的攻擊武器。

智慧財產權除了上述所談到的專利權，其主要內容還包括營業秘密、著作權、積體電路布局、商標等，涉及的法律包含民法、刑法、公司法、公平交易法、關稅法以及許許多多的租稅獎勵制度。各國政府的基本作為都是透過獎勵制度來鼓勵產業從事創新活動，從營業稅和所得稅的加總來說，政府是間接給予補貼；另外，再透過其他立法來維持產業間的公平競爭。

如果以智慧財產權角度來觀察威盛電子，威盛電子購併美商美國半導體微處理器部門與IDT微處理器公司，不僅有策略上的涵義，實質上短期可能可以降低稅賦，長期而言可以提前為單一晶片市場提前布局，進而提高公司運用策略的彈性。

同樣地，明基和Philips在DVD上的合作，使得明基可以藉由合資減少權利金支付；後來明基併購西門子手機部門的用意之一，也是考慮到西門子在2G與3G手機的核心專利技術。這些案例代表智慧財產權確實可以成為當代企業經營管理的主要工具之一。

臺積電法務長陳國慈（2002）認為運用智慧財產權可以有下列優勢：

1. 增加企業之競爭力

   (1) 壟斷自身的商品：智慧財產權的第一種使用方式就是利用它來壟斷自身的產品。英特爾公司的微處理器就是最好的例子。

(2) 爭取行動的自由：在企業競爭國際化的時代中，任何一稍具規模的公司莫不利用智財權設下重重進入障礙。企業本身所具有的專利權便是和對手周旋抗戰的武器，可以用來和其它對手達成交互授權，創造雙贏局面。

(3) 創造形象與附加價值：臺灣爲許多國際品牌代工，但是這些產品都是冠上該品牌才凸顯出價值，品牌的價值由此可見一二。

🧭 圖10-1　2016年國內玩家爲寶可夢（Pokemon Go）機遊戲引起風潮，看出智慧財產權的重視上圍不足，部分公、私部門製作了許多怪獸地圖。（圖片來源：歐新社）

2. 帶來潛在的權利金收入

德儀（TI）便是採取此種模式的先驅，也是非常成功的案例。

高科技產業在智慧財產權的企業策略思維上（如圖10-2），說明如下：

(1) 企業購併：透過企業購併直接取得專利擁有權，如網路大廠思科（Cisco）便是靠著不斷購併有創意和研發能力的公司，成爲網路界的巨擎。

(2) 合資經營：透過合資經營間接取得專利授權，如臺灣TFT大廠友達光電入股日本富士通顯示技術公司（FDTC）後，這種臺日TFT產業合作的模式被認爲是補足未來研發技術與專利授權問題的良好解決方案。

(3) 授權：透過授權取得生產、製造、銷售之權利，如迪士尼的每件商品授權權利金爲批發價的15%，一般認爲商品上的營業額應該是院線票房的三到四倍以上。1995年的「玩具總動員」，以及1999年的續集「玩具總動員2」，第一輪的播映，兩片都各自創下三億五千萬及四億八千萬美元的票房佳績。

(4) 交互授權：當自身的專利技術為對方所需要時，亦可以透過交互授權來互蒙其利。如在TFT專利權的方面，韓國廠商也曾經有過與日本廠商專利侵權訴訟的慘痛經驗，不過因為三星等大廠除TFT外，同時也具備半導體等相關的專利可與日本廠商交互授權，可以有效降低授權金的規模。

(5) 合作研發或策略聯盟：合作研發或策略聯盟多半用來降低產品開發風險，尤其是應用在攸關產品規格與產品標準上。在科技產業中，大多數的技術一旦確認產業標準後，就會快速發展。如CDMA、VCD、DVD等技術標準，都必須廣大結盟，才能發揮技術的影響力。

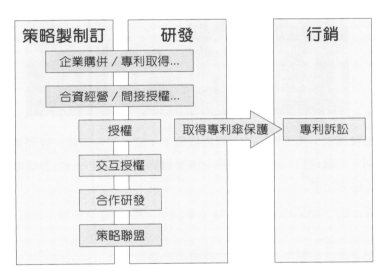

◎ 圖10-2 智慧財產權與策略制訂、研發、行銷之關係

資料來源：李沿儒、陳怡之（2004）。

科管亮點

管理者如何有效且有智慧的授權呢？

　　各企業的每位管理者，天天遇到的就是授權屬下，當一位有智慧的管理者，在「信任部屬而不放任」的原則，來處理公司的各項事務。依管理專家之建議，一位管理者，宜如何有效且有智慧的授權呢？說明如下：

1. 一位管理要真正執行授權的原則為：(1) 放手但不放棄；(2) 支持但不放縱；(3) 指導但不干預。

2. 有智慧的管理者會給部屬提供自由的工作環境和發展空間，在把權力授予部屬時候，就不再干涉他們。

3. 在授權的過程中，許多管理者把信任和放任混為一談；放任員工的後果是：授權沒有績效，還會殃及整個企業。

4. 學習古人智慧，如「用之於人，則空往而實來」，其意義代表：有智慧的管理者，在清楚認識到部屬的實力之後，於平時還要知道對方所說的話中隱藏的意思，宜從其中了解部屬。

5. 管理者要把握好權力的收和放。當收得緊就會讓員工沒有創造性；放得太過就會績效失控。管理者不僅要懂得授權，還要懂得放到何種程度。

6. 用「空往實來」來授權，就是：一手軟，一手硬；一手授權，一手監督。

資料來源：經濟日報 2019.6.18，B5 版，經營管理，張威龍撰

10-2　智慧財產權的基本架構

　　臺灣在1928年公布第一部現代之著作權法，1930年公布商標法，1944年公布實行專利法，至此，智慧財產權之主要保護規範已完成，之後隨著經濟發展、植物種苗法（1988年）、公平交易法（1991年）、積體電路電路布局保護法（1995年）、營業秘密法（1995年）、科學技術基本法（1998年）等並相繼制定，相關智慧財產權法制已大致完備。

　　近年來因應加入WTO組織，更進一步修訂相關智慧財產權規定。如2001年10月26日修正通過專利法第134條，延長專利保護以符合WTO/TRIPS規定、於2001年10月31日通過著作權法第34條修正，使電腦程式著作之保護期限擴展為著作人終身再加五十年、至於著作權法整體法制修法問題，為因應著作權 在高科技上之發展，早於1996年即著手進行研究並於2000年提出草案，內容參酌WTO/TRIPS及WIPO兩項國際條約（「世界智慧財產權組織著作權條約Wipo Copyright Treaty, WCT」、「世界智慧財產權組織表演及錄音物條約Wipo Performances and Phonograms Treaty, WPPT」）之規範精神，針對數位化網際網 路等相關著作權問題予以修訂。

　　目前我國保護智慧財產權的法律包括：專利法（發明、新型、設計）、商標法（商標、證明標章、團體標章、團體商標）、著作權法（著作人格權、著作財產權、製版權）、營業秘密法、積體電路電路布局保護法、植物品種及種苗法、公平交易法（不公平競爭的部分），詳細內容可參考臺灣智慧財產局（http：//www.tipo.gov.tw）會不斷更新最新的法規規範。

一、專利法

　　專利是指政府對於發明或發現新穎而實用的方法、機械、製品或合成物，或是對於上述方法、機械、製品或合成物有新穎或實用之改進者，所頒給的一種在一定期間內獨享製造、生產、使用或銷售權利，而專利的種類各國規定並不相同。我國現行專利法規定，專利分為發明、 新型及設計三種，內容如下：

1. 發明：凡是利用自然法則之技術思想之高度創作，得申請發明專利。

2. 新型：凡對於物品之形狀、構造或裝置之改良，得申請新型專利。

3. 設計：凡對於物品之形狀、花紋、色彩或其結合，透過視覺訴求之創作，得申請設計專利。

「專利權人，除專利法另有規定者外，專有排除他人未經其同意而製造、販賣、使用或爲上述目的而進口該物品之權」。因此，專利在某種程度上亦可作爲影響產業競爭的方法，但是亦不能違反公平交易法有關不當競爭之規定。

科管亮點

柯達對上寶麗來

拍立得相機是一種拍照三分鐘後馬上可以看到相片的技術，寶麗來（Polariod）在 1970 年代發展出拍立得相機，並在十年間打下美國 15% 的相機市場。柯達公司原先還只是坐立不安而已，後來開始驚慌失措了。柯達最後決定跟進拍立得相機的市場，柯達公司無視對手已經擁有拍立得相關技術專利的事實，仍然強行開發製造類似的相機，甚至心存僥倖的認爲即使發生專利侵權訴訟時，還是可以主張對手所擁有的專利是無效的。

寶麗來控告柯達違反七項專利權，於是這場專利大戰就此展開歷經長達十餘年的纏訟。專利侵害判決成立後，柯達公司除必須支付近十億美元的賠償金外，還要花費約五億美元左右的經費回收已經流入市面的侵權相機。除此之外，這項侵權同時造成十餘年寶貴的研發工作與廠房設備付諸流水，最後柯達公司總計損失約三、四十億美元的成本。

二、商標法

商標是表彰與自己營業有關的商品，以便與他人之商品相區別的標識。換句話說商標是指製造者或商人，爲表彰其商品，並與他人製造販賣商品互相區別，而採納或使用的文字、名稱、符號、圖樣或其聯合式。 根據不同需求又可發展出下列幾種方式：

1. 證明標章：凡提供知識或技術，以標章證明他人商品或服務之特性、品質、精密度或其他事項，欲專用其標章者，應申請註冊爲證明標章。証明標章之申請人，以具有證明他人商品或服務能力之法人、團體或政府機關爲限。

2. 團體標章：凡具有法人資格之公會、協會或其他團體爲表彰其組織或會籍，欲專用標章者，應申請註冊爲團體標章。

3. 團體商標：凡具有法人資格之公會、協會或其他團體，欲表彰該團體之成員所提供之商品或服務，並得藉以與他人所提供之商品或服務相區別，欲專用標章者，得申請註冊爲團體商標。

　　商標是企業的重要財富之一，如何運用商標權拓展市場、增進產品價值，是每一個企業所必須研究的重要課題。

　　🧭 圖10-3　圖為WTO組織的日內瓦總部，智慧財產權在WTO組織有很多規定

三、著作權法

　　著作權即著作人得利用其著作之權利，屬具有排他效力的絕對權，若他人不法侵害其權利，著作財產權人得請求排除其侵害，並請求損害排除。就利用其著作之權利，大體如下：重製權、公開口述權、公開播送權、公開上映權、公開演出權、公開展示權、出租權、改作成衍生著作或編輯成編輯著作之權。

　　就著作權之取得，依目前各國立法例，大體可分為：

1. 註冊主義：即創作完成後，尚須向國家主管著作權機關履行註冊手續，始能取得著作權。

2. 創作主義：即著作人依創作完成的事實，依法自動取得法律上保護。

　　我國過去曾採註冊主義，但由於缺失甚多，遂於1984年修正時改採創作主義，並規定為了證明之需要，得向主管機關申請登記。不過這種登記制度，在1998年1月21日修正公布的著作權法中已經悉數刪除。

科管亮點

盜版賺二百萬 判賠七億天價

販售盜版光碟獲利固然可觀，一旦被抓，罰款可是會重的讓人無力承受。桃園縣一名男子在網路上販售盜版光碟，桃園地院計算他盜賣軟體多達一百四十八種，刑事判他二年有期徒刑外，雖然該名男子獲利可觀，但是賠償金額更是驚人。

39 歲的男子六年前失業後，即在家中架設網站，以八千至一萬元不等代價，公開販售從大陸地區下載、已遭他人破解的軟體程式。受害者共有 Microsoft、Adobe、PTC、Autodesk 等多家公司所屬的一百四十八種軟體。該名男子販售盜軟體期間從九十一年至九十四年間，共為他賺進 2 百多萬元，直到九十四年一月十七日經刑事警察局前往住家搜索，查扣電腦設備、外接式燒錄機、各式盜版軟體程式光碟一千六百零八片。在刑事部份，桃園地院依違反著作權法判決有期徒刑二年。在民事部分，遭侵權的十家廠商提出民事求償，桃園地院審理時，法官認定他所販售的盜版軟體，均為工商業使用的特殊專業軟體，並非個人使用的軟體，犯罪時間更長達二年多，販售數量龐大的盜版軟體，屬情節重大，因此判他須賠 7 億 4 千萬元，並在經濟日報一版下半頁刊登高等法院刑事判決書一天。

資料來源：中國時報 2007/06/29，蘇守華

四、營業秘密法

依營業秘密法第二條之規定，營業秘密係指方法、技術、製程、配方、程式、設計或其他可用於生產、銷售或經營之資訊，且符合非一般涉及該類資訊之人所知者。換言之，如果大家都知道，會很容易就知道的，都不構成營業秘密。營業秘密需因其秘密性而具有實際或潛在之經濟價值者，且所有人已採取合理之保密措施者。

而侵害他人營業秘密時，依據營業秘密法之規定雖僅有民事損害賠償責任，但仍可能觸犯刑法的洩漏業務上工商秘密罪、竊盜罪、侵占罪、背信罪，或違反公平交易法等相關規定。

科管亮點

可口可樂內賊偷秘方　開價千萬賣給百事

　　美國可口可樂公司傳出飲料秘方遭竊，可口可樂的職員偷走未上市新飲料的配方和相關文件，打算以 150 多萬美元賣給對手百事可樂，不過百事不領情，這三人也因此被捕，並遭到起訴。 這三人被聯邦檢察官以涉嫌竊取商業機密起訴，三人分別是 41 歲行政助理威廉斯，30 歲的迪姆森，以及 43 歲的杜哈尼，6 日將在喬治亞州亞特蘭大市出庭。

　　根據檢察官的調查，威廉斯等人取得可口可樂新飲料的機密文件及飲料樣本，在 5 月 19 日寫信給總部位於紐約的百事可樂，信中自稱名為「德克」，是可口可樂高層，手上有「非常詳盡且機密的資料」要給百事可樂。這封信裝在可口可樂公司官方信封寄出。百事可樂收到信之後，立刻聯絡可口可樂，並附上郵件副本，可口可樂得知消息，立即向聯邦調查局（FBI）報案展開臥底調查。

　　FBI 幹員佯裝成百事可樂公司的人與「德克」聯絡，並在 6 月間在亞特蘭大機場與「德克」碰面，「德克」向臥底幹員出示一份 14 頁的可口可樂文件，上面都標示為「機密」，要百事拿 1 萬美元來換；後來，「德克」又拿出可口可樂的商業交易機密，以及可口可樂新飲料計劃和試喝樣本，索價 7 萬 5000 美元。 接著在 6 月 27 日，臥底幹員向「德克」表示，願意出價 150 萬美元買他手上其他商業機密，同一天，迪姆森和杜哈尼立刻到銀行開戶，登記的地址是杜哈尼在喬治亞州的住處。

　　調查發現，「德克」就是迪姆森，他的機密文件來源是威廉斯，而威廉斯是可口可樂總公司一名高級經理的行政助理。公司的監視器也錄到威廉斯上班時翻閱多筆文件，並把有用的資料偷偷塞進自己的包包，她還把一罐外包裝有白色標籤、裡頭裝著液體的罐子放進自己袋子裡，從外觀看類似可口可樂新飲料的樣本。 可口可樂證實，「德克」提供的資料都是極機密文件，那罐飲料也確實是該公司研發的新飲料樣本。臥底幹員與「德克」約定 7 月 5 日交易，涉案三人當天就在亞特蘭大被捕。

　　可口可樂與百事可樂在飲料市場上的競爭激烈，向來是水火不容，不過百事發言人迪瑟柯說百事要展現負責任的公司，「有時候競爭相當激烈，但是也必須是公平且合法的。我們很高興執法當局和 FBI 查出必須為此事負責的人。出了內賊的可口可樂執行長艾斯迪爾則在 5 日發給全公司人一封信說，「很不幸的，今天被捕的包括本公司一名職員，對員工的信任被打破，我們都難以接受，但是這也凸顯我們在保護商業機密上要負的責任，這些資訊是公司的命脈。」可口可樂說，將重新評估公司的保密政策和流程，確保智慧產權。

資料來源：管淑平 (2006/07/06)，ETTODAY 網站，http://www.ettoday.com。

五、積體電路電路布局保護法

為保障積體電路電路布局的利用，鼓勵積體電路電路布局之發展，特別於1995年8月11日公布此法。根據積體電路電路布局保護法之定義：「積體電路」是指將電晶體、電容器、電阻器或其他電子元件及其之間的連接線路，集積在半導體材料上或材料中，而具有電子電路功能之成品或半成品。「電路布局」是指在積體電路上之電子元件及接續此元件之導線的平面或立體設計。受保護的電路布局權，要具備原創性及非普遍性兩個要件，否則得撤銷其核准登記。而電路布局須經登記，才得主張電路布局權之保護。權利期間則自登記之申請日或首次商業利用日起算十年。

六、公平交易法

公平交易法主要是為了維護交易秩序與消費者利益，確保公平競爭，促進經濟之安定與繁榮，避免企業使用獨占、結合、聯合行為壟斷市場交易之公平性。如第十條規定獨占之事業，不得有下列行為：(1)以不公平之方法，直接或間接阻礙他事業參與競爭；(2)對商品價格或服務報酬，為不當之決定、維持或變更；(3)無正當理由，使交易相對人給予特別優惠；(4)其他濫用市場地位之行為。

七、植物種苗法

植物種苗法立法目的為實施植物種苗管理，保護新品種之權利，促進品種改良，以利農業生產，增進農民利益。依據植物種苗法之新品種規定，是指一植物群體，具有與現有品種能辨別之一個以上顯著重要特性，且其主要性狀，具有遺傳性與穩定性者，且該品種所屬的植物種還得經有關機構的認定。

10-3　智慧財產權的應用策略　★

　　智慧財產權與新經濟下企業的經營方式有密不可分的關係,特別是知識在市場上的價值往往必須經由法律的保護才能完成。例如:可口可樂的配方,是經由營業秘密的形式保護,Qualcomm在CDMA的智財權是經由專利保護,迪士尼的卡通電影是經由著作權保護。當然實務上的情況都是經由有各種智慧財產權法混合,各別保障公司不同類型的智慧財產權。以下將介紹高科技產業慣用的六種智財權策略:(1)技術標準;(2)專利授權;(3)策略聯盟(含合資企業);(4)企業併購;(5)營業秘密;(6)競業禁止。

(a)

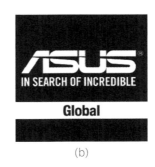

(b)

圖10-4　(a)圖為麥當勞公司的商標圖樣,(b)圖是華碩公司的商標圖樣(圖片來源:維基百科)

一、透過技術標準制訂改變競爭態勢─RDRAM 與XBOX的啟示

　　RDRAM和SDRAM的規格之戰,是1999年改變市場競爭態勢,也是威盛一舉光復市場的重要戰役。英特爾自從1995年進入市場,以大獲全勝的姿態主導晶片組市場,卻因1999年力推RDRAM記憶體規格,而失掉半片江山。另外,在遊戲機產業中,主要有微軟的Xbox、新力(Sony)的PS2、任天堂(Nintendo)的GameCube三大主流,但由於GameCube鎖定15歲以下青少年及兒童市場,規模相對較小,因此,市場主要競爭的焦點,集中在鎖定成人玩家的PS2及Xbox。後起之秀微軟公司的Xbox,編列了5億美金的預算,光是在北美市場推出的第一週即大賣了15萬套。在2002年5月一口氣從299美金降到199美金(市場預估其成本在270美元),其目的也是在透過新的技術標準制訂,徹底改變日本廠商獨佔已久的遊戲市場,並為2006年全球遊戲市場將達860億美元鋪路。事實上微軟先流血進入市場只是為了往後的高額授權金收入做準備。

科管亮點

小蝦米吃大鯨魚的威盛電子

　　RDRAM 和 SDRAM 的規格之戰導因於 1999 年英特爾所力推 Pentium 3 處理器所搭配的 Rambus 規格，原本是市場所看好的產品，但是 Rambus 記憶體不僅存在高昂的專利授權金，也必須使相關的記憶體生產廠商與主機板製造廠商進行許多調整，轉換成本昂貴，但是提昇的效益有限。威盛認為低價電腦盛行，高單價卻沒有大幅提昇整體效能的 Rambus 並非市場的需求，因此提出在 PC100 的基礎上，制訂 PC133 規格，這樣的成本只需要 Rambus 的 1/3。

　　1999 年 3 月，威盛以每股 120 元的價格掛牌上市，取得大量資金。同年 4 月，威盛夥同全球 DRAM 大廠－美光（Micron）、恩益禧（NEC）、富士通（Fujitsu）、三星（Samsung）、現代金星（LG）等召開了一場「全球 PC133 SDRAM」武林大會，同聲討伐英特爾力推的 Rambus DRAM 架構。這種將產品加值但不加價的策略，促使威盛在 2000 年躋身臺灣第 1 大、全球第 4 大的晶片設計公司。

　　此舉也讓英特爾力拱 Rambus 卻沒有成為主流而受傷不輕，英特爾每年要付給 Rambus 公司 1000 萬美元的專利權利金。又因為廠商對 Rambus 沒有興趣，讓威盛推出的 PC133 晶片大獲全勝，在 1999 年由 20% 的市場占有率一下上升到了 40% 以上，2000 年第 4 季到達 50%，同時由於英特爾錯估低價電腦發展趨勢，2001 年業績衰退 21%，讓主要對手超微（AMD）趁機坐大，同年創下超微有史以來最高的 23% 市占率。

資料來源：李沿儒、陳怡之 (2002)。

二、透過專利授權影響產業競爭

　　「專利權人，除專利法另有規定者外，專有排除他人未經其同意而製造、販賣、使用或為上述目的而進口該物品之權」。因此，專利在某種程度上亦可作為影響產業競爭的方法。

　　英特爾從1980年代開始一直將重心放在微處理器事業上，自從宣布大軍進入晶片組設計，許多廠商受制於專利授權問題，始終敢怒不敢言。過去英特爾的核心事業在微處理器，因此臺灣所提供的晶片組極具價格與效能競爭力，不僅幫助英特爾成功開拓市場，本身亦獲利不少。英特爾過去的專利布局主要是針對微處理器競爭對手，不僅成功阻止臺灣聯電486微處理器進入市場，另外對紅極一時的Cyrix也引起一定程度的影響。

在1990年代戰火逐漸延伸到晶片組市場。原本在1994年以前，全球晶片組廠商包括美商偉矽（VLSI）、歐帝（OPTI）以及臺灣威盛、矽統、揚智與聯電六家，佔有市場83%。1995年英特爾加入戰場後，大肆殺伐，到了1997年，英特爾已經拿下7成的佔有率，美國廠商陸續棄守。1999年由於英特爾錯估市場發展，使得威盛主導的PC133規格大獲全勝，在1999年英特爾除了對威盛提出訴訟，也收回專利授權協議，但儘管如此，威盛在2000年還是拿下超過40%的市場。

2001年在專利授權和解內容中，威盛和解所付出的授權金約為同業的一半。一般認為英特爾要求支付的權利金低得令人「訝異」，顯然英特爾此舉除了蘊含更深刻的市場策略考量外，威盛的確也在侵權訴訟的過程中，致力於合法授權的取得[1]。市場面的解讀為：英特爾擔心因為本身815晶片組供貨情形不佳，進而影響到微處理器的市場銷售量，讓對手超微（AMD）趁機坐大；從法律面的解讀為：威盛在和解前透過種種管道取得適當的權利，在法律上並沒有構成故意侵犯[2]。

另外從威盛和英特爾競爭的過程，可以看出英特爾除了連續性地改善產品頻率和製程良率外，並以其18個月的微處理產品週期，在交替前所進行的技術布局形成競爭者進入的屏障。原本英特爾和超微在Pentium時期同屬Socket 7，但是英特爾在Pentium 2、Pentium 3、Pentium 4新產品推出後便不斷提出新的匯流排或記憶體規格藉以擺脫競爭者的追趕，並藉由產品的提前上市來進行卡位。因此，在研發的演變上同時存在連續性和不連續性的技術布局策略。

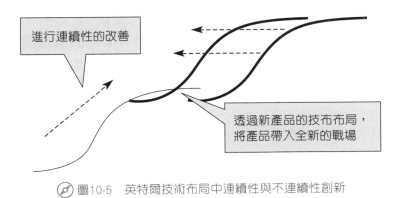

進行連續性的改善

透過新產品的技布布局，將產品帶入全新的戰場

圖10-5　英特爾技術布局中連續性與不連續性創新

註[1] 英美法上的損害賠償包含實質損害賠償（Compensatory Damages）和懲罰性損害賠償（Punitive Damage），後者的判定因素之一為被告行為的可責性，和行為持續時間的長短（吳佳倩、陳榮林、劉尚志，2000）。唯實務上並不常見，多半是採取所謂的三倍賠償。
註[2] 根據我國民法第一百八十四條規定，參考民事訴訟法第兩百七十七條規定，主張權利受侵害之人必須舉證其侵權之事實，負有舉證之責任。

科管亮點

英特爾的競合策略

2001 年，威盛因為未取得 P4 專利授權，所以為避免下游廠商在英特爾的影響下拒絕採購威盛設計的晶片組，便對下游廠商簽具保證書：未來這些廠商若因採用其晶片組，導致英特爾提起專利訴訟，所生之損害，均由威盛負擔。儘管如此，一般廠商仍然不敢生產。威盛自此，已經喪失先驅者的龐大超額利潤。而根據 IDC 在 2002 年第二季的調查證實，威盛的市場佔有率已經下滑至 22%。

另一方面，英特爾在 2002 年 4 月份推出的 845 晶片組報價低於 30 美元，同時期卻要求威盛和矽統支付 6 美元以上的權利金。據市場估計，臺灣高度分工的半導體產業，生產成本只要英特爾的一半；顯然英特爾透過授權的獲利並不比自行生產差，也代表高科技企業不只是短期利潤極大化，更重視技術和企業策略的配合。NVIDIA 目前進軍高階整合晶片組，在 2002 年尚未取得英特爾授權前也只能針對 AMD 微處理器供貨。而 ATI 獲得授權後，則將市場主力放在筆記型電腦。姑且不論英特爾授權 ATI 時，是否考慮到其產品和本身衝突，整體上看來，英特爾已經有別於 Pentium 3 時代的疏於防範，正透過更積極的專利布局防禦和進攻策略，以新的專利授權成功地取得 Pentium 4 市場的主導權。

2002 年底矽統與聯電在耶誕節前夕宣布雙方就專利權侵權訴訟達成和解，雙方並進行智慧財產權的相互授權，以達到互助互惠的目標。市場傳聞英特爾在矽統受惠於策略聯盟後，晶圓廠產能利用率和良率可望上升的情況下，英特爾為有效打擊競爭者 (矽統)，市場在 2003 年 3 月開始傳出亦可能重新對威盛進行授權。此舉顯示，高科技產業的競爭與合作關係微妙，今日的敵人亦可能成為明日的戰友。事實證明也是如此，2003 年 4 月 8 日威盛電子宣布與英特爾就一系列晶片組與處理器訴訟案，達成正式的和解協議。此項和解協議涵蓋雙方於 5 個國家所分別提起的 11 件訴訟案，共涉及 27 項專利爭議。雙方現有的產品線，簽署為期 10 年的交互授權協定。

整個授權包含了兩個主要部分，第一：英特爾與威盛簽署了一項為期 4 年的晶片組授權協定，同意威盛可設計並銷售與英特爾處理器相容的晶片組產品，並且不會在第 5 年主張其晶片組的專利權。協議中載明，威盛部分產品將會向英特爾支付權利金，不過以上之協議內容，將不適用於威盛持有部分股權的 S3 Graphics。第二：英特爾授權威盛銷售與英特爾處理器的腳位 / 匯流排不相容的 X86 指令集處理器產品，並同意在 3 年的期間內，不對威盛腳位 / 匯流排相容的處理器產品主張專利權。當然，在另一方面，威盛也撤回在 2001 年 9 月提出英特爾處理器產品侵犯威盛於併購 IDTCentuar 部門時所取得的其中三項專利訴訟。

部分資料來源：李沿儒、陳怡之 (2004)。

三、透過合資企業尋求交互授權

　　威盛對於與英特爾的正面交手似乎事先早已積極準備。1999年11月威盛宣布與美商旭上（S3）相互投資彼此股權，並合資設立新公司，由於旭上過去已與英特爾簽署長期的專利相互授權，所以新公司是以美商旭上（S3）持有51%股權，名義上成為美商旭上的子公司，但威盛則會在董事會中佔有較多的席次以取得主導權，並以新公司推出整合型晶片，嘗試避開專利問題。

　　雖然這件案件至今仍有爭議，在2000年7月和解時並未清楚指出案件協商的脈絡，尤其和解內容雖然大幅降低授權金，但對於新公司是否適用旭上所提供的專利傘保護，並未說明。其中令人質疑的重點在於，授權合約多半會清楚規範是否能進行再授權和授權的產品範圍，也是所謂產品的終端型態（例如：限於整合繪圖功能的晶片組）、專利應用的方式（例如：僅限於自行設計的產品，不得從事代工行為）等進行規範。

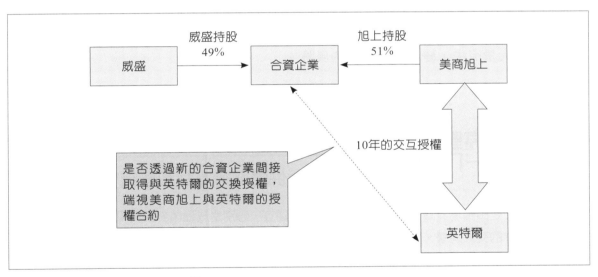

圖10-6　透過衍生公司提供交互授權圖

四、透過企業購併取得專利權

　　透過購併所取得的專利權，在法律上的轉讓權利是毫無質疑的。如威盛透過加強智慧財產權的布局，企圖擺脫英特爾主導或壟斷市場競爭的狀態。

1999年8月，為了從英特爾侵權訴訟中解套，避免晶片組面臨斷貨的危機，資本額只有20億臺幣（以1998年第四季公布之財報為20億元，2001年第四季財報為準，約為95億元）的威盛宣布斥資1.67億美金買下虧損中的美國國家半導體微處理器部門（在CPU中排行第三的Cyrix），取得晶片組出貨的授權。

1999年9月，威盛再買下排行第四的IDT，並全數取得。 IDT所發展的WinChip微處理器相關專利權，以及該公司位於德州的X86微處理器技術團隊。並與該公司進行交互授權，延續和擴大合作關係。

威盛完成購併Cyrix和IDT後，全力準備發展後PC時代的各類產品－如資訊家電（Information Appliances, IA）、電視上網用的視訊轉換器（Set-Top Box）裡的CPU。此一連續的技術購併舉動，可為威盛取得快速而完整的專利傘保護，使得威盛能夠在市場快速成長時，降低被訴的風險。

另外，值得注意的是威盛在購併活動中，接收Cyrix之前，已經先遣散168名員工，並與留下的160名員工進行協商。購併過程中，主導購併的公司通常不會希望看到購併行為完成後，被購併的公司經營團隊已經四分五裂甚至潰不成軍。如此一來可以避免購併後，人才大量流失，變成買下空殼的風險。

科管亮點

PCTEL 經由技術併購取得專利和解機會

PCTEL 是由闖蕩美國矽谷的三位交大校友所建立，分別是成建中、葉漢章、許文良等三個1977 年畢業的交大同學。而其主要的產品 PCTEL 便是一套軟性數據機（soft modem），主要是看好消費者買電腦時，不必額外買一部數據機，只需由安裝在微處理器記憶體裡的軟體，來取代數據機的撥號上網功能。於是三人決定切入這塊利基市場。軟性數據機的運作，完全依賴微處理器。1994 年，軟性數據機要消耗微處理器的近半效能，占據記憶體太多空間，因此成建中等人，只好寄望英特爾的摩爾定律（Moore's Law）行的通。1994 年公司設立時，第一輪資金是 42 萬美元；1995 年，普訊創投挹注 300 萬美元資金，PCTEL 於當年底即推出第一項產品。1996 年，PCTEL 全年營收 1600 萬美元，純益就達 500 萬美元；1997 年，營收更成長到2400 萬美元，並預計在 1998 年上市。

此時也正在設計軟性數據機產品的摩托羅拉，立刻提出控告，認為 PCTEL 侵犯 7 項摩托羅拉的專利，向法院提出追究專利授權費、侵權等賠償訴訟。成建中說，PCTEL 的產品全是自行研發，不管有沒有申請專利，競爭對手一樣會打擊的。面對變局，創業三人組開始苦思對策。終於，機會來臨。

在 1998 年，數據機領域著名的 General DataCom，有意出售旗下的通訊部門，這個部門正擁有數據機軟體專利，可供 PCTEL 與其它廠商互相授權交換使用。於是，同年的 12 月底，PCTEL 以 1700 萬美元買下 General DataCom 的通訊部門，並擁有了二十項專利。擁有專利，等於有了談判籌碼。這時，就剩下與摩托羅拉交涉的合適人選。

1999 年 8 月，PCTEL 付給了獵人頭公司約 6 萬美元代價，請了新總經理兼營運長 Bill Roach，另外也邀來曾擔任摩托羅拉副總裁的 Marty Singer，擔任董事會成員。如此一來，透過新董事的牽線，雙方便同意進行專利的交互授權。專利訴訟獲得和解後 2 個月，同年 10 月，每股 17 美元公開發行的 PCTEL，順利募得 8,000 萬美元資金。

從個案中我們可以了解到，要解除專利訴訟的威脅，具有相當程度的專利保護是必要的。而透過併購快速取得專利保護，也是高科技廠商慣用的手法之一。

資料來源：商業週刊 667 期，林亞偉

五、營業秘密與專利權的組合運用

雖然一般看起來，營業秘密的保護與專利權的申請是相互排斥的，申請專利必須公開專利內容來促進社會大眾的福利，而營業秘密保護是指公司透過一定的保護制度來確認其有關公司運作的方法、技術、製程等資訊。專利權的申請也等於是營業秘密的放棄，不過在實務上，二者未必一定是相斥的。

例如：某項技術、方法是由A和B所組成，某公司可以就營業秘密的A部分申請專利，並將B技術密而不宣，因此，公司得享有專利阻隔與營業秘密之保護。在威盛的個案中，我們也可以看到另一種方式之運用。威盛認為其擁有合法有效之專利權，因此威盛成立平臺方案產品事業部（VPSD），以威盛名義進行主機板生產，主機板廠在法律上成為代工廠，而主機板代工廠商名單成為最高的營業秘密之後，則可以降低主機板廠商被訴的風險。

六、競業禁止與惡意挖角

威盛和泰鼎兩家公司從簽訂備忘錄（1998年6月）合作一年，泰鼎即興訟控告威盛（1999年7月）。兩方在未正式簽約前就進行合作原本是很正常事情，但是，泰鼎卻認為威盛並沒有對等地提供泰鼎相關的晶片組技術。

事實上，兩家公司對於彼此在市場上的權利義務有不同的認知，也容易造成後續執行時諸多爭議。訴訟發生的原因在於當初兩家公司協議各擁市場，在合作開發出新產品之後，威盛專注於桌上型電腦市場，而泰鼎則是致力於筆記型電腦市場。但是威盛卻仍然推出MVP4-N晶片組，不僅低價向筆記型電腦市場挺進，更挖走新竹分公司二十五位員工。在2000年4月，威盛支付泰鼎1,020萬美元，取得泰鼎桌上型電腦軟體驅動程式授權，泰鼎也同意放棄對在美國和臺灣兩地對威盛的訴訟。

2001年泰鼎又再度控告威盛使用機密資訊對泰鼎微系統公司的工程師進行挖角，並打算利用其商業機密取得競爭優勢。雖然這件案件並未終結，但是因為高科技企業挖角所牽涉到商業秘密以及競業禁止問題則已經逐漸浮上臺面。

國內法律目前對於競業禁止與營業秘密的考量主要有：是否違背善良風俗、契約自由原則、憲法保障之工作權，以及是否透過賠償來衡平等（李旦，2000）。有關營業秘密之判例，參考智慧財產局網站，以下案例為競業禁止之爭議：

1. 競業禁止若約定顯屬過甚，與公共秩序、善良風俗有違，依民法第七十二條規定，應認為無效（臺灣高等法院80年度上字第203號民事判決）。

2. 於離職後一定期間內禁止競業行為，其禁止範圍如非過當，依契約自由原則，應屬有效（最高法院81年度臺上字第1899號民事判決）。

3. 競業禁止之約定，附有二年間不得從事工作種類上之限制，既出於員工之同意，與憲法保障人民工作權之精神並不違背（最高法院75年度臺上字第2446號民事判決）。

雖然威盛認為人才的流動屬於自然現象，但泰鼎顯然認為威盛以不公平的競爭手法，惡意挖走人才，並取得商業秘密，所以在2000年和解後再度興訟。從這個案例與相關討論中可以看出科技人才對於產品的開發往往具有關鍵性的價值，因此，在法律對於競業禁止仍有爭議之前，透過讓新進員工簽署競業禁止和保密條款，仍然是主張其權利應有的作為。

10-4 智慧財產權與新經濟企業之經營 ★

　　經過以上各節之討論與個案之輔佐，不難發現智慧財產權已經由過去被動的防禦角色變成企業積極的策略工具。基本上，我們可以了解到智財權已經成為高科技廠商制訂策略的重要工具，其次，技術布局也成為廠商生存的必要條件，最後，智財權還可以進一步成為市場營銷的工具。以下，我們簡單回顧一下以上各節所討論的內容。

一、智財權的保護期限

　　採取不同的智慧財產權法來保護創作，有不同的保護期限。例如：發明專利是自申請日起算20年，雖然可以排除他人使用、製造、銷售、進口的權利，但是必須公開揭露技術的內容。由於專利要求申請人必須公開揭露技術內容，以換取法律上賦予的排它權，因此，並非所有的技術創作都申請專利。營業秘密，在這種情形下，成為申請人的另一種技術保護方式。營業秘密的保護期限是沒有期限的，只要擁有人持續妥善的加以保護，如可口可樂的配方，就是一個很好的例子。

　　此外，以專利和營業秘密來加以比較，這兩者的構成要件也有所不同。專利構成的要件為新穎性、進步性和產業利用性，它強調所欲申請的專利應該具備有新穎的創作，在技術的功效上確實有比前技術來的更好，而且產業界真的可以加以實施。營業秘密構成的要件則是非一般人所知、具有實際或潛在價值、所有人已經採取合理的保護措施。因此，兩者不僅在保護的內容和期限上不同，連構成要件也有所不同。

二、智財權與企業策略制訂

　　傳統企業經營策略的思考邏輯大多圍繞在「如何擊垮競爭對手」，因此有所謂的「標竿」策略。然而，進入知識經濟時代，競爭不再是唯一的策略邏輯，透過合作的方式是共創更大的「市場」是必要手段。事實上，有愈來愈多的公司能夠體認以策略性合作的伙伴關係，更能有效管理並提升企業核心能力。

　　從威盛電子以小蝦米對抗大鯨魚的過程中，身陷與英特爾的專利侵害泥沼，相信讀者更能體認到專利在製造權、販售權、進口權和使用權上所能伸張的強大威力。威盛電子不僅不斷從事購併與擴大技術合作範圍，其策略著眼之處都是智慧財產權的布局。

　　例如：威盛電子與美商泰鼎不盡愉快的合作（1999年）、威盛電子與旭上的合資（1999年、2000年）是著眼於取得繪圖晶片的設計能力和其與英特爾之間的交互授權，

以促使其順利跨入整合型晶片的第一步。威盛電子購併美國半導體微處理部門Cyrix和IDT微處理公司，取得世界排行第三和第四的微處理器公司，不僅順利取得在微處理器領域的重要專利，也和美國半導體進行交互授權。威盛認為不在此時（1999年）取得微處理器技術，兩年後英特爾一旦完成微處理、繪圖和系統晶片三合一的整合型晶片時，威盛就完全失去競爭地位。

智慧財產權在過去被公司視為研發工作的保護機制，屬於功能層級的議題。然而隨著技術全球化的結果，已經成為公司制訂策略，發展產品的重要因素。此外，對於近年來世界各國專利數量快速增加的情況，元智大學管理所陳怡之教授（2001）認為這是由於企業策略思維的改變：國際上的龍頭廠商在發展企業策略時，事實上已經結合其智慧資產與智慧財產權的觀念與做法。交通大學科法所劉尚志教授（2001）也認為專利原本屬於法律和科技的課題，但是在知識產業競爭的環境下，目前已經改變企業競爭的型態，成為企業經營策略的重心之一。

三、智財權與技術策略（技術布局）

技術布局的內容其實相當廣泛，其中最有力的作法是，透過產業標準的制訂與使用專利所具有的排他性權利來進行布局。不可諱言，產業的龍頭大多涉入標準的制訂，不僅在半導體廠商如此，在光電、通訊產業、甚至生化科技亦是。而威盛便是透過產業標準的制訂，成為產業標準下的大贏家。1999年，Rambus與SDRAM規格之爭，牽動了微處理廠商與晶片廠商的競爭態勢，使得威盛由1998年不到10%的市佔率規模，連續幾年躍升到2001年將近50%的市佔率。

智慧財產權是高科技產業發展的重要工具，然而許多的高科技企業卻未能善用這些工具和制訂適當的技術策略。在許多已有的技術策略中，的確可以發現產品標準扮演極為重要的角色，如CDMA、DVD等。許多研究也指出相同的結論，例如Bekkers等人（2002）即清楚說明了GSM發展時，產品標準攸關著專利權的市場價值。Gruber（2000）的研究也指出半導體產業的領導地位，不只來自於學習曲線，亦來自產品標準。

四、智財權與市場營銷

專利訴訟之所以能夠成為市場營銷的主要手段，主要是藉由權利之主張，實行專利的製造、販賣和使用權。依據我國專利法第八十八條規定，「發明專利權侵害時，專利權人得請求賠償損害，並得請求排除其侵害，有侵害之虞者，得請求防止之。」因此，

在專利侵害發生後或在專利權尚未受侵害時，專利權人當然得請求其停止侵害行為，依據專利法第九十條和民事訴訟法第五百二十二條之規定聲請假處分。如此一來，不僅具有保全證據的效果，同時具有使被告在商業競爭中立即居於劣勢。在美國對智慧財產權侵害最有力的法律武器為關稅法第三三七條款，該條款針對不公平競爭方法或行為採取海關擋關程序，讓侵權產品無法進入美國境內銷售。

因此，我們可以看到威盛電子和美商英特爾的官司纏訟過程中，威盛電子由一度到達全球市場佔有率近50%下滑到2002年的15%，儘管威盛電子在最後和英特爾和解，獲得平等的對待，但是專利訴訟對市場營銷之影響不可謂之不大。

科管亮點

要順利一圓「留學夢」，宜如何進行流程管理呢？

每位親愛的年輕朋友，常常會有計畫到國內外學習機會，尤其到國外學習，一般都會尋找可靠的留學代辦機構來協助，依據代辦留學專家之建言，可以有下列流程管理，宜特別給留學的新朋友參考、注意及應用。依劍橋教育顧問公司之建議，特別介紹如下：

1. 確認合法性：代辦的公司是否為臺灣留學公會會員，以確保自身擁有申訴的官方管道。如劍橋教育不但是臺灣留學會員，更擁有英國官方認證。

2. 收費標準務必具體，以防日後無故加收費用：以劍橋教育會為例，初次諮詢時，會提供表單、羅列服務流管、項目與報價，讓年輕朋友自行搭配，明確了解可用資源及自己的權益。

3. 了解服務期程：大多留學代辦只服務到「成功錄取」或「完成申請程序」。劍橋教育可提供客製化服務留學顧問服務，臺辦前期的規劃、選校、文件優化、簽證處理、語言學校申請、海外人脈連結等，更提供全方位追蹤服務。

4. 感受專業度：各位年輕朋友可先至官網了解服務流程並預約諮詢，表達留學目標及需求，確認其服務流程，透過與留學諮詢顧問的互動回答，感受專業度。

資料來源：經濟日報 2019.7.15，C8 版（企業新知），劉韋伶撰

學 習 心 得

1

智慧財產權可讓企業增加企業之競爭力及帶來潛在的權利金收入。

2

我國保護智財權的法律有：專利法、商標法、著作權法、營業秘密法、積體電路電路布局保護法、植物品種及種苗法、公平交易法。

4

商標是表彰與自己營業有關的商品，以便與他人的商品相區別的標識。商標法又分為證明標章，團體標章，團體商標等。

3

專利是指政府對於發明或發現新穎而實用的方法，其專利分為發明、新型及設計案三種類。

❺

著作權即著作人得利用其著作之權利，具有排他效力的絕對權，對於他人不法侵害，可請求損害及排除。

❻

營業秘密係指方法、技術、製程、配方、程式、設計或其他可用於生產、銷售或經營之資訊，且符合非一般涉及該類資訊之人所知者。

❽

公平交易法是為維護交易秩序與消費者利益，確保公平競爭，避免企業使用獨占、結合、聯合行為壟斷市場之公平性。

❼

電路布局是指在積體電路上之電子文件及接續此文件之導線的平面。

藍色LED專利發明人　請求兩百億賠償

　　中村修二教授過去任職於日本日亞化學公司期間，所發明的藍色發光二極體（LED）為日亞化學獲利無數，但僅得到二萬日圓作為專利報酬。因此，中村於2000年依日本特許法（即日本專利法）起訴請求日亞化學歸還該專利權，或由中村與日亞化學共享該專利權。請求歸還專利的訴訟雖經遭到敗訴判決，法院判定該專利權仍屬日亞化學所有，中村也無權共享該專利，但當時承審法官建議中村，改起訴請求日亞化學就專利所獲利益給予相當報酬，中村隨後於2001年向日本東京地方法院起訴，要求日亞化學給予二百億日圓做為專利報酬。

　　最後法院判決中村勝訴，判決理由認為中村對專利貢獻度為50%，而日亞化學因該專利所獲利益約當一千二百億日圓，　應給予中村一半，亦即六百億日圓的專利報酬。但因中村僅請求二百億日圓，故判決日亞化學應給付中村全部請求金額，也就是二百億日圓（約當六十三億新臺幣）。經過協商，最後雙方以八億四千四百萬日圓和解（約合新臺幣兩億五千八百萬元）。

活動與討論

1. 請介紹LED專利發明人，其專利受到賠償之故事。

2. 由上述專利的法律問題，若你是公司的版權部或專利經理人，你會如何維護公司之利益？

 問題與討題

1. 在何種情形下，員工會侵犯到公司的營業秘密？而公司與員工又應該如何各自保障自身之權利？
2. 專利權已經成為新經濟企業競爭的重要工具，試舉出其他例子說明專利權對企業經營的影響。
3. 寶可夢現象引起許多人開始製作尋寶地圖，請說明這些舉動可能會觸犯到那些智慧財產權？

參考文獻

1. 行政院公平交易委員會，http://www.ftc.gov.tw/。
2. 冷耀世（2006），專利實務論，全華圖書。
3. 陳怡之、李沿儒（2004），威盛對新經濟企業經營的啟示－智慧財產權之個案研究，產業 管理學報，第五卷，第二期。
4. 陳國慈（2001），科技企業與智慧財產，清華大學。
5. 經濟部智慧財產局，http://www.tipo.gov.tw/。
6. 廖和信（2003），專利就是科技競爭力，天下文化。
7. 魯明德（2006），解析專利資訊，全華圖書。

NOTE

CHAPTER

11

技術移轉策略規劃

Technology Management

學習指引

1. 了解技術移轉之意涵。

2. 認識技術移轉之策略意涵。

3. 了解技術授權之意義。

4. 認識技術投資組合之管理步驟。

5. 認識技術價值之評估方法。

6. 了解技術價值的意涵。

7. 認識技術移轉之成功關鍵因素。

科管最前線

透過企業併購，啟動了「敵手變牽手」

　　今日國際情勢，瞬息萬變，國際競爭激烈，世界各國市場萎縮，各產業領域大廠為求生存，紛紛採取「敵手變牽手」策略，化敵為友，共享雙方內部資源。根據2016年11月海外金融時報統計，過去10個月以來，全球共有近2,000件企業併購、成立合資公司和資金合作案。就以日本為例：在2016年10月31日日本郵船、商船三井及川崎汽船貨櫃事業等合併案。

　　同時Panasonic和大金工業在空調事業結盟，以符合嚴格環境標準；又如：日本本田和山葉在電動機車上的合作更是引人注目。依據產業分析師的解析，這些企業併購，啟動了「敵手變牽手」之策略，是為「防衛及生存」。從上述資料，我們在學習科技管理，創造價值的過程中，企業的併購手段，是一種現代企業的座右銘，也是維繫企業互補、互利及創新的重要策略。

資料來源：經濟日報2016/11/05，A9版，易起宇撰

活動與討論

1. 請上網針對「併購」與「合作求生」之策略，查閱有何進一步之資料，來討論對企業變革之影響。
2. 依據本個案之說明，在2016年全球有超過2,000件之企業併購案，其主要核心理念為何？對產業之影響有哪些呢？可以日本企業之併購理由來剖析之。

　　邁入21世紀，各行各業正面臨空前的挑戰。由於科技不斷創新，產品生命週期不斷縮短，競爭的壓力無所不在。目前企業界正熱切探討所謂的「3C」問題：顧客（Customer）、競爭（Competition）及變革（Change）三者，為企業追求現代化所需面臨的主要課題。如果深入探討，根本所在，實乃科技快速發展，對經濟及社會產生重大衝擊並引發企業環境快速變遷所致。其次，過去三、四十年來，臺灣所累積、創造之所謂「經濟奇蹟」的成功經驗，由於近年來國內外產業經營環境丕變，某些關鍵成功要素已逐漸喪失優勢，致使我國廠商在國際間的競爭力不若以往，許多臺商乃湧至大陸及東南亞投資設廠。顯然現在國內的經濟，「產業空洞化」似已成為一大威脅。為克服此一危機，我國廠商實需加速進行「產業升級」的努力；而產業升級主要策略之一，乃在技術的升級。

　　技術創新研究方面，根據學者估計，技術促進美國經濟成長的主因（直接貢獻約為30%，間接透過其他生產因素的正面效應則有40%～50%之譜），從其研究所透露出的訊息顯示，技術創新是未來經濟成長的主要策略。技術創新可提升生產力並加速經濟成長，而技術進步與產業升級的途徑不外乎自行研發和技術移轉兩大類。

　　在自行研發和技術移轉兩種主要方法中，保持科技領先不必然只依靠自行研發；但先進技術之創新或革新，則如學習理論所言，是過去的經驗與知識之累積。如考慮採行自己研發，除需龐大的研發經費投資與漫長的研發時間，尚要承擔較多不確定的風險與日益縮短的技術生命週期之壓力。反之，如採行技術移轉，不但有機會可迅速趕上先進國家的科技，獲取所需的技術需負擔的成本與風險亦可能相對較少。簡言之，技術移轉提供了廠商除自行研發之外另一良好選擇（陳怡之，1994）。

圖11-1　工業區的公司很多皆為ODM或OEM類型的科技公司

11-1 技術移轉之動機與策略意涵

一、技術移轉動機

技術移轉的基本對象可分為技術提供者和技術接受者。兩者考量技術移轉之動機有所不同，例如：技術提供者主要考量活化其技術的經濟效益，而技術接受者的主要考量則是如何將技術轉換成商業利益，如表11-1所示。因此，在國內歷年來的科技專案研究成果皆有一普遍的現象，當技術越接近商品化階段，技術移轉的機會就越高。

行政院科技部定義技術移轉為「技術由某個經濟單位被另一個經濟單位所擁有的過程或行為。」陳怡之（1993）指出，所謂技術移轉乃是指技術由產出單位移至使用單位，使技術發揮效益，提升企業或團體的競爭力。此外，更進一步的指出有效的技術移轉，可以承接他人累積之經驗與知識，兼有節省研發經費、縮短研發時間、有效降低市場不確定性…等優點。實務上的研究發現，廠商以外部方式取得技術的原因包含：降低產品製程開發的風險、增加進入市場的速度、節省組織內部技術開發所需的資源與時間、迅速取得先進的「Know-How」、提升內部技術能力、採用工業產品標準以方便顧客、充分運用現有行銷資源。

表11-1　技術移轉動機

對技術接受者而言	對技術提供者而言
1. 節省組織研發經費 2. 縮短研發時間 3. 承接他人累積之經驗與知識 4. 提高技術水準，增加生產力 5. 提高進入新市場、多角化的成功率 6. 降低市場風險，提升市場接受度	1. 回收研發成本 2. 獲得技術剩餘價值 3. 控制目前已有或相關市場 4. 擴大技術之市場佔有率

由此可知，技術移轉牽涉到技術提供者、技術接受者兩方的移轉行為，而這種移轉可以為雙方帶來成本上、競爭上、時效上、風險上、策略上的優勢。

二、技術移轉之策略意涵

了解技術移轉動機後，我們針對技術移轉時的策略涵義作一個探討，詳列於表11-2中。因為技術提供者的策略思維，和其技術作價的思維、作法、制度擁有強而緊密的

結合。一般來說，企業直接購買取得生產技術，優點為快速取得技術，並應用於商業活動、風險較低。而缺點為進一步的延伸或發展較為困難，技術來源受限於人無法自立。

根據陳怡之（1993）利用戰略、戰術、作業三大層面，整理出技術提供者、被授權者的策略意涵。

表11-2　技術移轉之策略意涵整理		
策略層面	授權者而言	被授權者而言
戰略層面	消彌潛在競爭者、擴大企業影響力、克服區域障礙、增加上下游廠商移轉成本、提升衛星工廠品質、擴大產品規模市場、提升企業形象、建立良好的互惠關係、退出市場	策略性反應競爭者的行動、壟斷具潛力的技術、降低風險、多角化經營、取得先機進入新市場、因應法令所帶來的機會威脅、提升企業內部技術、引進管理上的Know-How、政府獎勵
戰術層面	充分利用法律對專利開發的時限、資產的充分利用、財務上的幫助、技術生命已到衰退期、非核心技術移轉不受威脅、OEM/ODM需求、降低研發成本	人才取得培養、企業商戰程序合理化、改良戰術層次的Know-How、改進各企業功能的績效、降低R&D成本、ODM/OEM之需求
作業層面	老舊的設備，藉由技術移轉加以淘汰，已不具競爭力的生產設備，藉由技術移轉充分利用；協力廠商作業技術不足，藉由技術移轉提升之	生產程序合理化、作業流程合理化、機器設備的引進與更新

ODM（Original Design Manufacturer）原廠委託設計製造商，指由採購方委託製造方，由製造方從設計到生產一手包辦，而由採購方負責銷售的生產方式，採購方通常會授權其品牌，允許製造方生產貼有該品牌的產品。

OEM（Original Equipment Manufacturer）原廠委託製造商，意指代工生產，是現在各大廠採取的系統整合方式，以OEM生產方式可以節省公司規模和某些管理銷售費用。

資料來源：修改自陳怡之（1993）。

(一) 戰略層面

簡單的來說，在授權者的戰略層面上，有如美商英特爾（Intel）善用技術移轉的策略，在市場賽局中，不斷扶植次要敵人打擊主要敵人，如此一來可以消彌潛在競爭者、擴大企業影響力。被授權人可以透過技術的快速取得進入市場，獲得較高的利潤，並可藉由技術移轉的機會取得先進國家或先進公司之研發經驗，如鴻海企業就堅持要做就做最好的，因此不惜成本只和第一名的客戶合作。

(二) 戰術層面

多數企業的技術並未充分利用，但是技術有其一定的生命週期，在法律上也是如此。對於技術擁有者來說，在消極面上技術移轉可以幫助研發成本的回收；積極面來

看，技術移轉可以透過ODM、OEM活化技術的價值。對於技術被授權者而言，可以利用後企業所具有的勞動力、土地等國家資源優勢因素取得ODM、OEM的機會，降低R&D成本，並藉由人才的培養促進企業的成長。

(三) 作業層面

先進國家或公司的成熟或衰退技術可轉往後進國家創造更多價值。如臺灣過去承接日本設備，而今日的設備多轉往中國大陸或東南亞國家。而技術領先的國家或公司，則持續引進新設備和技術。換言之，技術生命週期可望藉由不同地區之技術移轉獲得新的循環。

三、技術授權概說

技術移轉的內容包含了有形設備及無形資產兩個部分。設備的移轉較為單純，但是無形資產的移轉有許多種方式，其中，技術授權是最常見的一種。陳怡之（1994）認為技術授權應視為一種租賃關係，而權利金或報酬支付，乃是租用該技術與相關知識使用權租金，並更詳盡的將技術授權解釋為「一方將專利的實施權、著作權或商標的使用權交給對方。根據契約的內容彼此分享權力、分擔義務」。更進一步的來說，技術授權中，授權者將本身所擁有的智慧財產權，透過契約簽訂，授予技術接受者（被授權者）使用的權利，而授權者可向被授權者收取權利金及相關費用。

技術授權者將專利或技術的實施權藉由契約簽訂的形式，移轉給有需要的廠商。而依據償付方式的不同，分成以下幾種：定額償付、權利金、交互授權、技術股。而其中以營運權利金是最常見的權利金償付方式，例如：固定收取一定比例之銷售金額。從專利權、對象、與方式來劃分技術授權分類，可以有下列方式：

1. 技術授權種類若以專利權為依據，可分為專利授權、非專利授權兩種。
2. 若以授權數量之數目為準，又可分為專屬授權、非專屬授權兩種。
3. 若從授權方式劃分又有交互授權、轉授權兩種。

(一) 專利授權、非專利授權

專利是最受法律保障技術，但是技術的內容並非只有專利而已。如操作的程序、經驗、配方等，往往屬於營業秘密的範圍。另外也有常見的商標授權，如迪士尼卡通系列產品。

（二）專屬授權、非專屬授權

專屬授權係指獨占性的授權，亦即授權人僅授與被授權人在被授權範圍內，單獨享有行使智慧財產權的權利或地位。專屬授權即限制專利授權的對象只能有一個。通常運用在經營風險較高或意欲壟斷的技術授權上，如美國星巴克只授權臺灣統一企業經營其連鎖咖啡店體系。非專屬授權即開放技術授權之對象，如世界上多數半導體廠商都必須同時向美商德儀取得專利授權。

（三）交互授權（Cross Licensing）、轉授權（Sublicensing）

交互授權就是本身所擁有的技術和對方相當，有互蒙其利的商業價值之情況下採用，如臺灣威盛電子在2003年和美商英特爾取得10年交互授權。轉授權的情況，通常是藉助授權人的網絡關係，推展技術授權的範圍，如某些技術交易中心，便事先取得發明人的技術授權，再將技術轉授權給其它大眾。

圖11-2　圖為某大學設有營運中心，來服務全校師生及產業界（圖片來源：國立臺灣海洋大學產學營運中心網站）

11-2 技術移轉策略規劃

一、技術投資組合之管理步驟

　　技術移轉屬於技術管理的一環，並非單獨存在。成功的企業必然先考慮其自身之策略與能力，當最後認爲透過技術移轉是符合公司利益時，才會選擇進行。那成功企業的技術管理考慮哪些事項呢？

　　以Dow Chemical公司爲例，在公司研發副總Gordon Patrash之召集帶領下，成立了一個專案小組並開始管理其智慧資本的工作。其發展出一個六階段的模式相當值得我們借鏡：

1. 投資組合階段（Portfolio）：清查公司內所有智慧財產並加以組合，了解各資產是否仍在有效期限之內，在公司內部尋找一個適合維護、管理該資產，且願意支付相關費用之單位。

2. 分類階段（Classification）：決定智慧財產的「用途」何在，可分爲三類：
   (1) 企業正在使用。
   (2) 企業未來會使用。
   (3) 企業未來亦不會使用。

   對每一智慧財產除了歸類之外，並研擬其出路，例如：授權（有否先提出專利申請？）、放棄（何種條件下放棄申請並結案？）或技術公開（Publish，防禦性策略）等。

3. 策略階段（Strategy）：將上述投資組合與使用的狀況與企業策略結合。此階段之目的是了解智慧資產與策略間的差距（Gap Analysis）及掌握現有投資組合的能力，以進行資源投入及達成焦點目標。以IBM爲例，其策略表現在長期投資（如智財權合作）、價值利用（如交叉授權）、結合投資與授權以及全球化等四方面。

4. 評價階段（Valuation）：對於授權價格、機會優先性（同一技術會有不同的應用領域，衍生不同的產品區隔，其價值亦不相同）及相關稅務等予以評估。進一步而言，更可針對某特定國家或區域決定其Portfolio之規模，例如：IBM發展出Portfolio Sizing Tool，對於Value、Money、Profit及Investment結合考量。

5. 競爭分析階段（Competitive Assessment）：如以專利樹（Patent Tree）進行技術評估，了解所持專利的競爭態樣、研究同業的Patent Portfolio、主力戰場、涵蓋範疇（Breadth of Coverage）、專利壟斷（Blocking）及可能開放的機會等。

6. 投資階段（Investment）：在了解所持有的智財權價值、競爭狀況及進攻目標之後，可進行投資，透過內部研發或外部取得（技術授權、技術購併等），以彌補上述投資組合與策略間的差距。

簡單的來說，單獨只論技術授權本身的策略是不存在的。技術授權的策略是依附在企業的技術策略下。例如：威盛是否要將技術授權給競爭對手，不能單單考慮權利金規模，最主要的還是要考慮該技術是否為公司的核心，是否應適當保護或擴散；相反的，技術後進者也應該經由以上步驟的思考，尋求自身核心技術能力之建立。

二、技術移轉任務之執行步驟

所謂技術移轉，簡而言之，是指一個組織或體系所產生的創新，被另一個組織或體系所採取及使用的過程。是故技術移轉牽涉到供需雙方主體包含供需雙方互動的過程，而完整的技術移轉之決策過程，可參見圖11-3。

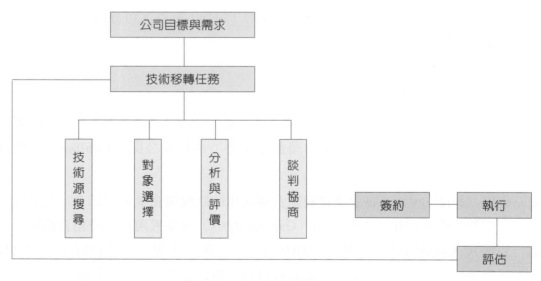

圖11-3　技術移轉的決策過程

(一) 技術源搜尋

在技術移轉對象尋找方面，可從技術接受者與技術提供者兩個向度來說明，因前者乃在尋求技術來源，但對後者來說，可視為商機的發掘；雖然兩者間有些管道是相同（如觸媒公司、政府機構、財團法人…等），因為這些管道扮演著媒介的角色，但兩者的管道仍有些差異，應在實際進行技術移轉時，依個案性質作更深入的規劃。

一般言之，技術源的搜尋管道可如下：

1. 同業或相關廠商名錄
2. 政府機構
   (1) 經濟部工業局。
   (2) 經濟部科技顧問室。
   (3) 經濟部投資業務處（技術引進服務中心）。
   (4) 經濟部中小企業處。
   (5) 科技部、科學技術資訊中心。

3. 財團法人
   (1) 工研院。
   (2) 資策會。
   (3) 生產力中心。
   (4) 創新技術移轉公司。
   (5) 臺經院技術交流服務中心。

4. 公會／協會
5. 發表會／展覽會
6. 創業投資公司、投資銀行、商業銀行
7. 研討會
8. 大學
9. 專業期刊
10. 資料庫
11. 觸媒公司（Catalyst Firm）
12. 行銷網路
13. 人際關係網路
14. 其他

　　以上資訊來源，在近年來有許多新興的單位專門在負責此方面的業務，例如經濟部工業局就成立了臺灣技術交易整合服務中心及市場資訊網，解決國內現行各技術網站欠缺「提供整體服務功能」和「國外技術資源接軌」的困境，並積極地透過整合服務中心的諮詢媒合機制（http://www.twtm.com.tw/）。在中國大陸的上海技術交易網，也是近年來相當成功的單位。

（二）對象選擇

決定技術移轉對象之前，除對技術本身或移轉對象予以評估之外，對技術需求者而言，先前仍須就市場、公司、財務等因素來綜合考量。以技術需求者為例，應事前考量者：

1. 市場因素
   (1) 潛在市場的大小。
   (2) 政府的認可。
   (3) 預估的市場佔有率。
   (4) 新市場與現有產品的相容性。
   (5) 新市場所提供的技術或產品，多少是目前市場所未提供的。

2. 公司因素
   (1) 須符合策略性目標。
   (2) 能輔助現有的研究。
   (3) 適合公司的科技。
   (4) 是否為新技術或特有的技術。

3. 財務分析
   (1) 風險分析。
   (2) 成本效益分析。
   (3) 損益兩平分析。
   (4) 回收期限法。
   (5) 計畫資本投資。
   (6) 投資報酬率。
   (7) 內部報酬率。

除上述要點為技術需求者在選擇其對象前所需考慮因素之外，技術供需雙方，則有以下之考量：

1. 對技術供應者而言
   (1) 技術接受者之國家，是否定有完善的智慧財產權保護法律？如果有，是否有確實執行？符合國際公約嗎？
   (2) 技術接受者是否尊重智慧財產權？過去的記錄如何？
   (3) 技術接受者是否具有足夠的技術能力，以承接移轉的技術，並善加利用。

(4) 付款安全性。

(5) 技術接受者的聲譽以及營運狀況。

(6) 是否符合公司本身（技術移出）的技術移轉策略。

(7) 區域的考量，市場的區隔考量。

(8) 後續互惠合作的誠意與可能性。

2. 對技術接受者而言

(1) 該項技術的市場性。

(2) 技術的新穎性，剩餘的生命週期長短。

(3) 技術專利合法性。

(4) 技術的價格是否高於未來該項技術的獲益潛力？

(5) 該項技術是否為一個包裝良好的package？技術移轉的方式？是否有不公平的條件？

(6) 是否有足夠的技術能力接受移轉的技術？假使不足，技術輸出者能提供多大的幫助？

(7) 會不會造成過於依賴技術輸出者？

(8) 是否符合公司本身的策略？

(9) 技術輸出者的聲譽。

(10) 互惠合作的意願。

三、談判

　　技術移轉過程為一相當複雜的活動，其涉及了生產、行銷、研發、財務、法務…等範疇，並非任何專業人員或特定部門，所能獨立完成之作業，尤其在技術移轉的談判協商過程中，須透過技術人員、管理人員及法務人員之充分配合，方能克竟全功。所以在選定潛在或可能的技術移轉對象後，公司首先要組成一個「談判小組」來從事移轉磋商事宜，而這些小組的成員，通常包含：

1. 技術移轉經驗豐富的律師或法務人員。

2. 對該技術知識熟練的專家或生產製造人員。

3. 業務或行銷人員。

4. 財務管理人員。

5. 具決策權（或被充分授權）經理人員。

技術移轉雙方經談判協商之後，便著手簽定契約，使技術的移轉具有法律上的保障。但在契約內容簽定時，須考慮到諸多因素，方得以完備。有關契約內容，將以技術授權爲例，詳述於下。

四、簽約

技術授權因涉及授權者（Licensor）與被授權者（Licensee）雙方利益考量上的不同，加上技術的移轉有時是國際性，文化背景及政治法規有所差別，使得擬訂授權契約要考量之因素甚多，而不同的國家、產業及企業間所移轉之技術與考慮的情形又多有重大差異，因此在論述授權契約之內容要點時，只能針對一般授權合約皆須包涵的要項加以說明，至於各廠商所面臨的問題，則須視其授權性質作個案研究。不過，授權是長期技術合作關係，故契約訂定力求「雙贏」的結果，即是最重要的原則（陳怡之，1994；江麗敏、陳志華，1994）。

🧭 圖11-4　日月光攜手大專院校產學合作（圖片來源：財金新報）

1. 重要文字的「定義」：任何契約之制訂皆需明文規定交易雙方的行爲，使其具法律的證明與約束效力，故契約內容務必清楚，內容要項務必明確定義，日後才不致發生不必要的糾紛。技術授權契約中，須加以定義的重要文字包括如下。
 (1) 授權人與被授權人通常於契約之開頭即須表明，若授權雙方爲兩家企業，則需註明授權者與被授權者所在之國名與公司名稱。

(2) 授權產品的名稱、勞務之種類以及附帶的技術資訊皆須詳述，視授權技術種類繁簡可直接於合約的名詞「產品」項下給予定義或另以附件爲之。

(3) 授權方式：視授權雙方的需要與磋商結果，選擇專利／非專利、專屬／非專屬、交互授權、轉授權或混合使用的授權方式，須於契約中明定。

(4) 授權的智慧財產權－所須註明者爲：授權之技術是屬於那種智財權（專利、商標、專門技術等等），智慧財產權之所有權人、其有效權利之期限、智財權適用那一國的法律…等。

(5) 有形資產：若授權者亦將儀器、機械、廠房等資產授權，則對該資產之名稱、數量、耐用年限、使用方式及使用費金額等皆得清楚定義。

(6) 餘如計畫（Program）、衍生工作（Derivative Works）、最終使用者（End User）等皆需予以界定。

2. 授權權利範圍（Granting Clause）：契約中必須註明授權方式（Type Of License），移轉技術及智財權的使用範圍（Territory）（國家、產業）以及使用標的（Field Of Us），並加以限制，否則對授權者而言，可能是替自己製造潛在競爭者，反而侵佔授權者原有之市場。產品之銷售區域能否包括國外市場，在契約談判時授權雙方亦須協調好。

3. 授權年限：須考量：(1)移轉技術之智財權法定使用年限；(2)技術本體之生命週期；(3)協商合適的年限。

4. 違約與終止條款：契約中應詳列違約之所有可能情況（一般均是因一方破產、債信不良或重大違約事件），以及違約之處理方法（改善時限、解約、權利之歸屬或補救措施）。

5. 契約轉讓權利：授權的技術及智財權通常會被限制轉讓，以確保技術及智財權所有人的權益，但若有轉授權之情形，契約中應詳述轉讓之對象、條件及限制等。

6. 糾紛調解與仲裁：選擇那一方之所在國法院調解或仲裁，是影響授權過程中糾紛判決的最重要因素，因此也有人主張一折衷方案，即在先提出仲裁之申請或先起訴的一方所在國法院爲之，可供參考。

7. 契約生效期限：依契約中所訂雙方同意之生效期限。（有些契約須經主管機關核准後方能實行，應加注意。）

8. 保密條款：授權人通常會規定被授權人不得洩露有關授權技術的重要資訊，故在契約中皆訂有保密條款，對被授權人予以限制。而此條款所涵蓋事項有：機密資料的定

義、不須保密的資訊定義、合作夥伴不得揭露的規定，禁止合約許可範圍外使用與補償措施等，而合約終止後是否仍應延續守密約定也應列入契約中。

9. 技術保證責任：技術人的保證責任分兩種：(1)保證技術移轉的效果；(2)保證所提供之技術為其所有，非取自他人或會侵害他人的智財權，如有任何第三人主張侵害時，負責解決之人須明定。

10. 善盡義務條款（Best Efforts Clause/due Diligence）：為確保移轉技術及智財權的有效運用，通常在契約條款中會規定技術移轉的實施目標、進度或開發利用權（Exploitation）的執行等，也可能要求被授權者使用授權技術或促銷此技術生產或授權銷售的產品責任。（一般而言，非專屬授權較無Best Efforts的考量）（Payne & Brunsvold, 1983）。

11. 技術協助及訓練：規定的事項有：授權人技術協助方式（派遣技師至被授權人工廠指導或被授權人派技師至授權人工廠學習）、技術協助費用的種類（差旅費、技師生活費及其它相關費用）及金額、技術協助期限等。

12. 技術權利金及相關費用：包括簽約金、授權費、授權管理費、經營權利金或最低權利金等相關事項。因技術及智財權授權的契約簽訂和權利金計算是國內較少人研究的課題，而權利金的重要性將影響交易雙方未來之經濟收益，因此將以專章說明技術及智財權之評價（Evaluation）及計價（Pricing）。

13. 付款方式與時間：付款方式是採取即期支票或是匯款等方式，付款時間是採取一次付清或是分期、分階段付款，允許寬限的付款天數等。

14. 通知、紀錄與查帳：若權利金之計算與支付採Running Royalties或Annual Fixed Fee，則被授權人的未來收入、產量、利潤都須確實記錄，而授權人通常也會要求查閱被授權人會計帳簿的權利，以防被授權人隱瞞利潤，少付權利金。

15. 侵害之處理：智慧財產權最須注意者即為第三人侵害的問題。契約中對智財權侵害事宜的處理方式（侵害之通知、舉證、訴訟、和解、賠償）、處理費用之承擔、負責處理之人皆須註明清楚。專利法及商標法對智財權的侵害處理都有詳細的法律規定，可參照。

　　以上所列的十五條授權契約的內容要點，是一般技術移轉契約中必須包括的重點，另有一些如材料傳送、產品責任、出口管制（技術資料、電腦軟體、雛型產品、成品）、智財權標示、最有利條件（Most Favorable Terms）、名稱使用限制、債權人的法律責任、短期禁止令的申請、合約內容修正、法令變遷、不可抗力事由等，較細部的項目並非是所有授權契約都需要，要因事置宜。除了上述的契約要項外，其他尚有一些在簽訂授權契約時應考慮的因素。

科管亮點

專利價格值多少？

工研院近年來積極從事專利的授權，採取競標的方式讓售其專利投資組合。以預定 2007 年 7 月開標的 LCD 背光模組專利讓售公告來看，工研院引述拓樸產業研究的報告指出，未來一旦面板 6 至 8 代廠產能陸續開出，預估 6 代廠以上的產能占總產能 50% 以上，將為背光模組廠商及其相關零組件廠商帶來 100 億美元的商機。以下兩張表格可以 約略看到目前工研院專利授權的參考標售價格，整體來看平均的專利價格為 270 萬，範圍從 78 萬到 536 萬。

	2007年LCD專利組合授權表			
組合	專利組合	專利件數	參考價	平均單件專利價格
A	High-power-LED元件	4	12,724,750	$3,181,188
B	色彩與照明控制	21	112,542,750	$5,359,179
C	LED背光光源	16	64,245,465	$4,015,342
D	光機電熱整合LED背光模組	9	48,000,000	$5,333,333
E	背光模組	11	36,465,505	$3,315,046
F	擴散板導光板面板	15	60,940,800	$4,062,720
G	LCD平面光源1	12	11,062,780	$921,898
H	LCD平面光源2	15	11,700,300	$780,020
I	LCD平面光源3	8	9,824,850	$1,228,106
J	散熱	11	36,627,365	$3,329,760

資料來源：http://www.itri.org.tw

	2005年OLED專利組合授權表			
組合	專利組合	專利件數	參考價	平均單件專利價格
A	主動 OLED(1)	21	45,800,000	$2,180,952
B	主動 OLED(2)	11	21,000,000	$1,909,091
C	主動 OLED(3)	19	33,000,000	$1,736,842
D	主動 OLED(4)	8	18,900,000	$2,362,500
E	主動 OLED(5)	11	23,550,000	$2,140,909
F	被動 OLED	11	15,950,000	$1,450,000
G	材料 OLED	4	7,700,000	$1,925,000
H	材料 OLED	4	14,000,000	$3,500,000

資料來源：http://www.itri.org.tw

科管亮點

工研院聯合交大推出專利專屬授權

隨著半導體產業競爭的全球化，競爭型態也從過去的價格戰轉變成智慧戰，半導體產業廠商不得不快速且大量取得專利權，進行佈局，才能保持產業競爭力。為配合產業界對於專利權的需求，工研院系統晶片技術發展中心（STC）結合交大推出靜電放電防護（ESD protection）技術相關專利計 110 件，於 2005 年 7 月 21 日在工研院舉行說明會，包括臺積電、聯電、聯發科、凌陽、華邦、旺宏、聯詠、智原、威盛、友達、茂德、力晶等近 30 家廠商、80 多位業界人士，紛紛出席說明會聆聽競標方式與授權內容，並有多家大廠對數項專利組合表現濃厚興趣。

工研院繼 OLED（有機電激發光顯示器）專利專屬授權之後，也把多年來在靜電放 電防護技術研發累積的成果，結合交大的產出專利，以專利組合方式進行獨家專屬授權，開放相關廠商競標。此次的 ESD 專利組合標售，主要來自系統晶片技術發展中心的研發成果，把 IC 半導體產業中極重要的靜電放電防護與輸出入單元電路設計（I/O Circuit Design）相關專利，搭配交通大學電子工程系柯明道教授之靜電放電防護專利，以六項組合，共計 110 件優質專利，公開徵求專屬授權廠商。組合內容包含「輸出入介面電路之靜電放電防護」、「高速／射頻／混壓輸入輸出 IC 之靜電放電與電性栓鎖防護」、「輸出入單元電路設計」等專利，一併進行專屬授權。

工研院表示對半導體業者而言，針對其產品部署完善的靜電放電防護設計專利網極其必要。國外 TI、IBM、Intel 等大廠，早在二十餘年前即投入靜電放電防護設計技術的研發，原市面上實用的靜電放電防護設計技術中超過 95% 受此等大廠專利保護，讓國內廠商在相關產品的研發上屢遇瓶頸。工研院晶片中心 ESD 研發團隊結合交大技術經驗，突破國際大廠專利防護網，在已申請的專利中找尋靜電放電防護設計的研發利基，建立了完整的專利部署，從專利引證分析及組合研究得知，此專利品質極具市場競爭性，可充分協助 IC 廠商節省大量成本，耐受更高的靜電水準。

臺灣晶圓產業獨步全球，唯有累積更多更有效的專利保護，才能保持產業競爭力。無論在專利技術與論文產出值量上均居世界領導地位的 ESD 專利組合專屬授權，可協助晶圓代工廠、IDM、IP Provider 及 Fabless IC 設計公司快速取得產業關鍵地位，更可經由再授權收取權利金；此外，在專利權受到侵害時，得請求損害賠償，對廠商的保障將有加乘效益。

修改資料來源：工研院新聞稿（2005/07/21），http://www.itri.org.tw/，http://www.stc.itri.org.tw/esd。

11-3　技術價值之評估

　　技術價值之評估屬於上一節所介紹的第四個階段評價階段。在技術移轉過程中，擔任著舉足輕重的地位。畢竟企業重視投資後的未來報酬，因此也離不開對技術價值的估計。

　　Razgaitis（1999）將常用的評價方法分成了六大類：產業標準法(Industry Standard)，等級法（Rating/Ranking Method），通用原則（Rules of Thumb），現金流量折現（Discounted Cash Flow Method），蒙第卡羅分析（Monte Carlo Method），競標法（Auction method）。介紹如下：

1. 產業標準法（Industry Standard）：產業標準法的基本概念就是以產業通行的標準為例，例如以CD-R的權利金之計價為例。飛利浦在2000年以前的合約中，授權廠商需對每片碟片支付售價的3%或10日圓，取其高者為其權利金。

2. 等級法（Rating/Ranking Method）：等級法和產業標準法往往有關，更常見於產業之實務中。基本概念就是根據被授權人的等級有不同的計價標準。這不一定是以被授權的公司規模、也有可能是基於某種策略。例如飛利浦在2001年後對定期繳交權利金的廠商提供支付6美分（約6.5日圓）的選擇，並對2000年按合約繳納的權利金中，再提供特別折扣。

3. 通用原則（Rules of Thumb）：那如果技術未形成產業，也沒有經驗可尋，則有可能採用通用原則。如最常見的是百分之二十五原則，就是收取獲利的25%。當然，很少有技術構成完整的商品，通常還會乘上該技術在商品中所有技術的重要性比例。

4. 現金流量折現（Discounted Cash Flow Method）：現金流量折現法是估計該技術未來的銷售額，考慮一定之折現率，計算出其價值。至於折現率的算法，主要是考量其資金運用到其它投資可能產生的獲利率。那讀者一定有一個疑惑，那究竟是多少？這就必須看技術接受者的情況而定了，所以並無一定之數值。

$$PVn = \frac{P_n}{(1+M)^n}$$

PVn：第n期的降現值；Pn：第n期的價值；M：折現率

5. 蒙第卡羅分析（Monte Carlo Method）：蒙第卡羅分析和現金流量折現法相似，主要是以機率的概念來計算不同可能性的價值範圍。

6. 競標法（Auction Method）：競標法就是讓市場競爭，價高者得，通常是傾向專屬的授權方式。

 科管亮點

現金流量折現範例

假設你新創一家公司，投入了 300 萬，然後你預期未來三年都可以有各 120 萬的獲利，你 會考慮投入嗎？基本來講，這必須看你資金的成本，如果你這些錢是自己的，平常存在銀行中，那你的折現率就是銀行的存款利率，目前的銀行利率都很低，我們假設為 2% 好了。如果你沒有這筆錢，而必須向銀行借貸，那這個數字就應該是你的貸款利率，假設你的貸款利率 為 8%。如果積極一點思考，你是個很會理財的人，每年投資的報酬率都在 20% 以上，那 20% 便是你的折現率。透過折現率公式，可以算出你的獲利，例如處於方案 A 的情況下，獲利是 60 萬；處於方案 B 的情況下，獲利是 46 萬；處於方案 C 的情況下，獲利是 9 萬；處於方案 D 的情況下，則是獲利是 46 萬。

	期初投資	第1年	第2年	第3年	NPV
以無息利率0%計算	($300.00)	$120.00	$120.00	$120.00	$60.00
以銀行存款利率2%計算	($300.00)	$117.65	$115.34	$113.08	$46.07
以銀行借貸利率8%計算	($300.00)	$111.11	$102.88	$95.26	$9.25
以過去投資報酬率20％計算	($300.00)	$100.00	$83.33	$69.44	($47.22)

但是對一個公司而言，技術衍生應用方式，概可分為內部發展、授權或賣出、與他人合作三大類。所以，技術的價值事實上和不同的應用方式有關。然而上述的方法容易混淆了這些概念，在應用方式上並無一清楚的概念。以下我們將介紹元智大學陳怡之教授的分類方式：陳怡之教授認為技術可視為是一種轉變生產因素、產生效用的知識。其價值產生的方式主要為內部自行利用、外部授權或移轉、策略性價值與社會效益，如圖 11-5所示。

1. 內部自行利用：轉換成產品、製程或服務，以產生經濟價值。

2. 外部授權或移轉：可產生現金流入或交換其他有價資產。

3. 策略性價值：目前未加以開發利用，但有策略性價值或未來可能產生效用者。

4. 社會效益：由於技術被採用，創造出新產業或其他人因而受益。

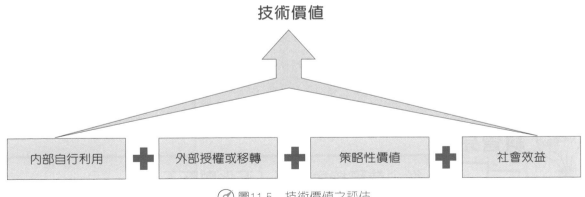

圖11-5　技術價值之評估

其中第四種（社會效益）較不易量化，如人類知識累積、生活水準提升等，所產生的價值不易量化，也不純粹是經濟層面。一部分雖可以被技術擁有者享有，終轉化成經濟價值，但更可能是難以回收的外溢效果（Spillovers）。一般而言，政府對技術的投資，有許多便是反映在社會效益上，例如：促進產業知識的累積、人才的培育、提升國內廠商對外商的談判能力…等。

11-4　技術移轉之成功關鍵因素 ★

討論完技術移轉動機、技術移轉的策略意涵、技術授權之後，我們必須更進一步的討論技術移轉的成功關鍵因素。了解關鍵成功因素除了加深我們對技術移轉的認識，也可以作為探討技術作價的基礎。一般認為影響技術授權的關鍵性因素可分為技術本身特性、技術供給者特性、技術接受者特性、雙方溝通過程特性、控制過程特性等五類。陳怡之（1995）提出技術移轉的關鍵成功因素如下：

1. 市場方面：技術具有市場潛力、充分了解市場變化、了解主要客戶的需求。

2. 公司方面：高階主管的支持、內部有效溝通及協調機制、研發部門對成本及利潤有所認知、公司本身技術水平高、技術稽核切實且徹底。

3. 其他：仲介公司的協助、適切的法律協助、雙方互信且具誠意。

從實務上來看，技術移轉不必然代表成功。例如：本身不具有承接技術之能力，而以門外漢想要進入，便會有較高的失敗率。事實上，外來的和向也不見得會念經，積極培養自身能力，才是多數技術移轉的真正效益。歸納目前學者在探討技術移轉的成功因素時，大致可以得到內在組織因素與外在環境因素等兩類：

1. 內在組織因素：技術供給者特性、組織資源完整性、組織創新能力、高階主管支持、內部溝通機制、公司本身技術水準…等因素。

2. 外在環境因素：技術接受者特性、技術的市場潛力、環境的不確定性、法令政策、產業競爭型態…等因素。

科管亮點

從企業稽核角色談「五化與五不」

　　現代公司治理，首重事前之風險控管、事中的內部控制制度及事後的稽核查核。因此，稽核角度來看公司的永續經營，就必經落實公司的內部控制制度於日常的作業流程中。大眾皆知道，內部控制制度的三大目標是 1. 提升公司經營的績效及利潤；2. 促使財務報導的正確性；3. 落實各法令之執行。但社會政治環境一直在變，因而，企業稽核工作就不得不給予因應及務實的依據需要而改變。建議企業經營管理，宜重視公司的五化與五不，分別說明如下：

1. 公司的五化依循：透明化、合理化、制度化、電腦化及網路化。前面三化就是推動 ISO 制度的重點，即是「說你所做、寫你所說及做你所寫」。員工們在執行各項業務時，若有網路隨時可以查詢所需的法令依據及相關資訊，相信失誤的機率會大大降低，稽核者也可以適時的給予提醒與幫助。

2. 公司的五不內容：一般公司面臨風險的發生，往往是主管及員工們犯了「五不」現象造成的。五不是指：不知、不願、不顧、不小心即不好意思等。這是公司管理時宜特別要重視避免的地方。

資料來源：經濟日報 2019.6.18，B5 版，經營管理，詹俊裕撰

學 習 心 得

1
技術移轉的對象可分為技術提供者和技術接受者。我國科技部定義為：技術由某單位被另一個單位所擁有的過程或行為。

2
技術移轉之策略意涵有：戰略層面，戰術層面及作業層面。

3
技術授權是指一方將專利的實施權、著作權或商標的使用權交給對方之租賃關係。

4
成功企業必先考慮其策略與能力，當認為透過技術移轉符合公司利益時，才會選擇進行。

5
常用評價方法可分成產業標準法、等級法、通用原則、現金流量折現、蒙第卡羅分析及競標法六大類。

6
技術價值之評估，包括有：內部自行利用、外部授權或移轉、策略性價值及社會效益等。

7
技術移轉的成功因素有：市場方面、公司方面、內在組織、外在環境等因素。

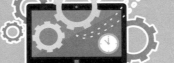

工業技術研究院的研究成果—智慧衣的誕生

在2016年10月，我國政府設立的工業技術研究院與成衣大廠——儒鴻公司合作，利用跨領域整合，榮獲全球百大科技研發獎，與國際富有研發盛名的麻省理工，陶氏化學並駕齊驅。這次工業技術研發院與儒鴻公司合作研發的「i SmartweaR」感知智慧衣，是透過材料與感測跨技術領域的整合，發揮一加一大於二的效果，讓未來的衣服不「衣」樣了。

智慧衣一向是各方看好的創新趨勢，工研院與儒鴻公司運用非接觸式雷達感測技術，提供測量呼吸、心跳和計算卡路里等基本功能，並在材料和製程上著手，以奈米銀線取代銀粒和銀片，提供和織品相同觸感及更佳的導電效果，進而研發出智慧衣。儒鴻公司領先業界看到衣服與科技結合的趨勢，向工研院提出合作開發智慧衣的構想，並找到長期投入奈米脈衝感測技術研發團隊，經過跨領域合作，開發智慧衣專用的可水洗軟性天線，利用奈米銀線與高分子材料結合，研究開發出高導電度、可撓曲、耐水洗等優點的織布，而且天線可以微小化，做到近口袋尺寸大小，在穿戴上不會不舒適，且省電可用一整天。

資料來源：經濟日報2016/11/5，A13版，蕭君暉撰

活動與討論

1. 請同學上網查閱我國「財團法人工業技術研究院」的經營目標及現況，用來了解我國科技研發之重鎮—工業科技研究院為國家之貢獻。
2. 請介紹工研院與儒鴻公司合作研發之智慧衣其過程與成功因素。

 問題與討題

1. 試圖找出相同產業間的幾家公司，並比較他的技術移轉動機與策略意涵。

2. 技術投資組合是有效維護與發展技術之重要概念，請嘗試找出市場上的成功者如何進行技術投資組合之管理。

3. 請根據現金流量折現前述章節之範例，完成以下表格內容，並說明折現率對專案價值的影響。

	期初投資	第1年	第2年	第3年	NPV
以無息利率0%計算	($300.00)	$120.00	$120.00	$120.00	$60.00
以銀行存款利率2%計算	($300.00)				
以銀行借貸利率8%計算	($300.00)				
以過去投資報酬率20%計算	($300.00)				

參考文獻

1. 陳怡之、李沿儒（2003），「結合專利分析與技術策略之技術鑑價模型發展」，中華民國 科技法律學術研討會論文集。

2. 陳怡之、林博文、黃伯嘉（2002），「技術資產評價-方法及個案探討」，2002年創新與知 識管理學術研討會。

3. 陳怡之，許玠為（1995），「智慧財產權之管理：制度及比較」，中華民國科技管理研討 會論文集。

4. 蔡忠育，陳怡之，譚瑞琨（1995），「技術接受者之涉入與技術移轉績效之關係」，中華 民國科技管理研討會論文集。

5. 陳怡之，黃靖惠（1995），「技術授權契約之研究」，工業財產權與標準，中央標準局，84年1月，頁16-29。

6. 陳怡之（1994），「研發成果之擴散與技術移轉」，中華民國科技管理研討會論文集。

7. 陳怡之（1994），「兩岸技術移轉與智慧財產權之保護」，海峽兩岸知識產權保護學術交 流研討會，北京大學/資策工業策進會。

8. 陳怡之（1993），論科技發展之智慧財產權管理，華泰文化，頁1-184。

CHAPTER

12

技術商品化

Technology Management

學習指引

1 了解技術商品化的目的及誘因。

2 了解技術商品化能力指標的內容為何？

3 績效卓著的公司宜有哪些商品化能力之通則呢？

4 認識標竿公司技術商品化能力關鍵因素。

5 了解技術商品化之過程。

6 了解技術商品化的關鍵人物有哪些呢？

科管最前線

臺灣閥王──進典工業公司的成功秘訣

在科技創新的時代，臺灣科技之業界，培育了很多「隱形冠軍」公司，進典工業公司就是其中一家，進典公司在總經理范先生的領導下，成為臺灣的「閥王」美名，連臺塑企業及中鋼公司，甚至連中國大陸的中石化公司及國際石化大廠殼牌、英國BP公司，皆找上「進典工業公司」請公司提供「特殊控制閥」。該公司為何會成為世界著名的「閥王」呢？范總經理特別堅持：自研自製，發展自有品牌，增加市場能見度。這些關鍵經營理念，就是從科技管理角度來進行創造產業價值的典型模範企業。

進一步分析進典工業公司的成功秘訣，是堅持「正向改變」的三大原則：

1. 堅持品質，拒絕削價競爭獲得臺灣精品獎行銷國際，是臺灣閥業製造商第一名。

2. 重視市場開拓，提升臺灣閥業市場能見度，建典工業公司特別重視工業安全及空汙環保議題，引導大家注意閥產業的重要性。

3. 樹立業界最高安全標準典範，為臺灣取得全球專利認證件數最多的製閥品牌，是閥業的龍頭。

資料來源：經濟日報2016/10/23，A13版，陳景淵撰

活動與討論

1. 請介紹進典工業公司成功之秘訣，分析該公司的特色及成功之道。

2. 請上網尋找經濟部或經濟日報介紹的「臺灣產業隱形冠軍」公司，介紹他們的共同成功祕訣為何？與科技管理有何關聯性？

傳統的策略管理受限於企業的實體資源認為「資源有限、機會無限」，然而隨著網路技術、通訊技術與電腦技術的快速發展，以知識為基礎（Knowledge-based）的產業挾以創新及商品化的能耐（Competence），顛覆了傳統策略管理的思維，而其後陸續的實證研究顯示，全球在資金、人才、資訊的流通無遠弗屆下，資源的取得已非難事，反倒是機會並非人人垂手可得，故而「資源無限、機會有限」儼然成為今日策略管理的根本假設。許多企業對於科技的管理，大多偏重在科技管理的「前段」－專案管理、研發管理、績效評估、及智財權上的探討，而在「後段」－技術移轉的和商品化的論題上較少提到。然而，隨著企業的國際化與技術能量的累積，技術商品化的角色日趨重要，多數的標竿企業更將技術商品化，視為其企業獲利與競爭力的根源所在。

事實上，技術移轉最簡單的定義乃指技術由產出單位移至使用單位，因此，技術移轉本身即建立在供需雙方的互動上；因此，技術商品化即指技術從研究發展到設計、製造、成品上市或技術本身成為流通性有價商品之過程。

從技術策略管理的角度來看，技術的運用不僅止於技術的取得、發展及用於公司本身成長所需上，應將技術資產（Technology Asset）進一步的商品化或將技術本身予以包裝作為商品行銷之標的，技術商品化可以為公司帶來許多有形及無形的效益。然而，技術商品（Technology Product）與一般商品並不相同，技術的運用過程與衍生效益的不確定性較高；故技術商品的管理與運用也迥異於一般商品，其複雜度高、風險也較大。

12-1　技術商品化的目的　　

企業從事技術商品化其目的與誘因，概可歸納為以下幾點：

1. 增加收入、回收研發投資：透過技術的商品化可為公司增加另一項收入的來源，可用以回收研發成本與支應技術後續的發展，以及公司未來的發展上（Coopers & Lybrand, 1985）。

2. 維持公司成長與競爭力：技術商品化的過程中，需歷經技術推力（Technology Push）與市場拉力（Market Pul）之互動而成，所以成功的技術商品化不僅能為公司帶來獲利的回饋，更能使公司技術能量的強化、商品化經驗的累積與人才培育上獲得成長，是公司維持成長與競爭力的動能所在（Cooper, 1990；Coopers & Lybrand, 1985）。

3. 呆滯技術（stagnant technology）的活化：技術的商品化將促使公司盤點「庫存」技術，經重新包裝及組合之後，使呆滯技術再造生機（Ehretsmanetal , Pearson,

1989）。如3M公司的自黏性便條紙便是將一個原本不成功的技術運用到新的文具領域，創造出一種成功的技術活化。

圖12-1　3M公司的自黏性便條紙是將一個原本不成功的技術，運用到新的文具領域，創造出一種成功的技術活化，圖為3M公司的便條產品（圖片來源：3M官網）

4. 創造新商機：在許多大公司中，各部門或事業單位往往擁有多種技術，而在這些技術中，有些是呆滯技術，有些是單一用途的技術，然而經全面性整合後，可形成一些技術投資組合（Technology Portfolios）；這些技術投資組合除可作為公司內部技術移轉外，常因此發掘出隱藏需求（Latent Demand），進一步創造新的商機（Adoutte, 1989）。如寶可夢便是整合了GOOGLE地圖、擴增實境（AR）、與神奇寶貝的智慧財產權創造出全新的商機。

5. 市場的佔有：技術持續地改良與商品化，方能使公司在市場中的地位得以穩固，另再藉由智慧財產權上的保護，享有技術的獨佔權，以強化市場的佔有。強調市場占有率的方式已經成為許多資訊界在發展技術商品化的主要策略，如資訊界的Google，便藉著不斷推出新世代的產品與技術，技術發展的初期使用免費策略來封殺對手的生存空間，鞏固其在市場壟斷之地位。等待更多人使用之後，再針對具有付費能力的企業及進階需求的個人採取收費策略。

6. 技術的延展及擴散：利用技術商品化，將技術擴散至相關市場，讓該技術增加其延展性並增益其多元化的應用，而藉此催化技術的發展，使其更臻成熟。如佳能公司擅長於光學、影像及精密零件組裝技術，並其技術應用在相機、影印機、辦公室自動化及醫療設備上，不僅擴展了其技術應用領域並催化出不少新技術（Nevensetal, 1990）。

7. 技術創業：藉由一個新技術的創新活動來創立一個新創企業。技術經過的價值化的過程之後，為充分發揮其效能，許多組織將其從原組織架構分離出來，成立衍生公司（Spin-off）（UBC,1996；Adoutte, 1989）。如Exxon在1970年到1980年間，成功地衍生了37公司（Ehretsmanetal, 1989）；而臺積電、聯電則是研究機構商品化結果的成功案例。

8. 研發成果的落實：學校或研發單位的研發成果，可透過商品化加以落實（Botham & Eadie, 1997），而研發工作以迄成果能為產業界所用，並助其獲致經濟效益、達成營運目標（或民生福祉類科技研發，促進醫藥、環保、防災等工作），實是研發工作價值所在（陳怡之，1994）。美國國防部在冷戰時期結束後，許多的國防科技便快速轉換到民間工業，帶動了許多民間新科技的商品化，促使世界各國紛紛制定科學技術基本法，授予落實研發成果的基本法源。

科管亮點

介紹「數位轉型」新三力之創新商業模式

隨著智慧型手機普及化，幾乎人人有快速且聰明的電腦在手中，又促使網際網路與行動商務技術日新月異，而各式的創新商業模式也在整個「數位轉型」應用之下，快速成長。所謂「數位轉型」是指結合「知識力」與「資訊力」，促進各種商業價值與生產力提高，也是企業創造力之泉源。

在「數位轉型」下之創新商業模式，透過企業創造力、市場靈活力及新模式之商業設計力等三力，結合既有資源與生產要素，加以重新排列組合，並應用科學方法與科技能力，展現產品的價值，達到企業獲利目標。

國內各中小企業（包括新創事業），若可以重視：企業創造力、市場靈活力及商業設計力，運用「開放式創新模式」，靈活地結合其他互補產品與技能，以「小蝦米扳倒大鯨魚」之競爭模式，以堅韌信心，活化既有產業僵固框架，來展現數位創新的新任務，邁向另一種「新庶民經濟」的社會繁榮。

資料來源：經濟日報 2019.6.18，B5 版，經營管理，范慧宜撰

12-2 技術商品化能力之建立 ★

一、衡量組織商品化能力之指標

　　技術商品化是將構想、創意、創新及新發現轉化成為有市場價值的產品或服務，而為企業增加競爭力的過程。

　　前述提及公司競爭力的強弱取決於技術商品化的管理能力而定，在界定商品化課題之前，宜釐清技術商品化能力的衡量指標，以作為企業從事商品化活動的依據。實證研究結果指出，一些商品化績效卓著的領導大廠（如惠普）在上市時程、市場範圍、市場區隔數及技術廣度等四方面的能力特別突出（Nevensetal, 1990），茲將技術商品化能力指標分別闡述如後：

1. 上市時程（Time to Market）：在基礎技術廣泛流傳、產品生命週期及上市時程縮短下，產品（技術）若能先上市，在短期內即可獲致超額的報酬；以歐洲的汽車音響為例，新品若能比對手提早一年上市，一般價格可拉抬至少20%。許多經理人卻未能認知到搶先上市的效益，斤斤計較研發成本是不是超支，殊不知上市時程才是決定商品化成敗的關鍵。如圖12-2以雷射印表機為例，假設其市場每年成長20%、價格一年下跌12%、產品生命週期5年，若產品比原訂時程延遲半年上市，其累計減少的利潤高達31.5%；但若研發成本超支30%，獲利僅減少2.3%（Reinertsen, 1983）。

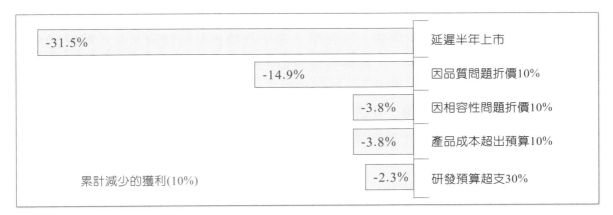

（圖示內容）
- -31.5%　延遲半年上市
- -14.9%　因品質問題折價10%
- -3.8%　因相容性問題折價10%
- -3.8%　產品成本超出預算10%
- 累計減少的獲利(10%)　-2.3%　研發預算超支30%

🔎 圖12-2　印表機商品化所面臨之問題對獲利的影響

資料來源：Reinertsen, D. G., Electronic Business, July 1983, pp.62-66。

2. 市場範圍（Range of Market）：由於技術研發成本所費不貲且不斷上升，因此，必需拓展產品及技術的市場範圍。以美國電信產業為例，在電話交換機的研發費用平均每年上升10%，但產品價格卻每年下跌8%，所以北方電信（Northern Telecom）透過國際聯盟擴展海外市場；另外，佳能將其光學及鏡片研磨技術，運用到照相平版印刷、相機及影印機的市場（Nevens, Summe, Uttal, 1990）。

3. 市場區隔數（Number of Market Segments）或產品數目（Number of Products）：市場中可以確認的顧客分群，處於相同分群的顧客會尋求一組特定利益的產品組合。透過市場區隔可以創造出市場機會，即使是成熟的產業，如工具機，若能針對不同的區隔市場特性、彈性、價格加以修改產品的功能，以迎合不同區隔市場的需求。如日本的卡西歐在計算機市場，透過此方法推出新款產品的數量是夏普的2.5倍。

4. 技術廣度（Breadth of Technologies）：在許多市場中，產品所蘊含的技術愈來愈多，所以公司加強精於取得和整合技術的能力，才能在市場中取得競爭優勢。以DRAM的製程技術為例，在1985年時製造DRAM需經235個步驟，到1990年時，製程則增加到550個步驟；即使是製藥技術，今亦需涵括了化學、生物及醫學等領域之技術。

二、技術商品化能力之蘊育

多數高績效公司已視技術商品化的能力為其競爭優勢的來源。如佳能公司在1980年代中期即把「建立卓越的商品化能力」訂為該公司發展的首要，並揭示兩項明確的目標？「仰賴本身的技術取勝」（光學、電子及精密製造技術）及「縮減50%」（產品發展成本、時間減半）。為落實此目標，半導設備事業部在其顯像印刷系統（Photolithographic System）開發上，除運用電腦輔設計（CAD）工具縮短開發時程、建立高度自動化的鏡片研磨廠，並透過中央實驗室來增進工廠的光學技術；經過一連串有效率的商品化流程的改造，將開發成本縮減了30%，上市時程縮短了50%。當佳能每18個月即推出新世代的顯像印刷設備時，競爭者在三年後僅上市一項新款設備；而佳能在全球的市場佔有率，也由1978年的16%提升至1988年的25%，而主要競爭者因疏於強化商品化能力的，市場佔有率由51%下跌至23%。

一些績效卓著的公司，如佳能、惠普及3M，都對商品化能力之蘊育甚為重視，而其在建立商品化能力的通則上，不外乎以下四點：(1)將商品化視為公司發展的首要；(2)設立目標與標竿；(3)建立跨職能部門之技能；(4)高階主管參與（Nevens, etal, 1990）。

(一) 將商品化列為公司發展的首要（Make Commercialization a Priority）

　　績優商品化的公司莫不將技術商品化列入公司的章程中，並列為公司優先發展之項目。Nevens, Summe, Uttal（1990）等人的調查發現，技術商品化失敗的公司，普遍認為只要投注更多的經費，便可改善研發成果之商品化，這些公司的主事者雖體認到商品化的重要性，但卻未能揭諸商品化的優先性，因而功虧一簣。1980年代中期，美國的半導體公司掌控了近50%的市場，而其所強調的是品質、世界級的製造水準及優質的顧客服務，並認為本身既然是高科技公司，便毋須再將商品化、創新及技術領導明列為公司發展的首要；及至1989年才驚覺市場已大量流失、利潤趨薄，後經研究方發現對手在新產品／技術的數目及上市時程的績效皆優於自己。因此市場領導者莫不明列商品化為公司發展的首要之務，如佳能的公司目標便是「仰賴本身的技術取勝」、惠普公司為「創造需求及獲利貢獻」。

🧭 圖12-3　公司主管正在研討新產品商品化之問題

(二) 設立目標與標竿（Set Goals and Benchmarks）

　　除了把商品化為公司發展的首要外，接下來需將其轉換為具體可行的目標，除上市時程、市場範圍、新產品數目及技術廣度外，成本、交貨期及服務品質均應設定明確的目標。如佳能公司欲發展個人用的影印機，其目標設定為：品質與IBM的辦公室用影印機同等級、價格低於1,500美元（IBM為3,000美元）、重量少於20公斤（IBM為35公斤），而管理團隊為完成此目標，則需從產品／製程設計、製造、行銷及服務等方向來尋求機會。

(三) 建立跨職能部門之技能（Build Cross-Functional Skills）

組織中各部門間的本位主義常是商品化的阻力，現今組織所強調的是跨職能部門之技能，而非各部門的能耐。因此，技術商品化能力之蘊育，需建立常態性的跨研發、製造、行銷及服務部門的商品化團隊。

(四) 高階主管參與
（Promote Hands-on Management to Speed Actions and Decisions）

高階主管必需經常參與技術商品化過程，密切控制進度和成本，迅速排除各合作部門間的爭端。

科管亮點

網路公司產品開發的關鍵因素

針對研究網際網路軟體產業的 17 家公司以及 29 項產品研究中，發現 4 項關鍵的因素。

首先是產品在設計的早期便和顧客進行交流，研究數據顯示越早期推出測試版本，最後產品的品質越容易較有高品質。

第二是產品設計變更後能越快速的獲得測試報告的，最後的品質可能就越好。讓程式設計師能夠每天進行整合新的程式碼，加入新的程式碼後，系統能自動進型一連串的測試並提出報告，這樣程式設計師便能很快的繼續修正程式。

第三是年輕的團隊未必缺乏相關的能力，但是豐富的經驗有助於解決問題。尤其是在科技快速變遷的軟體業，成功的經驗很可能成為阻力或是沒有任何用處。傳統以年資方式衡量經驗是不恰當的。儘管完整的開發經驗有助於善用資源提高生產力，可是對於確認顧客需求不見得有幫助；另外是年輕的工程師也很容易從許多工作中獲得足夠的處理經驗。

第四是將主要的投資重心放在產品架構上。多數的專案活動都只重視效能，但是演進式的開發概念還兼顧一項重要的概念—彈性。因此從彈性觀念出發的元件化設計有助於產品在早期便能組合起來推出測試版本。顧客的回應或許是很怪異的，可能顯示顧客可能使用新的方式來試用產品，可能提供新的觀點協助軟體的設計。

資料來源：Alan MacCormack ,Product-Development Practices That Work: How Internet Companies Build Software,MIT Sloan Management Review, Winter 2001,75-84。

12-3　技術商品化之過程 ★

　　早在1980年代末期，美國知名的行銷顧問公司麥肯錫（McKinsey），即針對企業技術商品化的問題做過調查，Nevens, Summe, Uttal（1990）等人認為商品化的首要在於商品化能力的蘊育，其調查發現標竿公司在商品化能力上較對手強，亦即其：

1. 新產品上市時程短
2. 新技術涵蓋範圍廣
3. 新產品數多
4. 技術廣度夠

　　以惠普公司發展低速噴墨印表機的實例來說，其技術商品化的流程包含了整合研究、發展、製造、行銷和服務等活動，進行概念產生、設計及發展、製造與行銷、持續改善等四項活動，如圖12-4所示。

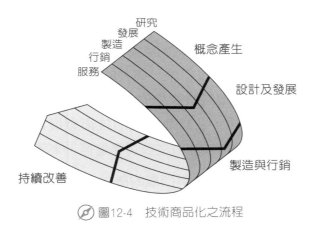

🧭 圖12-4　技術商品化之流程

資料來源：Nevens T. M., Summe, G. L., Uttal, B., Harvard Business Review, May/Jun 1990, pp.154-163。

📍 圖12-5　持續改善是技術商品化流程之一，圖為某科技公司正進行中

一、階段程序模式

　　階段程序模式是循序漸進式的新產品開發方式，主要是將開發程序分爲一步接一步的進行方式，並採取不定期審視程序。如Adoutte（1989）更將技術視爲商業資產（Commercial Asset），而從智慧財產權的角度來進行技術商品化工作，技術在商品化過程中即尋求法律上的保護，並將商品化的技術發展爲技術包裹（Technology Package），採行授權、合資經營或成立衍生公司等途徑，來落實商品化之成果。

　　Cooper則在階段程序模式中特別強調門檻的概念，其基本概念是將新產品開發中的工作分爲階段（Stage）及門檻（Gate）兩種，如圖12-6。「門檻」中的工作是爲了決定前一「階段」中所產出的結果是否足以成爲下一「階段」的輸入，也就是扮演著一種開門的關鍵角色。Stage-Gate系統縮短了新產品由觀念到商品化的過程，即在商品化的各個階段之間設立清楚的檢查標準，由守門員（Gatekeepers）來檢視是否要持續或放棄，並提供必要的協助。

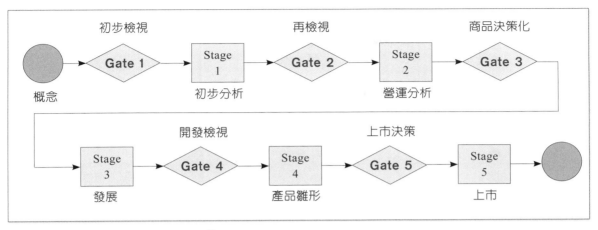

資料來源：Robert G Coope, Research Technology Management, Washington; Nov/Dec 2002, 45（6）, pp. 43-49。

圖12-6　Cooper五階段－門檻圖

二、同步工程模式

　　同步工程是指過去經常獨立作業的工程師、產品經理與銷售人員等，現在並肩工作，共同設計出顧客所需要、同時符合成本效率的產品。以British Columbia大學的產學聯絡辦公室（Unervisity-Industry Liaison Office, UILO）對於該校的技術商品化的管理程序為例，則是採同步工程的方式執行技術商品化的任務，即(1)科技主體的任務是產生商品主體；(2)行銷主體的任務在於市場的攻佔；(3)融資主體係籌措技術移轉基金、種子基金及規劃日後上市、擴建資金之工作。技術經UILO初步評估及雛型發展方案形成後，再選擇商品化的途徑：成立衍生公司（Spin-off）或授權（Licensing）。

　　整個來說，公司在技術商品化的過程中，需結合研發、製造、行銷及服務各部門的資源（Nevens, Summe, Uttal, 1990），茲將技術視為商業資產（Commercial Asset），因而從智慧財產權的角度來進行技術商品化工作，在技術商品化過程中即尋求法律上的保護，並將商品化的技術發展為技術包裹（Technology Package），採行授權、合資經營或成立衍生公司等途徑，來落實商品化之成果（Adoutte, 1989），而技術商品化之過程，如圖12-7所示並說明如下：

1. 確立需求（Indentification of Need）與初期內部研究（Preliminary Internal Research）：先確立需求之後，再依本身的專門技術和專業能力來做前導性的研究。

2. 發展確認（Validation）與發展（Development）：經初期研究階段的發現與研究結果，來決定是否要終止研發或繼續發展下去。

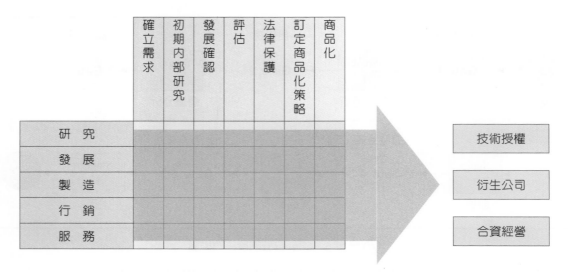

圖12-7　技術商品化之過程

3. 評估（Evaluation）與法律保護（Protection）：從技術面（技術是否有重大突破？是否為尖端技術？技術有否顯著的利益？技術生命週期為何？）、市場面（能否迎合市場所需？市場是否夠大？是否為成長中的市場？利基市場為何？市場是否容易進入？）（UBC, 1996）、及財務面來評估該技術的價值，並尋求專利保護。

4. 訂定商品化策略（Definition Of Commercial Strategy）和商品化（Commercialization）：透過對市場潛在顧客評估之後，制定適切的商品化策略，並執行之。

　　整個技術商品化的過程是反覆不斷地進行，而商品化方式可透許多途徑來達成，如技術授權、衍生公司、合資經營、策略聯盟…等。

12-4　技術商品化的關鍵人物　★

　　技術商品化的途徑中，最常為業界所運用的方式除產品／技術賣斷外，另有技術授權、衍生公司、合資經營及策略聯盟（MacBryde, 1997；UBC, 1996；Adoutte, 1989；Ehretsman, etal, 1989）等，皆是擴大技術商品化的機會，使技術商品化的途徑，可有多樣的選擇與評估。

一、技術商品化的關鍵人物

　　Roberts（1975）引伸了Rothwell的論點，將技術商品化過程中關鍵人物，依其功能性任務列舉了各商品化之重要人物：

1. 具創造力的科學家（Creative Scientist）及發明者（Inventor）：其主要角色是提供新的想法，然而這些創意及想法，須和公司的策略與市場的需求充分配合，並非是個人的一時興緻。

2. 創業家（Entrepreneur）：創業家的角色是去擁護創意並予以落實，此人須尋求其他人對此想法的支持與信任，並深信該創意具有高度的市場價值。

3. 專案經理（Project Manager）：其角色是整合來自不同領域的人員，並促使成員能夠團結，朝向創新的目標而邁進。

4. 贊助人（Sponsor）：贊助人的角色是提供組織一道窗口，資助創業尋找創業基金及相關支援。

5. 技術守門員（Technological Gatekeeper）：實際去閱讀專業期刊並定期參加研討會，與外界關係密切，而提供組織核心的技術資訊。

6. 生產工程師（Production Engineer）：針對研發及設計人員，就公司在生產過程中的限制與能力所在提供建議，並建議優先的設計程序及特定材料的使用，所以其角色是管理在上市前的創新及製造上的所有問題。

7. 行銷人員（Marketer）：不斷地收集消費者需求的資訊及市場變化狀況，而其所提供的資訊，往往為創新的原動力。

8. 資源控制者（Resource Controller）：分配充裕的資金給予特定專案，使其能有所進展，並確保生產與行銷人力和原物料資源於所需之時，能充分供應。

　　上述八者，乃是影響技術商品化的關鍵人物，其因技術商品的策略或途徑的不同；而有所調整；並因策略與技術商品化途徑的差異，各扮演著不同的角色。

　　但是從企業規模區分，關鍵人物亦會因企業規模而有所不同，如表12-1：

📍 表12-1　以企業規細分技術商品化的關鍵人物	
公司規模	**技術商品化之關鍵人物**
中小企業	具創造力的科學家及發明者、創業家、技術守門員
中小企業/大型企業	專案經理、資源控制者
大型企業	贊助人、生產工程師、行銷人員

　　依衍生公司的途徑將技術商品化，其衍生過程有三大階段：

1. 智慧財產權的產生與保護階段。

2. 商品化階段。

3. 衍生公司推動發展階段。

　　將各階段的主要參與角色（陳怡之，1998）整理如圖12-8。

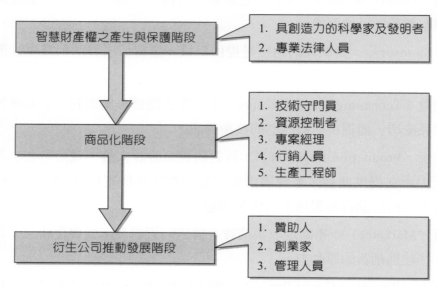

圖12-8　各階段的主要參與角色

資料來源：自陳怡之（1998），「中科院技術創業培訓課程」教材。

學 習 心 得

1

企業從事技術商品化之目的包括：增加收入、維持公司成長與競爭力、呆滯技術的活化、創造新商機、市場占有、技術延展及擴散、技術創業、成果的落實。

6

影響技術商品化的人物有：具創造力的科學家及發明者、創業家、專案經理、贊助人、技術守門員、生產工程師、行銷人員、資源控制者。

2

技術商品化能力指標有上市時程、市場策略、市場區隔權、技術廣度。

5

技術商品化的製程包括整合研究、發展、製造、行銷和服務等活動，進行概念產生、設計及發展、製造與行銷、持續改善等。

3

技術商品化之通則：將商品化視為公司發展的首要、設立目標與標竿、建立跨職能部門之技術、高階主管參與。

4

標竿公司具有的技術商品化能力關鍵為：新產品上市時程短、新技術涵蓋範圍廣、新產品較多、技術廣度夠。

為何「i8」要大改版（款）呢？

　　蘋果手機（iPhone）是現代最盛名的手機，也是消費者最愛的手機種類之一。從科技管理與創新角度來談，iPhone每一種類型皆有很大之創新。近期蘋果公司正為iPhone 8（簡稱i8）之改版正在加速進行中。

　　蘋果公司為迎接iPhone十週年，預計在2017年進行iPhone 8的大膽改版，包含有：OLED面板、玻璃機殼、全面雙鏡頭、AII處理器等，皆是創新的做法。國內的PCB族群利多，如華通、欣興、景碩及臻鼎等公司，當中只有景碩屬於純IC載板廠，可望優先受惠。市場推估蘋果的類載板產值達到數百億元。從上述的資訊，在討論科技管理議題中，我們可以充分了解，科技的應用，必須時時與先進產品相互結合，在研發部門的策略方針，除了觀察該項技術發展方向之外，最重要在於「加入流行產品之供應鏈，表現自己在該產品之重要性，也必須常與上游公司的研發部門連繫，建立共同利益的夥伴關係。」

資料來源：經濟日報2016/11/5，B2版，趙于萱撰

活動與討論

1. 請上網找iPhone手機的發展過程，並說明iPhone 1至iPhone 7的成功商品核心關鍵因素。

2. 請描述i8新手機的特色，並加以分析科技創新的價值與策略方針原則為何？

 問題與討題

1. 説明技術商品化之目的與過程。

2. 任天堂從過去獨立的技術研發到現在的寶可夢，請試圖分析在商品化的過程中的考慮因素。

3. 請試圖由生活周遭的商品為例，分析這些技術商品化的目的有何不同？扮演技術商品化的關鍵人物是誰？

參考文獻

1. 陳怡之（1999），「智慧財產權之衍生利用--技術商品化問題之研究」，智慧財產權，創刊號。

2. 陳怡之（1998），中科院技術創業培訓課程教材。

3. 陳怡之（1994），智慧財產權與技術移轉之研究論文集，華泰文化。

4. 陳怡之（1994），「研發成果之擴散及技術移轉」，工業財產權與標準月刊，中央標準局，12月號。

5. Adoutte, R.（1989）. High Technology as a Commercial Asset. International Journal. of Technology Management 4（4/5），397-406.

6. Betz, F.（1998），Managing Technological Innovation – Competitive Advantage from Change, John Wiley & Sons, Inc.

7. Botham, R. and Eadie, G. A.（1997）. Research-Industry technology transfer: Commercialisation of the science base. Industry and Higher Education 11（1），28-34.

8. Cooper, R.G.（2002）.Optimizing the stage-gate process: What best-practice companies do-II. Research Technology Management 45（6），43-49.

9. Cooper, R.G.（1990）. Stage – Gate System : A New Tool for Managing New Products, Business Horizons 33（3），44-54.

10. Ehretsmann, J., Hinkly, H., Minty, A.and Pearson, A.（1989）. The commercialization of Stagnant Technologies. R&D Management 19（3），231-242.

11. Kelm，K.M.，Narayanan，V.K. and Pinches，G.E.（1995）. Shareholder value creation during research-and-development innovation and commercialization stages. Academy of Management Journal 38，770-786.

12. MacBryde, J.,（1997）, Commercialization of University Technology: A Case in Robotics, Technovation 17（1），39-46.

13. Nevens T M, Summe G L, Uttal B.（1990）.Commercializing technology: What the best companies do. Harvard Business Review 68（3），154-163.

14. Olesen, D. E.（1990）, Six Keys to Commercialization. The Journal of Business Strategy 11（6），43-47.

CHAPTER

13

策略聯盟與生態系統

Technology Management

1 認識策略聯盟的意涵。

2 認識高科技公司的成長歷程。

3 認識企業購併之意義。

4 了解企業購併之策略規劃。

5 了解企業購併時，有哪些是值得注意的問題？

6 了解過去的購併案例的情形。

科管最前線

取經Uber庶民經濟概念──104的科技創新與加值

　　在20年前，104人力銀行是一家單純的人力媒合網站，變成「一零四資訊科技集團」。雖然在成立前幾年，適逢網路泡沫化衝擊，但104仍然成長，並於2006年股票上市，成為「百元俱樂部」成員。目前104的「產品」有：1.人力銀行。2.獵才派遣。3.人資學院。4.加值服務。公司「使命」有：1.幫孩子找到天分。2.不只找工作、幫你找方向；不只找人力、幫你管理人才。3.發揮健康長者價值、照護失能長者尊嚴。

　　104人力銀行經過20年來之努力，提出不少科技創新與加值的現代服務內容，如創辦人楊先生，在近年來認為：104公司不僅替企業找需要人力之外，更關切到「一個人能否長期的表達自己，讓自己有長期被了解的機會」，這就是楊創辦人提出的104使命：不只找人才，還幫企業管理人才。是定義「104＋」（104plus）的104分公司有崇高的「職涯社群服務」。同時，在104公司之使命中，又取經Uber，攻銀髮照護。作法是協助上班的兒女幫忙照顧父母親，如父母親吃的問題，應用Uber的庶民經濟概念解決，試著整合較遠的地區、沒有上班的主婦，他們的家庭廚房可以成為老人三餐問題的解決點。

資料來源：《經濟日報》2016/12/05，A16版，彭慧明撰

活動與討論

1. 請介紹104公司如何成為一家「資訊科技集團」的上市公司。並說明其創新的作法。
2. 請說明104公司的使命與取經Uber的創新作法，來照顧銀髮族。

　　從策略的觀點來看，購併是指企業在進行垂直整合或多角化策略時，不採用「內部發展」的方式，而藉由直接買入該產業或市場中已經存在的企業來進入該市場。購併活動在90年代末期掀起另一波高潮，每天在全球各地都有新的購併案例出現，且不斷創下刷新購併金額新高之案例。其中高科技產業的購併案件尤頻，如：半導體業、製藥業、生化科技、電信業等都紛紛期以購併方式達到企業外部快速成長之目的。

　　90年代末，超高額購併案例迭迭出現。例如：1999年，MCI WorldCom擬以1290億美元購併Sprint，跨足無線通訊服務；在2000年，美國線上（AOL）以股票換購方式，合併時代華納（Time Warner），成交值更高達3500億美元之譜，創下企業購併案金額新高點。2006年YAHOO奇摩併購國內的知名社群網站－無名小站，明碁併購德國西門子手機部門，也成為大家津津樂道的案例。這些活動說明了以購併方式來達成企業外部成長的目的，無疑是企業在策略運用上常見的方式，企業進行購併的活動預料在下個世紀仍將持續上演。

　　對於企業而言，在購併時從事技術有效的管理，將影響購併的成敗及公司的創新能力（James, 1998）。因此，在購併案執行過程中，必須特別注意技術層面的相關事項。本研究即就此，針對企業進行購併時，購併策略決策過程中整體之策略考量、及購併過程中尋找與檢視目標公司之作法等，進行研究探討。

13-1　策略聯盟與購併之動機 ★

　　投資研究機構Thomson Financial數據指出，2004年購併金額總值為8,240億美元，而2005年併購金額達到1.21兆美元，2015年併購金額已經到達4.6兆美元的規模。近年來併購交易件數與金額屢創新高，尤以西歐、美國與日本最為盛行。臺灣與中國的企業亦不能免於併購潮流，臺商不僅在國內盛行併購，更擴及中國與美國市場。中國企業積極的在世界各地展開併購活動，以前中國以能源、製造業為重心，近來對高科技、醫療、零售與娛樂等產業的興趣也愈來愈高，在2016年上半年已經成為全世界併購活動比重最高的國家。

　　策略聯盟指兩個或多個的企業或事業單位，為了達成策略上彼此互利的重要目標，用以確保、維持或增進公司的競爭優勢，所形成的伙伴關係。企業併購與策略聯盟已成常態性經濟活動，也是主要的成長策略工具。然而歷來研究併購績效的文獻都指出併購失敗機率高達50%至75%之間，而跨國併購的難度更高。策略和併購活動興盛的主要原因之一，是因為許多高新科技產品，必須橫跨不同技術領域和不同管理領域的技能。

圖13-1　公平會批准日月光與矽品的合併案（圖片來源：中央社）

　　以生物科技技術領域為例，愈來愈多的公司發現，一種產品往往需要結合不同的技術，才能達到診斷、監測或治療的效果，如藥物釋放產品就必須結合藥品和器材才能發揮作用，而許多基因體上的新發現也必須透過醫療器材才能充分發揮其功能。在這種技術複雜化的趨勢下，大型公司為了擴張產品線及市場佔有率，通常會採取購併的行為來節省研發時程，這種現象在同屬生物技術產業中的生技公司、醫療器材公司和藥廠之間表現得更為明顯。

　　2015年的交易，不乏規模數百億或上千億美元的轟動大案，如製藥業的美商輝瑞（Pfizer）買愛爾蘭商愛力根（Allergan）、啤酒業的全球老大百威英博（AB InBev）買美樂（Miller）、能源業的荷蘭殼牌石油（Shell）買英國天然氣集團（BG）。其中值得注意的是，科技和製藥公司由於特別注重專利等智慧財產權，這些公司運用購併中小型的藥廠，以快速獲取製造和行銷能力。

　　購併失敗機率高達50%～75%之間，進一步來看，企業如購併較相關的企業，成功率為36%，購併異業公司，成功率只有26%；購併規模較小企業，成功率為41.5%，購併規模較大企業，成功率只有25%。當然這些數據都是以財務指標為主，讀者不能盡信，事實上在這些財務指標背後，企業經營者存有許多不同的動機與策略。

　　在美國的高科技產業中，當企業走到成長時期時，有三分之一會上市，找尋新資金；三分之一採取合併，而另外的三分之一是什麼也不做，關門大吉。由此可以看出，在高科產業中購併已成為一種不可取代的成長、生存方式，如圖13-2所示。

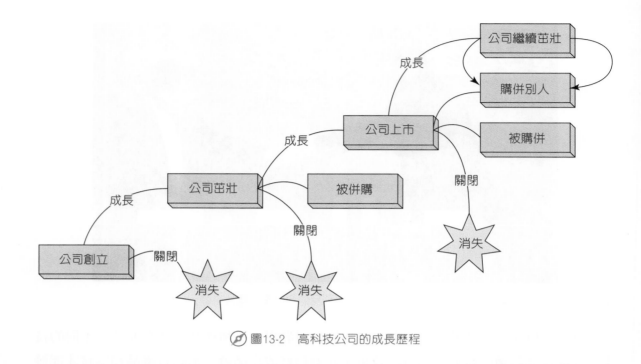

圖13-2 高科技公司的成長歷程

　　以高科技產業中的半導體產業為例，由於半導體產業具有明顯的規模經濟特性，合併可達到提升效率、降低成本的目的，因此，購併被視為是一種有效率的獲利方式，可藉以提升市佔率或替公司帶來核心能力中所欠缺的重要要素。目前，有兩種主要的購併策略被用於半導體公司：(1)智慧財產的獲取（Intellectual Property Acquisitions）；(2)綜效性產品線合併（Synergistic Product Line Mergers）。其中「智慧財產的獲取」，顯示高科技產業對於無形智慧資產的重視及需求，藉由「智慧財產的獲取」取得公司核心能力中所欠缺的關鍵知識，或減低建立新技術對公司在技術及市場面臨的巨大風險，隨著這一波的購併風潮興起，毫無疑問，半導體產業之中使用購併做為縮短產品上市時間、多角化分散產品線、增加股東價值方式的公司將會持續增加。

　　購併被視為企業快速成長的方法之一，也是現代高科技企業慣用的一種方式。購併（Mergers And Acquisitions, M&A）一辭常概括用於描述經營之移轉。惟「合併（Merger）」與「收購（Acquisition）」的法律意義並不相同。

　　「合併」是指依據法令規定完成一定程序後，由存續公司或新設公司概括承受消滅公司之一切權利義務，目標公司或收購公司因而喪失其法人人格者言之。「收購」則指以收購「股份」或「資產」取得目標公司經營權者而言。「合併」與「收購」約有如下之差異：

1. 「法定合併」後，存續（或新設）公司直接承受消滅公司之資產及一切債權債務關係。

2. 「股權收購」後，收購公司與目標公司仍分別獨立存在，目標公司則成為收購公司之子公司。

3. 「資產收購」後，收購公司與目標公司仍分別獨立存在，收購公司僅取得目標公司之資產。

　　購併實際上包括了收購（Acquisition）及合併（Merger）等兩種不同法律特性的行為，收購的方式常見的有資產、股權收購；合併的方式有吸收、設立二種。企業購併是指公司的「合併」與「收購」，就前者而言，包括吸收合併、新創（設立）合併；而後者則包括資產收購及股權收購。因此，一般而言，企業購併乃指企業經由合併、收購股權或收購資產的方式，以取得經營權或控制權之經濟行為。目前國內對於此經濟行為的稱法眾多，包括「合併與收買」、「併購」、「兼併」、「收購」、「購併」等。為保持名詞使用之一致性並兼顧時下社會大眾對「購併」一詞的使用日益頻繁、接受程度已高情形，因此，全文採以「購併」一詞稱之。

📎 圖13-3　鴻海公司專業技術為標竿公司，圖為在中國深圳的品質管制廠房（圖片來源：維基百科）

13-2　企業購併之策略規劃　

　　司徒達賢整理Clueck（1979）之說法，認為企業購併與公司整體策略規劃模式的關係，可用圖13-4來表示。

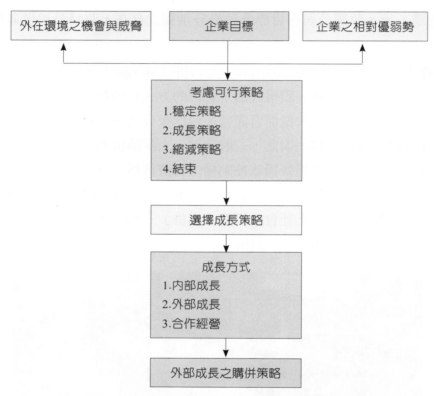

圖13-4　企業購併與公司整體策略規劃模式的關係

　　企業在整體性策略規劃，往往因本業前景發展有限，而積極地主動追求跨入其他產業。為尋求另一個成長空間，因而主動進行購併的專案規劃。企業也可能在短期面臨某項內部問題或外在威脅，而欲積極經由購併來解決問題或解除威脅。不管是長期或短期發展的需要，企業從綜效的觀點，主動追求營運上的整合，而想積極透過購併達成成長的目標，但企業也可能基於其他考量進行購併行為。因此，對於購併活動，企業可採取「積極式」及「機會式」的不同購併型態。此兩種購併型態的決策進行程序如圖13-5。一般來說，企業確定要採取「外部成長」的發展策略，即會採取積極式的購併型態，否則，一般常採取機會式的購併型態。

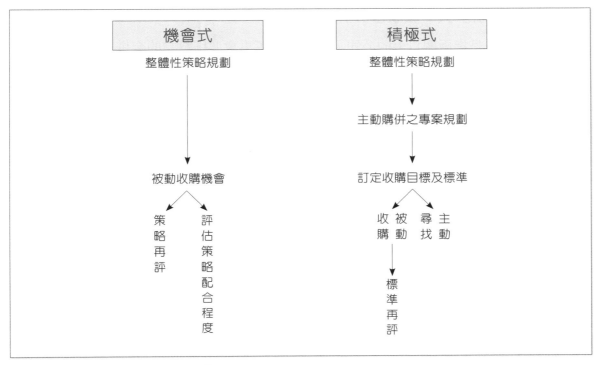

 圖13-5　機會式與積極式購併型態

13-3　企業購併的方式　★

　　所謂「購併」是指企業間的合併與收購，一般而言，企業在面臨激烈的競爭環境時，透過與外在現有經營體相結合，以快速達成事業外部成長的目的。目前實務上，企業的購併大約可分為三種方式，即合併、股權收購與資產收購。

一、合併

　　兩家或兩家以上的公司依照彼此所簽訂的合約，透過法定程序結合成新的公司。透過股權的購買或是交換，將二家以上的公司合併為一家。而合併的方式，可分為多種不同的方式，且各國亦有不同。以我國而言，一般可分為「新設合併」（設立合併）與「吸收合併」（存續合併）。而在歐美國家則盛行另一種類型的合併方式，包括有「三方合併」及「逆轉三方合併」。

(一) 「新設合併」與「吸收合併」

　　傳統之合併是指兩個以上的公司，依照雙方董事會共同訂立的合併契約，並經一定比例的股東決議通過後，歸併為一個公司。「新設合併」是與購併有關的公司都消滅，而另行成立一個新的公司，概括承受原公司的所有資產與負債，如圖13-6所示。

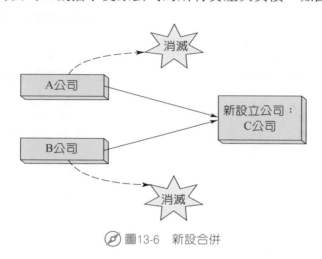

圖13-6　新設合併

　　而「吸收合併」，則可將被購併的公司併入購買公司，或是將購買公司或其他關係企業併入被購併的公司，由於被併入的公司法人人格消滅，因此僅有一個公司繼續存在，在實務上新設合併因較存續合併不利，而較少採用，如圖13-7所示。

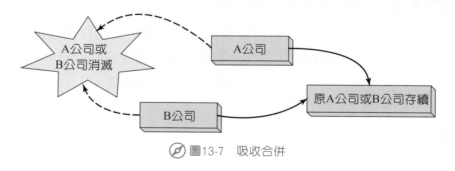

圖13-7　吸收合併

(二) 「三方合併」與「逆轉三方合併」

　　所謂「三方合併」，是指合併公司另行設立一由其百分之百控股的子公司，再將被併公司併入該子公司，此種合併方式，如圖13-8所示，除可享受傳統合併中確定掌握被併公司百分之百股權的利益，又不必擔心該合併案未能經子公司股東會決議通過，或遭合併公司之少數股東之反對而否決。

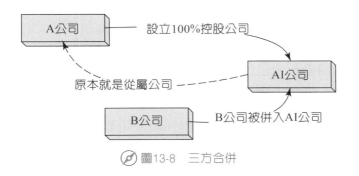

圖13-8　三方合併

　　而圖13-9中的「逆轉三方合併」是指合併公司於虛設一百分之百控股之從屬公司後，再將子公司併入要合併的目標公司，透過一定股權轉換或其他設計，使得該目標公司成為合併公司的子公司，此種方式兼具以上他種合併方式之優點，且因被併公司法人人格依然存在，合併公司不必承受其權利義務，亦沒有繁複的移轉所有權登記之問題，最重要的是，在美國的稅法政策下，此種合併方式可以達到免稅的效果。所以在歐美，目前實務上「逆轉三方合併」是最受歡迎的一種購併方式。

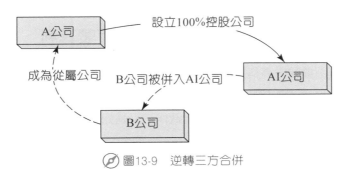

圖13-9　逆轉三方合併

二、股權收購

　　股權收購係指直接或間接購買目標公司部分或全部的股權，使目標公司成為收購者之轉投資事業，而收購者需承受目標公司一切的權利、義務、資產與負債。

　　就股權交易而言，優點在於可透過不同的管道掌握目標公司的股權，或是直接與目標公司就股權收購事宜達成協議，使目標公司成為購買公司的部門，或購買公司直接或間接控制的轉投資公司。但其缺點，在於必須概括承受目標公司所有的權利與義務。

三、資產收購

　　資產收購係指收購者只依自己需要而購買目標公司部分或全部之資產。此種收購屬於一般資產買賣行為，因此不需承受目標公司的債務，這是與股權收購最大的差異。

　　比較合併方式（消滅公司的權利義務由存續公司概括承受）及股權收購（收購公司因成為被收購公司股東而自然承受一切債務的購併方式），在「資產收購」的購併方式下，收購公司不必承擔被收購公司原有的債務，而成為凸顯的優點。但是因為收購價格的不易確定，如高科技產業所倚重的無形智慧資產價格不易評估，且移轉資產所有權時繁瑣的登記手續及相關文件的移轉，而成為「資產收購」的購併方式時須格外注意的地方。而原先存於被收購公司與他公司間的契約關係可否由收購公司承受，也要加以考量，如專利授權等，與智慧財產權相關的契約關係。

 科管亮點

光碟機廠與日商結盟　互蒙其利

　　權利金問題一直困擾國內高科技產業，對於光碟機產業而言其影響性又格外的深遠，尤其又以新興的 DVD-ROM 與 CD-RW 兩項產品為甚，究竟國內光碟機廠如何在高權利金的收取下仍維持一定生產毛利？而對岸的 DVD 播放機廠作法又是如何？這些都是國內光碟機產業發展的重要議題。

　　其實從國內光碟機廠保守拿捏對外公布出貨數字的態度已可見權利金問題的嚴重性。今年全球光碟機市場大賣，臺灣身為全球最主要光碟機生產地，廠商照理說對於具有正面影響的出貨量數字應是毫無避諱，但事實上除少數大廠外，多數小廠對於公佈出貨量都格外謹慎，選擇三緘其口。

　　對於國內光碟機廠而言，出貨量增加伴隨而來的往往是收取權利金廠商的緊迫盯人，舉例而言，去年建興對外公布公司 CD-RW 單月出貨量已達全球第一後，即立刻出現日本新力（Sony）向建興收取額外權利金的負面效應，當時的好消息一見報，雖對於股價有推升作用，但也因此使得建興花了不少工夫才與新力達成和解。

　　策略聯盟已成為國內光碟機廠在面對權利金問題時的普遍解套作法。相對於光碟片廠抱持相應不理、拒絕全數繳納權利金的態度，光碟機業者的作法確實漂亮多了，一直以來如國內明碁與先鋒（Pioneer）、飛利浦（Philips），建興與新力，以及建碁與理光（Ricoh）的代工合作關係，雖然相關業者都不願承認，但藉此關係以降低權利金對公司造成的傷害，大家都已心知肚明。

此外，國內光碟機業者與擁有專利權的日本光碟機廠之間，大多存在一種「一邊拿其關鍵零組件，一邊又為其代工生產」的微妙關係，雙方藉此關係互蒙其利，對於權利金的問題自然就容易談得多了。

當國內光碟機廠保證會向收取權利金廠購買一定數量關鍵零組件時，對於日本光碟機廠而言，權利金部份損失其實可透過增加關鍵零組件訂單補回，而若是國內光碟機廠又恰好為其代工生產時，權利金就根本不成問題；此外，也由於日本各光碟機廠不可避免的競爭環境，使得國內代工業者能夠選擇投靠其中某一大廠，而因此規避掉部份權利金。

事實上，光碟機產業在國內已發展多年，包括工研院光電所與國內業者都已擁有相當程度的專利權，但藉由低調與大廠合作以規避權利金的作法仍一直存在，甚至如新力 此次提出無理要求，國內業者也不得不買帳，究其原因，除受迫於關鍵零組件掌握度不高外，更擔心新力直接與 PC 大廠槓上，迫使 PC 廠為免去麻煩而改找其他代工廠。

其實與大廠合作說穿了就是希望因此達成「雙贏」局面，而其中總會牽涉到權利金與關鍵零組件兩個部份，目前建興與日本 JVC 合作，對外雖說是有意聯手搶進大陸市場，事實上，已是建興主軸馬達（Spindle Motor）主要供應商的 JVC，主要目的是希望 因此增進雙方的採購關係，進而在權利金部份達成一定共識。

舉例來說，目前新力最後與建興達成和解，對於建興而言可說是「輸了面子、贏了裡子」。整體而言，建興與新力達成和解，對於建興是利多於弊，雖然建興必須對新力支付額外的權利金費用， 但由於此次額外權利金的調整幅度遠低於原先外傳的 1%，加上新力已同意增加今年對建興下單數量，雙方並已敲定今年上半年內會在既有 的光碟機產品之外，建立新的合作模式。

資料來源：胡釗維（2002/7/13 日），工商時報。

13-4　如何在購併過程中保留智財權與研發團隊 ★

在十倍數競爭的時代中，企業購併是高新產業追求快速成長、攻城掠池的策略手段；雖然多數企業購併是以降低成本作為主要考量，但是也有許多購併案例描述企業快速進入新市場和取得關鍵技術的方式。同時有越來越多的購併案例的顯示有效管理智慧資產組合，已經是公司快速成長和維持競爭優勢的重要考量。

2002年資訊業最重要的消息，莫過於全球第二大電腦製造商惠普宣布將以250億美元購併康柏電腦。觀察新經濟下的企業購併活動，可以發現投資人在對購併認同上，新技術的取得更勝於成本的考量。因此，以技術和成本為主要併購原因的策略，似乎越來越能反映出新經濟下的價值。

　　以思科（Cisco）公司為例，8年內買下了59家公司，並且把它的智慧資產組合由單純的路由器公司，擴大到區域網路和廣域網路事業。在購併過程中考量是否能獲得關鍵技術，以快速進入新事業，因此留才是首要的考量，短期報酬只是其次。其他企業像是IBM購買蓮花（Lotus）進入群組軟體市場、惠普（HP）購併XML元件設計公司進入軟體工具市場…等案例不勝枚舉。知識經濟大師梭羅也強調未來企業中的財務長將會被知識長（Chief Knowledge Officer）所取代，這些成功企業購併時所持的觀點也就正好說明了這一切。

　　企業購併中並沒有放諸四海皆準的最佳解決方案，但是歸納實務上的經驗仍然相當的有參考價值。有四個非常值得注意的問題，分別是：

1. 如何進行團隊、領導的轉換與建立新的文化。
2. 如何透過慰留和合理化來管理參與變革中的員工。
3. 如何發展出組織溝通策略。
4. 如何管理智慧資產組合。

一、團隊、領導的轉換與建立新的文化

　　高階主管必須展現高度的誠意和公平性，理性的從買方、賣方兩邊團隊中拔擢優秀的人員，並且清楚的勾勒出研發願景。研發部門在合併後必須注意是否能夠和其他單位協調與整合。以達碁和聯友合併案來看，雙方就希望能建立「第三套」運作系統，發展出一套新企業文化來融合兩家不同的企業。另外有一個失敗的例子是戴姆克萊斯勒公司合併後，原有的克萊斯勒公司重要員工因為企業文化格格不入以後紛紛出走，戴姆克萊斯勒公司合併後的競爭優勢也應此大受影響，投資人顯然對於新公司的技術能力存有相當疑慮，儘管新公司已經透過大量裁員來降低成本。

二、透過慰留和合理化來管理參與變革中的員工

　　購併實務中最困難的問題就是如何慰留和辨識關鍵性員工。主管不僅要清楚的了解什麼是購併的最大利益，也必須在最短的時間內做出抉擇。一旦時間拖長了，員工之間的信賴感降低，對於領導階層的能力也會產生疑問，更可怕的是組織變動的謠言很快就會充斥在公司的各個角落，甚至凌駕公司的說明。

　　新企業必須採取公開和合理的雇用程序，讓每位員工清楚的了解公司用人的四項原則。這四項原則是：

1. 專業技能：高階的管理人員必須留意公司成長過程中所需的各種人才，才不會使公司的成長受阻。

2. 效能：不僅要強調個人的專業，在考量員工的績效時，是否能夠與大家共同合作完成工作也是很重要的考量。

3. 經驗：購併後的公司對於有經驗的員工仍然必須重視，因為企業中最寶貴的資產往往存在於這些經驗老道的員工身上。

4. 多元化：不斷的讓員工有多元化的想法、教育會持續創新的基本環境。

三、發展出組織溝通策略

　　在購併過程中謠言滿天飛往往是造成員工焦慮不安和生產力下降的主要原因。要克服這個問題，主管必須建立順暢的溝通管道，而且在購併案宣布時立刻進行。90年4月宏碁和聯電旗下TFT光電廠合併案，內部已經舉辦十多場說明會，並且希望建立達碁和聯友之外的第三套運作系統。89年6月臺積電購併德碁時也花了幾千萬元在建立組織溝通。

　　購併後公司內的員工想知道誰當家作主、怎樣作主以及哪些事情會改變？對於外部環境而言，顧客會希望知道哪些產品會停止生產？供應商會想知道他們是否仍是伙伴關係？策略伙伴會想知道公司的發展策略是否會改變？在合併過程中讓員工的配偶和家人擁有股票或許也是很好的作法。提出適當的員工協助方案（Employee Assistance Program），主動鼓勵員工的家庭成員支持這項新計畫應該會使員工有更多的向心力。

四、管理智慧資產組合

　　智慧資產組合管理是研發主管的重要職責，也是公司的重要利益。像是宏碁在2000年跟IBM的一項技術移轉合約中取得IBM在筆記型電腦、伺服器、網路和顯示器上的專利。事實上也和戴爾（Dell）、惠普（HP）等企業維持這樣的關係，而IBM更將智慧資產的組合管理當成是取得競爭優勢的策略。

　　研發能力是企業流程中最顯著的加值過程，因此必須清楚了解購併後的技術策略和技術落差。研發主管必須把被併公司的智慧資本分門別類地提供給公司的研發成員。當

然，要整理被併公司的無形和有形的知識，並且加以吸收、整合、以發揮出最大效益，往往是項嚴苛的挑戰。

在新經濟的環境下，企業購併越來越重視技術的發展。在新興的高科技產業中，可以發現知識和技術對企業利潤的影響不斷加大。儘管購併的成功取決於每一個環節都能順利進行，但是似乎事前準備的態度，就已經反映出購併的價值。從戴姆克萊斯勒公司的例子看來，研發主管往往也是購併團隊的重要角色，有責任去避免重要的研究發展策略受制於重視財務績效的投資銀行和諮詢顧問所影響。

當有意願進行購併計畫時，也應該更早（在消息發布前）規劃好有關技術單位的整合流程和策略，不只投資人對於新技術的前景、新技術和企業的相關性有很敏感的反應；而企業最終的利益和研發團隊的價值更是息息相關。

科管亮點

企業的組織架構，要跟隨任務改變嗎？

企業因應公司規模之發展，宜順應社會環境之變化而調整之。就以統一集團為例，在 2019 年 7 月就宣佈：公司成立 52 年來，首次實施共同總經理制。統一集團董事長羅智先指出：「這種管理是為了未來 50 年之布局，甚至以統一的規模，設十個總經理也是 OK」。統一集團為應因消費者的快遞需求，正設立「亞洲大平臺」，希望藉著公司需求， 培育更多經營人才。羅董事長特別指出：「大家不必過度聚焦一個或兩個總經理，因為組織是要跟隨任務的改變而即時彈性調整之。因組織不改變，大家思考的模式不會改變」。現在消費習慣和形態正在轉變，不能用過去 50 年的既有方法來思考。從 2020 年開始，除了臺灣，全亞洲都會變成一個自由貿易區，要如何調變貨物區變成一大課題。因此，其組織架構就必須加以調整之。

統一集團設立兩個總經理，其中一位負責臺灣市場，另一位負責海外市場，兩位總經理相互分工合作。依大家學習管理的經驗，有怎樣的工作任務，就得設計因應的組織架構，組織架構亦依據公司的企業文化與發展理念來研討之。

資料來源：經濟日報 2019.7.7，A3 版（焦點），曾仁凱撰

13-5 企業購併與智財權管理

　　今天科技成為購併活動的首要驅動者，不論是購併者或被購併者應全面地衡量影響購併交易的相關智慧財產，尤其當智慧財產為購併中的主角時更應如此。當買方對於賣方相關的智慧財產資產了解不夠時，不僅無法得到交易可帶來的全面價值，且有可能因賣方目標公司的專利、商標及著作權侵害到其它第三者的智慧財產權而招致法律上的問題。因此，購併前從事智慧財產相關調查不僅可為購併者帶來的收益，並且可避免許多意外問題的發生。

1. 早期對智慧財產相關議題的注意

　　若買方公司採積極地以購併方式達到外部成長，則應列出公司經由購併可達成的企業目標。同時應將目標公司擁有的專利或其它智慧財產資產，放入購併策略及目標之中。在從事任何購併行為前，對於策略的實施應以自我的評估開始，決定什麼是買方所要的目的，如何使目標公司的資源能滿足這些需求並提升價值，最後在購併案中，對本身目標的自我檢查更是重要。

2. 文化適配性（Cultural Fit）

　　對於購併者而言，本身科技文化與被購併者相容是一件很重要的事，因此，買方必須針對科技面對本身文化做自我評量。如買方是否認為自己是科技導向的公司，使公司宗旨為建立並開拓可能範圍內最好科技，或者專注於通路或成本因素而非建立頂尖科技的研發。如果買方並不了解本身的科技文化，那麼在尋找購併時，就有可能購併與本身科技文化不同的公司，而導致失敗。

3. 買方對本身技術及智慧財產的評估

　　買方對於本身的智慧財產資產須先行審視及建立目錄編檔，以便能有效吸收應用新獲得的科技資產，使得購併案具有效率及效用。買方藉由對本身智慧財產資產的審查及建檔目錄工作，在尋求目標公司者時，便可依自己的需要找到可以在技術、專利或品牌上填補本身弱點的購併對象而產生互補的功效。在未先對本身的智慧財產資產做審視及建立目錄編檔工作情形下，容易發生購併與本身優、劣勢重疊的公司而形成多餘的資源浪費。

　　當買方所尋求的目標是具有高邊際利益、高市場佔有率的高獲利公司時，此時購併對象就應以核心產品特性具有高品牌知名度或專利優勢的公司。買方進行內部的審查，可以幫助自己評估究竟是以內部成長方式或外部成長方式較有利，因此在購併策略形成時買方對本身技術及智慧財產的評估是相當重要的。

4. 買方建立評估購併對象公司的架構

在買方對購併程序及機制有了初步了解後，應建立一個可過濾評估目標公司的架構。例如：以多角化延伸進入新產業為目標時，應執行對目標產業的調查，此時應注意產業的文化與市場情形跟本身的宗旨、價值所在、能力及企業目標有沒有重大衝突。以擴張核心事業或獲取本身核心事業所缺的關鍵技術能力為目標時，可縮小範圍至核心事業的相關技術等做分析調查。

5. 對技術資產的評估

針對欲購併的目標公司在事前進行有關其主要技術、及技術的生命週期做調查評估，以及與買方在技術上的配合性、互補性調查，藉由此調查，可得知雙方的技術是否重疊或缺漏。例如：評估目標公司的專利優勢與買方公司是否具有互補性，了解被購併公司的專利及應用專利的產品，這項分析有助於幫助買方公司了解雙方在重要的科技技術領域是否具有互補的效益存在。

6. 人力資源的管理

根據一項被引用到公司研發人員的80/20法則，在一企業中80%以上的創新研發是由公司中少於20%的工程師或科學家所研發的。因此當公司進行購併時，被購併公司的重要人員流失可能造成嚴重的士氣打擊、再訓練的投資浪費及知識Know-how的斷層現象，因此購併事前對目標公司的員工調查、溝通等相當重要，藉由激勵及給予報酬的誘因使他們能繼續為新公司效力並持續其對買方公司的貢獻。

7. 對研發能力的評估

在過去，購併進行時買方被認為具有較多優勢，因為他們能搜集許多重要的資訊去影響交易，但今天在要購併一家以科技或智財權為主要資產公司時，買方便不見得具有優勢了。因為買方在評估賣方科技資產時，常會忽略其研發內容及未來發展潛力，而評估失當會造成機會流失，因此，一項詳細徹底的技術稽核便十分重要。

8. 競爭力的評估

在審視的階段中（Screening Stage）必須考慮在整合雙方的科技及智慧財產時可能面臨的問題，買方必須確認賣方的智慧財產是否具正式的效力，目標公司的產品不會侵害第三團體的權益，並且有權自由地移轉其智慧財產權。

例如：可能的專利或著作權侵權問題、產品重新設計的問題，可由事前與第三團體做授權或交叉授權協定來解決；而當問題是無法解決或須花費鉅額成本、時間、人力時，則考慮放棄此購併案。對目標公司做競爭力的評估，可以確認在購併後，目標公司的產品及服務是否屬於可持續成長公司，並且預防半路殺出的競爭對手造成的威脅情況。

9. 依購併目的列出可供利用的智慧財產

如果買方的目的是爲了使市佔率能提升，那麼透過對目標公司的審查可以了解對創造該公司市佔率有重大貢獻的專利、品牌及其它智慧財產；如果目的是爲了提高潛在進入者的進入障礙，那麼可藉由目標公司的專利、著作權及技術等來創造出進入障礙；而當目的是爲了降低競爭者的競爭力或排除競爭者時，此時專利便爲最主要降低競爭者競爭力及排除競爭者的工具，如科達即可拍。

10. 仔細審查風險

因爲競爭者有可能會視購併案爲威脅而採取法律訴訟方法阻止購併，所以針對目標公司的智慧財產資產與競爭者的相關產品、智慧財產是否有衝突關聯性做仔細的審查可幫助買方做出適時的規避措施。通常在購併文件合約中，賣方會提出所出售的標的物不會侵犯第三團體智慧財產權的保證及賠償條款。但是一個聰明的買主並不能只依靠合約的保證，因爲當眞正面臨法律訴訟問題時，訴訟費用的支出、購併機會成本的增加、人力資源的浪費及可能損失的潛在利潤等都會使一個公司元氣大傷，因此仔細審查風險是購併前所必要進行的工作。

11. 計算報酬

購併者對目標公司的智慧財產資產進行審查評鑑（Due Diligence）時，常因發現目標公司無形資產的價值而影響對該購併案的態度，若因對審查評鑑的不重視而忽略了目標公司的重要無形資產，便使購併者損失了利用的機會，這是時常發生在購併案中的例子，因此，有良好的審查評鑑，才可能使公司能在購併案中成爲眞正的贏家。

圖13-10　戴爾電腦（Dell）以670億美元買下EMC公司，爲IT史上最大併購案（圖片來源：Dell電腦）

13-6　購併後企業組織策略的調整　

　　企業購併在90年代成長快速，光是2000年就發生了規模達到3.4兆美金的規模，發生件數達到31,528件。購併失敗率常常高達5成，那麼在代表購併後未來一年內會有超過半數公司的股東權益價值下降。

　　從過去的購併案例來觀察，組織的調整可以分為獨立運作、由別家公司接管、對等購併或轉型改造四種選擇。

　　「獨立運作」模式就是大多數員工待在原位，此時唯一須釐清的是最資深主管們的角色（在高科技產業中，往往必須注重關鍵研發人員的角色）；「接管模式」是由買方企業的管理階層著手進行，但當被併公司團隊顯然較優秀時則需例外處理，例如：被併公司在某些領域比起買方公司更為出色，因此收購者迅速確認被併公司的重要員工，告訴他們仍將被委以重任，如思科的購併方式，事實上是借重原有公司的研發能力。第三種「對等購併」模式則是考慮讓雙方精英都有機會出線成為主管，例如：聯友、達碁採取對等合併成為友達光電。最後一種方式是採行「轉型改造」作為解決方案，則需找出「讓雙方都加分」的最佳方式。

　　觀察宏碁在1989年到1991年期間連續進行的國際購併案例中所存在的基本問題，有不同組織文化整合時管理制度和獲利方式等問題。市場上通常會對購併的成果給予一段觀察期，不過投資人的耐性也不會很久，股市就會回應它的績效。

　　思科（Cisco）公司顯然是目前文獻上在購併領域的最佳典範，思科的購併策略主要是考量是否能進入新事業、人才維持率和財務回收。這樣的思考策略使得思科在1999年中購併了18家公司，2000年購併了21家公司。在進行每一次購併的同時，思科公司會清楚的了解它的目標，以及要運用什麼樣的策略和戰術來達成目標。

　　進行購併前會審慎進行兩件事，首先是要仔細考慮兩家公司在文化上、研發上的問題；第二是思科也樂意讓被併公司維持他們風格的獨特。思科購併的公司大都是內部沒有發展的事業，因此思科購併的對象當然是市場中的專業或是利基產品的領導廠商。思科認為在購併的過程中，關鍵因素在於很多財務報表上看不到的隱性資產。思科的經驗是千萬不要挑起企業文化的衝突，不要太挑剔新公司，也不要要求新公司使用母公司的程序制度。如果購併的企業被當成是投資組合的一部分，就不會那麼難理解為什麼要尊重被併企業的文化和制度。

科管亮點

明基 2005 年合併西門子

2005 年 6 月，明基（BenQ）與西門子進行了一次歷史性的合約，明基宣布收購西門子手機部門。這一樁跨國併購在當時有很多兩極的看法，不贊成的人士主要的疑問，就是明基究竟如何重構其供應鏈、整合兩個截然不同的組織文化。明基全球營銷總部總經理王文燦認為德國工程師對品質控管和製程改善很有經驗，這是德國獨有的優勢，多少人想來學、甚至想要花錢買都得不到，這些經驗現在全歸於明基，非常珍貴。德國慕尼黑，是德國 IT 產業與基礎研究最先進的地區之一，不僅擁有德國最好的工科大學，著名的 BMW 車廠也座落於此。

反對的人更質疑德國的勞工成本高昂，併購後為了支付德國手機廠上千位員工的薪水，明基將付出高額代價。贊成的人認為西門子是全球對手機研發投入最多、擁有最多專利數量的通訊公司之一，尤其在 2.5 代和 3 代技術上擁有 28 個核心專利，並且都是重要的標準部分，明基通過此次收購，將可獲得西門子在 GSM、GPRS 以及 3G 等領域內所有領先的關鍵專利技術，迅速提升手機事業的核心技術競爭力。

2006 年 9 月，明基已經投入了六億歐元，但是遲遲看不到回收情況，並且持續虧損。主要的原因就是兩方文化的整合困難，使得新產品開發頻頻落後。最後，為避免殃及對明基母公司獲利，董事會已經通過決議停止投資德國手機子公司，並已向當地法院聲請無力清償保護（Insolvency Protection）。

這樣子一來，就不會影響到原有的獲利能力和原有的顧客，母公司僅在財務上和策略上的支援，而不是非得要求程序和制度上的整合，購併後的焦點是在顧客身上而不是新公司上。

如果購併的原因是為了要降低成本或提升獲利能力，去調整組織結構是普遍的作法。如果是要接收該公司的經驗、專業或是技術能力，嘗試在購併時去改變組織文化則是危險的作法，而且通常都不會有好下場。一般來說，越是知識型的工作者，越是期待所能夠展現其能力的空間。例如：戴姆勒克萊斯勒合併後，就因為企業文化的調整，導致重要研發人才出走，進而失去克萊斯勒原先的研發能力。

成功的購併案需要雙方有相同的願景，也能夠認同彼此在購併後應該採取的活動。如Intermedia在購併Digex便沒有相同的共識。Intermedia想要把產品打入網站市場，進一步延伸產品線到不同的領域。Digex則想要有更大的企業規模。兩方面在文化上相當

不同，如Digex以它的文化和成功為豪，Intermedia卻想要改變它的管理風格。這一點和前面提到的戴姆勒克萊斯勒也很像。

這些失敗並不是不可避免的。經營者在事前可以準備的更充分，更清楚了了解如何執行、修正購併策略，如果有一份清楚的藍圖，購併過程的複雜之處也就能迎刃而解。當購併的動機和策略能夠相當清楚的時候，員工的信心和生產力才能維持，否則即使你擬定了各種方式來防止生產力下降，事情就像是在森林裡的隨便丟棄煙蒂一樣，引起大火一樣不可收拾。

如果客戶和供應商能清楚了解購併後所伴隨的品質改變程度，那我們也就能更清楚的了解購併的衝擊。在購併後的第一年通常不用急著去改變企業文化，而是準備下一步的時機。藉由相同的願景去思考新的企業文化、訂定資訊系統架構和新的作業程序。最後，無論是採取同化、整合還是創造新的制度，要看一個企業是否購併成功，顧客往往最能反映出其購併後的真正價值。

學 習 心 得

1
策略聯盟指兩個或多個的企業或事業單位，爲了達成策略上彼此互利的重要目標，用此確保、維持或增進公司的競爭優勢，所形成的夥伴關係。

2
高科技公司的歷程：創立、茁壯、上市、繼續茁壯、購併別人等五大步驟。

3
企業購併指企業經由合併、收購股權或收購資產，取得經營權或控制權之行爲，又稱合併與收買、併購、兼併、收購等。

4
企業購併與公司策略規劃之關係如下：受到外部環境之機會與威脅、企業目標、企業之相對優弱勢、考慮可行策略、選擇成長策略與方式、外部成長等。

5
企業購併需注意：
(1)團隊、領導的轉換與建立新文化；
(2)透過慰留和合理化來管理變革中的員工；
(3)發展組織溝通策略；
(4)管理智慧資產組合。

6
組織的調整可以分爲：獨立運作、由別家公司接管、對等購併、轉型改造。

應用VR新科技，開創商機

　　VR新科技之應用，「狂點」公司正掀起新革命，應用VR技術，打破虛擬遊戲疆界。「狂點」是國內（在2017年）新創遊戲公司，專注在軟體開發公司，才剛滿二年，就有非常好的成績。公司經營重點在於應用虛擬實境（VR）/擴增實境（AR）、混合實境（MR）等技術，強調在各類創新互動服務中。應用業務項目如娛樂產品，新零售O2O整合方策，展會活動宣傳、博物館展覽體驗等。引領新世代的互動科技體驗，以虛實整合的方式，將虛擬世界「變現」，而實用化。並搶搭5G商機。

　　「狂點」公司的執行長賴先生表示：「狂點」最大夢想是實現《一級玩家》，在虛擬世界玩的遊戲中，慢慢可以應用在實際生活，跳脫過去遊戲單純線上的概念。「狂點」公司的創新體驗，開創娛樂商機，打造VTuber，在2018年日本網路流行語大賽中VTuber更榮獲第一名，可見VTuer將成為新型態的社交模式，將二次元角色結合生活情境，讓觀眾認為與VTuber生活在同一時空，虛擬結合現實，成為全新的體驗模式。執行長賴先生努力堅持品質，要做就做最好的，開創新商機。

資料來源：經濟日報2019.7.7，A5版（隱形冠軍），謝艾莉撰

活動與討論

1. 請同學上網查閱VR、AR及MR的意涵，並說明未來產業之應用為何？

2. 「狂點」公司努力在VR、AR及MR等新技術，來結合年輕一代喜歡的遊戲疆界，目前有哪些成果呢？請加以剖析。

問題與討題

1. 說明企業購併的動機與方式。

2. 近年來國內外出現許多購併案件，請試圖分析金融產業與科技產業的購併動機與目的有何不同？

3. 購併之後的組織調整是相當重要的議題，請試圖分析金融產業與科技產業在併購後發生的問題，又應該如何解決？

參考文獻

1. 陳怡之（1999），新興產業之驅動—技術創業與衍生公司，科技發展政策報導，行政院國家科學委員會，頁1105-1119。

2. 陳怡之，郭年益（1999），智慧財產權衍生事業實證個案研究，中華管理評論網路期刊，Vol.2,No.3，頁49-69。

3. 陳怡之，郭明宗（1999），智慧財產權之衍生利用-技術商品化問題之研究，智慧財產權創刊號，智慧財產局，頁182-192。

4. 陳怡之，林博文，陳易鐘（2000），我國廠商引進技術六個典型案例之比較分析，中華民國科技管理年會暨論文研討會，proceedings。

5. 陳怡之，李靜芳（2000），高科技公司以購併方式取得技術之決策與尋找檢視，中華民國科技管理年會暨論文研討會，proceedings。

6. 陳怡之，黃棟樑（1999），我國電腦網路設備廠商之績效評估制度—以平衡計分卡分析，中華民國科技管理年會暨論文研討會，proceedings，頁535-365。

7. 陳怡之，邱震忠（1999），我國行動電話製造商代工策略及行為之初探，中華民國科技管理年會暨論文研討會，proceedings，頁307-319。

8. 陳怡之，羅麗珠，李靜芳（1999），高科技產業進行購併應注意的智慧財產與管理問題，1999全國智慧財產權研討會，proceedings，頁67-91。

9. 宏碁股份有限公司，http://global.acer.com/t_chinese/about/b_stratege.htm。

10. 李沿儒（2001），如何在購併過程中保留智財權與研發團隊，未發表文章。

11. 李沿儒（2001），購併後企業組織策略的調整，未發表文章。

NOTE

CHAPTER

14

科技前瞻與影響評估

本　章　大　綱

Technology Management

學習指引

1 了解科技前瞻的意義。

2 認識科技前瞻受到重視的三種驅策力量。

3 了解科技前瞻活動的程序。

4 了解科技前瞻與創新政策之關係性。

科管最前線

大數據在金融創新服務的內容

　　「金融科技化」是現代金融界及全民的課題，以科技管理角度，來討論現在正夯的「大數據」應用重點。依目前各家金融公司之現況，每家皆各有自己的集中式「資料倉儲與管理」，而問題在：「是否有真正應用這些顧客的有價值資料呢？」，而每一家在這些資料（所得的大數據）發揮的效用與衍生的價值也有高低之別。若從「商業智慧」角度分析，各家建立這些大數據資料儲存系統，一般會同時建立服務平臺；而服務平臺的內容，皆是透過資料分析所得，在此進一步說明，若要金融服務創新，宜有下列之認識與作法，說明如下：

1. 資料分析初步分類及效能：資料分析依其用途分為四個層次，由淺入深為描述、解釋、預測及最佳化等。其中第一項「描述」幫助公司，評估現況及瞭解問題。而第二、三、四項（解釋、預測及最佳化），其功能就是直接提供改善和解決問題的工具，通常也是資料分析的最終目的；如對既有顧客的商品行銷，而根據顧客的性別、年齡、收入、居住處及曾購買的商品，進行精準行銷，節省成本。

2. 大數據應用可以進一步創新服務：如資料分析僅停留在顧客關係管理是不足的，宜大膽地創新到商品設計管理之改良及服務改善之上。

資料來源：經濟日報2016/11/9，A6版，陳昇瑋撰

活動與討論

1. 請說明現在各金融公司在大數據應用上僅停留在哪四種層面，請加以介紹。

2. 應用大數據技術是金融部門科技化的重點，請就大數據資料分析與商品設計改良及管理層面來討論其關聯性。又在提升顧客服務改善上有何幫助？

科技前瞻是一種集體探索、預測、和型塑科技發展未來的方法與途徑。它已被廣泛應用在各種系絡，包括國際，國家，區域，地方和部門層級中。科技前瞻目前存在著許多定義，而受到最廣泛採用的，係強調過程和政策層面，界定科技前瞻是作爲一種「系統性、參與性、針對未來的情報收集、以及中程至長程的願景建立進程，目標在現今的決策與聯合行動的動員」（Gavigan et al., 2001）。

它同時運用策略規劃、未來研究、以及政策分析，使公、私營部門也得以利用科技前瞻進行橫跨各個部門的告知、支持與連結決策。而針對特定創新政策的前瞻，則可能產生各種範圍程度的影響，包括：1.在進行前瞻的過程中與前瞻過程完成時，能使即時的影響更容易、更明顯被偵測到；2.在前瞻完成後，中等程度的影響是不太容易被偵測出來，且可能需要更長的時間才得以明顯浮現；3.由於衝擊浮現在時間上的遲滯，以及對其他創新政策形成的效果與反效果，最終的影響是很難定義其屬性的。

14-1　科技前瞻的出現　

對未來環境變遷培養與具備長期視野的「向前看的文化」（A Culture of Forward Looking），已成爲創新體系進行科技前瞻計劃的主要驅策力量。更確切地說，進行科技前瞻的主要理由在於創新體系相信其可以經由前瞻活動，事先對可能形成的科技變遷加以因應，進而採取必要的行動來降低未來的不確定性。

一、科技前瞻的定義

據此，目前較廣爲各方所接受的科技前瞻定義爲：「界定出具普遍性的新興科技，並以此爲基礎去拓展策略性研發領域，並試圖系統性地深入探究關於科技、經濟、環境與社會的長期未來趨勢，使其能產生出最大的策略與經濟利益」（Martin, 1995）。而OECD（1996）更基於此一定義，衍生出一個更具普遍性與精確性的定義：

「前瞻是試圖對未來長期的科學、技術、經濟、環境和社會發展進行系統性研究的過程，其目標是要界定出能爲經濟和社會利益產生最大貢獻的新興通用科技，並對其相關領域進行策略性的研究」。

針對以上OECD的定義，有6個重要面向是必須關注的（如圖14-1）：

1. 前瞻所指的並不是一種「技術」，也不是技術的組合，而是一種過程。一個規劃適當的前瞻活動能從不同的利害關係人（Stakeholder）群體中（例如科學社群、政府單位、產業界、以及消費者群體等）找出關鍵的參與者，並將他們集合在一起，共同討論未來十年（甚至數十年）他們所欲建構的世界是何種面貌。

2. 以「前瞻」為名，對未來所進行的研究必須是系統性的。

3. 前瞻活動所關注的必須是未來長期的發展（一般而言，其區間為至三十年）。

4. 成功的前瞻必須能在科技的「推動」（Push）與市場「拉動」（Pull）之間找到平衡點。換句話說，必須能界定出未來的經濟與社會需求，以及其中所潛在的科技機會。

5. 前瞻活動的焦點在於希望能迅速地識別出何者為未來最具潛力的新興通用科技。易言之，此種科技在目前仍僅是處於研發的「先期競爭」（Pre-competitive）階段，前瞻活動可以協助創新體系在決定對該科技進行大規模投資時取得正當性。

6. 前瞻活動必須將其注意力集中在新興科技對整體社會利益（包括對環境的衝擊）所形成的效果（甚至是反效果），而不是僅僅將注意力集中在對產業或經濟所造成的衝擊。

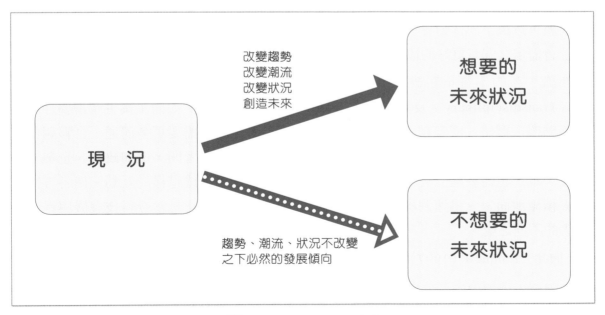

🧭 圖14-1　前瞻概念示意圖

資料來源：前瞻社，2010：5

二、科技前瞻的驅策力

1990年代以後，科技前瞻已逐漸成為各先進國家政策制訂過程中不可或缺的部分。日本早於1970年代就開始從事大規模的前瞻活動，時至1980年代，法國、瑞典、加拿大及澳洲也相繼於開始進行實驗性的前瞻活動，然在1990年代以前，仍僅有少數國家將科技前瞻納入正式的政策制訂議程當中。直到1990年代初期，情況開始出現丕變，荷蘭、美國、澳洲、德國、英國、法國及其他處於科技領先地位的國家紛紛將科技前瞻納入政策制訂的正式議程當中。

對此，Martin與Johnston（1999）認為1990年代以後科技前瞻之所以再度受到重視，並廣為各國所接受的原因，主要是基於以下3種驅策力量：

1. 市場經濟的競爭壓力、知識性產業及服務業的創新日益重要：由於全球化所造成的競爭加劇，國家必須和有著不同生產成本的競爭者（其他國家）從事競爭，使得經濟上的競爭壓力越來越大，也促使政府在推動科技的發展與應用上，扮演著較以往更為重要的角色。

2. 研發成本的控制：由於人口老化及社會福利的需求，使現代國家的政府開支面臨越來越多的限制，每筆支出都必須加以詳加解釋及證明其價值。更由於科技研發的成本越來越高，已經沒有一個國家能有足夠的財力追求所有的科技發展機會。而科技前瞻可以讓不同行動者（Actors）參與科技預算共識的形成，使科技發展能與經濟及社會需求之間有更好的協調。

3. 知識生產的本質正在改變：尤其在應用領域方面，新知識比以往更注重科際間（Transdisciplinary）及異質化（Heterogeneity）的結合。如同工業生產需要許多策略聯盟、網絡、國家創新體系一樣，知識創造者之間也需要更多溝通、合夥關係和協同研究，不只是研究者彼此之間，研究者和終端使用者間，例如政府、企業、一般大眾，也需要建立更好的互動關係。前瞻活動正可促成這樣的互動，使各方得以去積極地面對、迅速判斷與化約風險與不確定性，而這正是當今科技發展與過去最大的不同之處。

據此，Ediquest（1997）就指出現今創新活動可能帶來的新問題包括：

1. 為因應未來需求所必須具備的制度彈性。

2. 使組織與管理的變遷成為可能。

3. 鼓勵新型態網絡的形成。

4. 有效且能適度地對未來的科技與社會發展進行選擇。

5. 有效且能適度地管理創新行動者之間的知識流動。

三、科技前瞻的變遷

Grupp與Linestone（1999）認為，隨著科技前瞻的逐漸風行，其意義與重要性也開始產生下列的變遷：

1. 科技前瞻可被作為在決策過程中的溝通手段：由於科技政策的影響層面越來越大，所以想要參與或影響其制定過程的團體及成員越來越多，前瞻活動正可以提供不同群體之間一個溝通平臺，促進政策的制定能真正適應環境及使用者的需求。

2. 前瞻可以協助國家在研發活動上對未來需求及現在投資進行跨國性標竿（Benchmarking）的比較與啟動政策回饋機制：以往的預測工具已被證明無法適應全球環境的劇烈變動，而前瞻所注重的是與其他國家的基準進行比較，並同時以不同的觀點描述未來，可以增加國家整體的危機處理能力及適應環境的彈性。

3. 前瞻的興起，似乎和全球化的發展及各國對國家創新體系（National Innovation System, NIS）的重視：由於跨國企業已可輕易地在不同國家間進行資源移動，間接促使經濟競爭力成為區域間或國家間競爭的重心，也讓創新體系開始注重創新體系的管理。

4. 跨國、區域性的前瞻活動已成為不同國家共同解決國際性問題的一個新機制：雖然這方面的計劃大多仍在嘗試中，但是區域性組織如OECD及歐盟都希望通過這樣的活動，來促進不同國家間的比較及經驗交流。

上述的變遷代表了創新體系正歷經一個由新型態科技發展所帶來的轉變（例如對資訊科技的極度倚賴、科技的全球擴散），也正目睹社會因科技的變遷所形成的新網絡。因此，透過科技前瞻對優先性共識的建立，鼓勵未雨綢繆文化的建立，可以對國家創新能力進行嚴謹評估，對未來的科技發展進行最適的選擇，並藉由對不確定性與風險的重新詮釋，在科技政策的規劃過程中將其轉化成正面變項，而不是負面變項，進而可以消除由不確定性與風險為社會所帶來的緊張關係。這其中最常見的情況即是將其塑造成「願景」（Vision），或是一個「願景塑造」的過程。如此創新體系將可藉由科技前瞻計劃，有能力去因應未來大多數的社會需求。

 圖14-2 科技前瞻是政府的科技發展願景能力的重點，圖為科技諮詢顧問們正在開會討論科技前瞻問題

14-2 科技前瞻的進行與程序 ★

　　Porter（1991）認為技術前瞻進行方式的選擇，依據表14-1所示的政策目標與活動內涵，需要考慮技術發展之階段，如果該技術仍屬萌芽階段，一般對此技術還不是很了解時，通常採用德爾菲法、類推法、情境法，此時所需之資料數較少，因此不確定性也高。當技術發展了一段時間，累積的資訊也較多，通常採用成長曲線法、趨勢外插法、規範法、因果關係法等，同時也比較了各種預測方法間的差異。

表14-1 科技前瞻之政策目標與活動內涵

政策目標	科技前瞻活動內涵
提高社會福祉與經濟成長	▶ 強調經濟成長與國家競爭力。 ▶ 強調社會福祉，包括社會、環境、文化及經濟等因素。 ▶ 就即將出現問題的領域提出解決方案，瞭解技術與社會間的互動。
訂定技術發展的優先順序	▶ 就國家技術發展項目進行調查。 ▶ 鼓勵優先發展領域之技術開發。 ▶ 了解不同技術間的互動，並從其互動中探究機會。 ▶ 在基礎研究與提升產業競爭力等策略之間分配資源。
研擬技術與創新政策	▶ 促進不同利害關係人間的共同合作。 ▶ 強化技術與創新政策之規劃與執行。 ▶ 瞭解前瞻的最佳方法與用途。
促成國際間共同合作	▶ 加強與國際間的前瞻活動合作，學習國外經驗。 ▶ 辨識全球重要發展趨勢。 ▶ 比較國內與國際之技術發展。

資料來源：孫智麗（2012）修正自國科會「科技發展支援系統建置試辦計劃-我國長期及前瞻科技政策之研究、規劃」第一期成果報告（2010）。

一、科技前瞻的方法

眾所皆知的是，科技發展係同時受到經濟發展、社會發展、政府政策等因素的影響。因此，要進行技術預測便面臨了廣泛的不確定性，為了解決這個問題，產生了許多科技前瞻的方法，考量到財力、成本、資料取得、資料的有效性、技術發展的不確定性、影響科技發展變數的多寡等因素，挑選適當的方法進行前瞻。目前主要的科技前瞻研究方法有德爾菲法、腦力激盪法、名義團體、層級分析、技術地圖、情境預測、趨勢外插、類比、因果模型等。不同特性的技術，適用不同的預測方法。然而不論哪一種性質的預測，單獨使用一種方法者較少見，前瞻計劃通常會同時兩三種方法並用，也有互相比對，提高正確性的功能（如表14-2）。

📍 表14-2 科技前瞻方法

質性	量性	半量性
對事件和看法提供意義的方法。這樣的說明傾向於以主觀或創造力為基礎。通常很難被證實(例如：觀點、腦力激盪期間、訪談。)	衡量變數和運用統計分析的方法。使用或產生(但願)可靠的和有效的資料(例如：社經指標)。	運用數學規則去量化專家和評論家的主觀、理性評論和觀點(如觀點或可能性的比量)。
1. 倒續推演法(Backcasting)	20. 標竿研究(Benchmarking)	26. 交叉影響/結構分析(Cross-impact/Structural Analysis, SA)
2. 腦力激盪(Brainstorming)	21. 書目計量學(Bibliometrics)	27. 德菲法(Delphi)
3. 公民議壇(Citizen Panels)	22. 時間序列分析(Indicators/Time Series Analysis, TSA)	28. 關鍵技術(Key/Critical Technologies)
4. 研討會/工作坊(Conferences/Workshops)	23. 模式法(Modelling)	29. 多量標準(Multi-criteria Analysis)
5. 情境描述(Essays/Scenario Writing)	24. 專利分析(Patent Analysis)	30. 投票(Polling/Voting)
6. 專家論壇(Expert Panels)	25. 趨勢外推法/影響力分析(Trend Extrapolation/Impact Analysis)	31. 量化情境(Quantitative Scenarios/SMIC)
7. 大師預測(Genius Forecasting)		32. 技術地圖(Roadmapping)
8. 訪談(Interviews)		33. 利益關係人分析(Stakeholders Analysis/MACTOR)
9. 文獻回顧(Literature Review, LR)		
10. 型態分析法(Morphological Analysis)		
11. 關聯樹/邏輯圖(Revelance Trees/Logic Charts)		
12. 角色扮演(Role Playing/Acting)		
13. 掃描(Scanning)		

◉ 表14-2　科技前瞻方法（續）		
質性	量性	半量性
14. 情境討論（Scenarios/Scenario Workshops）		
15. 科幻小說（Science Fictioning, SG）		
16. 競賽模擬（Simulation Gaming）		
17. 調查（Surveys）		
18. SWOT分析（SWOT Analysis）		
19. 外卡（Weak Signals/Wild Cards）		

資料來源：孫智麗，2010，科技前瞻簡介與各國執行經驗分析，臺灣經濟研究院。

　　而根據Georghiou et al.（2008）的整理，目前執行前瞻的方法多達三十餘種，各種方法對於不同前瞻執行階段的重要性各有不同。倒序推演法（Backcasting）在對招募和更新階段之應用程度並不高，然於產出和行動階段則具相當重要性。針對個別前瞻活動所採行的方法，可以用不同的考慮因素，例如：以技術的類型（質化、量化和半量化）進行分類，其中，質性（Qualitative）方法通常偏用於敘述性和推論的內容；量性（Quantitative）方法則為趨勢和相似資料的分析；半量性（Semi-quantitative）方法則為加入或然性與統計分析的原則來進行結果的評估。

　　前瞻活動的進行，是一個反覆進行互動、網絡建立、協商和討論的過程，而藉由此過程，可以讓參與者對未來願景及策略進行不斷的修正與調整，最終收斂得到共識（Harper and Pace, 2004）。因此，透過前瞻活動可創造出一個對未來可能情景的開放討論空間，並得以同時產生因應未來發展的策略手段。對於前瞻的程序，Miles and Keenan（2002）認為應經過五個階段：

1. 前瞻先期規劃（Pre-foresight）

2. 招募（Recruitment）

3. 產出（Generation）

4. 行動（Action）

5. 更新（Renewal）

　　另根據國際上科技前瞻的經驗（European Commission, 2006），將前瞻活動之運作程序分成評估、規劃、執行及回饋等四個階段。（如圖14-3）

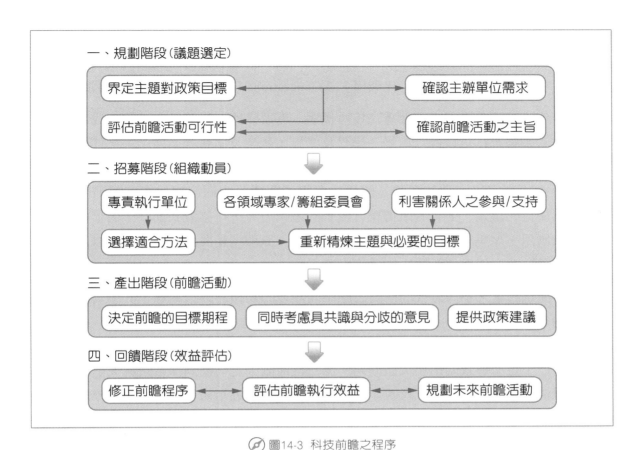

一、規劃階段（議題選定）
- 界定主題對政策目標 ⟷ 確認主辦單位需求
- 評估前瞻活動可行性 ⟷ 確認前瞻活動之主旨

二、招募階段（組織動員）
- 專責執行單位　各領域專家/籌組委員會　利害關係人之參與/支持
- 選擇適合方法 → 重新精煉主題與必要的目標

三、產出階段（前瞻活動）
- 決定前瞻的目標期程　同時考慮具共識與分歧的意見　提供政策建議

四、回饋階段（效益評估）
- 修正前瞻程序 ← 評估前瞻執行效益 ← 規劃未來前瞻活動

🧭 圖14-3 科技前瞻之程序

資料來源：孫智麗修正並整合European Commission（2006），Using Foresight to Improve the Science-Policy Relationship（EFMN）及eorghiou, et al.（2008），The Handbook of Technology Foresight, Concepts and Practice.

二、科技前瞻的運作

　　目前前瞻已被應用在一系列的系絡、策略訂定、部門、領域與各種層次（包括國家、國際、地區、地方、城市）。由於方法途徑和系絡會決定前瞻的形式、規模、與焦點，因此使得前瞻活動的影響和成果也是呈現出多樣的。近年來，前瞻已逐漸揚棄以大型計劃的方式進行，而是以更適度、分散、嵌入的方式，作為產業策略和政策發展計劃的一部分。前瞻作為創新政策的依據，是與當時的創新政策典範相關，反映創新體系與演化經濟學的思維，以因應各種層面可能的市場或系統失靈。

　　在因應市場或系統失靈層面上，前瞻被視為可以透過知識的創造與蓄積，降低環境的不確定性。如果缺少前瞻，產業可能將其在技術發展上的努力，虛擲於過於廣泛的活動中，以致無法達到群聚效應的目標。前瞻計劃也可以透過將創新納入一個共同願景架

構的方式，產生網絡外部性。此外，前瞻還可以滿足傳統的標準，透過解決創新行動者之間彼此連結的缺乏和碎型化，用以矯正系統失靈。而隨著時空的改變，我們可以將前瞻的運行精確地連接到五個「世代架構」（Generations Framework）的演進發展特色。

第一代前瞻研究法中主要著重在技術預測、專家參與、科技導向；第二代則是轉往市場導向的趨勢，注重技術、市場、學界及業界、產業及服務等面向；第三代原理仍然著重於市場面向問題，但是開始從市場利益中發展出其中存在的問題層面，包含技術、市場、社會、產官學、利益團體、解決社會經濟問題等；而第四代的前瞻則開始注重層面更為廣泛的議題，並且脫離傳統官僚式的邏輯思考，以擴散式前瞻、由下而上、廣泛參與及應用、聚焦結構式議題作為重點；第五代原理則是置於突破先機，以創新式前瞻、與政策結合、作為創新體系的決策工具。

值得注意的是，不同世代的前瞻因應不同類型的知識和政策問題，其涉及到的是不同組合的行動者。雖然世代持續的演進更迭，但都仍是與以往的理型（Ideal Type）持續共存。例如第一代前瞻專注於經濟規劃的領域，而第二代尋求解決產業與研發機構之間因合作不足所導致的市場失靈問題。第三代前瞻則是切換到探索系統失靈原因和科技橋接機構缺乏問題。第四代反映了前瞻的分配結構。近年來，第五代前瞻標識著一次性、密集的前瞻活動（通常嵌入的），以及計劃持續不斷進行之間，日益兩極化的前瞻途徑，例如水平掃描（Horizon Scanning）。前者被設計用來確保高層次的承諾，定義出成功的情境，而後者則是對前者進行支持，並對可能的新興趨勢、機會與威脅，進行持續性的監測。世代架構允許前瞻對創新政策與標準所形成影響的期待來進行區分，並運用評估與對其評估來判別這些影響。

在表14-3所示各國不同的前瞻運作流程中，可以看到主要的流程就是以訂定研究議題、選擇焦點議題、進行德爾菲法研究、建立情境與撰寫劇本、進行專家會議、具體遠景事項等幾大步驟。根據張榮豐（2010）認為發展願景的標準作業程序如下：

1. 確立價值觀。

2. 評估未來的戰略環境。

3. 利用價值觀，並考量未來戰略環境，發展未來的「夢想」。

4. 將未來的夢想，做圖像（Picture）化的描述。

5. 進一步將圖像用數字具體化成目標。通常一個國家的願景，需透過一些過程，形成共識，例如民調、對專家的德爾菲法訪談、各類座談等。

表14-3　各國科技前瞻運作流程

國別	步驟
日本 （第九回）	1. 社經需求研究。 2. 科技趨勢探討。 3. 選擇焦點議題併行德爾菲問卷設計。 4. 建立情境。 5. 選定重點領域，並落實在科技政策中。
德國	1. 議題與未來趨勢之蒐集與分析。 2. 選擇焦點議題並訂定優先順序。 3. 建立情境。 4. 具體願景細項，並落實在計劃中。
英國 （第三回）	1. 針對未來技術發展潛能，跨領域、跨部門審視科技政策。 2. 確立國家新興能力與市場之機會與威脅，強化區域政策與人才培育。 3. 對已進行的專案計劃作評估，以確立新的專案開發領域。
韓國 （第三回）	1. 定義未來願景與社經需求：包含個人、社會、國家以及全球觀點。 2. 德爾菲調查：針對未來科技進行兩回合小型德爾菲法。 3. 建立情境：教育、健康照護、勞動與社會安全四領域，在未來的變化。
中國	1. 建立技術預測組織體系與諮詢專家網絡系統。 2. 綜合各領域技術預測調查，完成各領域技術預測報告。 3. 進行專家會議，從調查結果，選出對未來15年社經發展重要的關鍵技術群。
臺灣 （農業前瞻）	1. 執行社會經濟需求調查。 2. 研究國內外社經結構變化與農業發展趨勢。 3. 籌組規劃委員會議研議我國未來農業之發展目標與重要議題。 4. 籌組命題委員會議研提農業科技前瞻德爾菲問卷題目。 5. 建置網站執行農業科技前瞻德爾菲問卷調查。 6. 推廣農業科技前瞻執行成果。 7. 進行農業高峰論壇與國際研討會議。

資料來源：臺灣經濟研究院，2008。

三、臺灣的科技前瞻

　　臺灣在推動執行前瞻研究的現況中，各個部會單位進行前瞻研究時的目的不盡相同，從社會經濟的發展、自動化前瞻發展、未來臺灣產業的研究到建立共識等不同階段，但其共同點便是對於臺灣未來政策的創新思考之研究策略的推動產生相當大的貢獻（如表14-4）。

📍 表14-4 歷年臺灣所進行之科技前瞻				
	科技顧問組	科技部	經濟部	農委會
計劃名稱（年代）	臺灣科技前瞻機制設計建置先期研究（2005）	1. 自動化科技之前瞻預測計劃（2003） 2. 臺灣學術里程與科技前瞻計劃（2007） 3. 我國長期及前瞻科技政策之研究規劃與建議（2009）	1. 2015年產業發展及科技整合先期研究 2. 臺灣產業科技前瞻研究計劃（2009）	1. 農業科技前瞻規劃 2. 農業科技前瞻體系之建立計劃（2009）
執行單位	臺灣經濟研究院（簡稱TIER）、IEK、STPI	1. STPI 2. 中央研究院 3. STPI、臺灣大學、清華大學	工業技術研究院產業經濟與趨勢研究中心（簡稱IEK）	1. 國家實驗研究院科技政策研究與資訊中心（簡稱STPI） 2. TIER
計劃目的	2020臺灣社經發展	1. 訂定我國自動化重點選擇及發展方向 2. 2025年科技發展 3. 強化前瞻與政策之連結	1. 2015年臺灣產業 2. 2020年臺灣產業	▶ 建立科技發展共識與促進 ▶ 農業轉型
執行方法	協力學習（Collaborative Learning）	專家腦力激盪、模型建立與資料搜集	專家訪談、情境分析	▶ 社經需求 ▶ 德爾菲法 ▶ 國際趨勢分析 ▶ 產業需求
計劃特色	產生機制流程設計	前瞻領域之選擇、機制流程設計、共識凝聚之深、廣度兼具	產生未來產業情境	整合分析工具、系統性背景資訊

資料來源：臺灣經濟研究院，2008。

由此可知，沒有任何一種單一的方法可適用於所有科技前瞻的情境需求，也沒有一種最適的科技前瞻方法組合。在科技前瞻中，進行方式的選擇與運用和計劃目標具有高度的關聯性。許多方法的組合皆能產生豐富的資源可提供給利害關係人，並能滿足複雜目標的多樣化。不同知識來源的方法必須予以整合，並使前瞻活動更具完整性與影響力。總而言之，前瞻的進行必須配合目標設定，而方法的選擇會深深受到資源影響，例如：預算、專家可行性、政策支持度、執行期程、技術基礎等。

因此，具有執行力且了解計劃目標的人力資源在前瞻活動中更是不可或缺的。前瞻活動的執行人員可以透過專業訓練課程來養成，熟悉前瞻各種方法之特性與操作內涵，以針對前瞻計劃目標規劃活動內涵、研究方法及操作程序，並據以執行，進而達成前瞻活動所設定的目標。

科管亮點

談企業服務優化及特色加值

經濟部中小企業處為協助臺灣中小企業瞭解世界設計能量與創新趨勢，特別辦理 2016 年「中小企業服務優化及特色加值」活動，創造中小企業處魅力。本次計畫及活動內容，包括有服務優化、特色加值及設計應用協同合作群聚輔導三大輔導主軸，其作法有：發掘創新、建立價值、複製擴散及推廣拓展等不同面向提供漸進式輔導，透過美學、創意、風格、文化、藝術、魅力與設計力的形塑，進行設計加值、商品創新、服務提升、感動體驗，進而型塑出新型態的商業模式，協助中小企業創意設計並開發符合市場需求的商品及服務，以設計力及服務力深化企業競爭力。

本次中小企業處共協助 54 家中小企業進行「創新產品開發及服務流程優化」，包括有：裝修公司、家用飾品之設計加值產品、水族燈具設計加值產品等等，並於臺北華山文化創意產業園區展現達 54 家中小企業的創新內涵，擴大分享其創造的魅力，展現中小企業的核心競爭力，且結合動態與靜態多元情境的展示方式，很值得各企業參考。

資料來源：經濟日報 2016/11/25，A10 版，陳華焜撰

14-3 科技前瞻所可能存在的問題與困境

　　由前述可知，日本、英國、德國與韓國技術前瞻運作，政府皆扮演關鍵角色。技術前瞻運作皆以德爾菲法為核心，再依據各國科技發展特色，增用其他方法。雖然各國技術前瞻目標並不相同，但主要均大致以政策制定輔助、整合資源、預算分配優先順序、解決社會與產業需求、建立共識與願景作為目標。日本、英國、德國與韓國技術前瞻運作皆有常設組織，且政府亦持續支持，且努力落實預算與績效成果之關聯。以科技前瞻輔助政策的重點在於從預測過程中獲得更多資訊，了解未來可能的變化，可預先規劃因應，隨著科技的演進與實際的狀況，修正並調整政策方向。因此前瞻的準確與否，不是關注的焦點，這個過程與形成的機制才是精髓所在。

　　然而，若深究這些前瞻活動，通常皆是以創新作為主題，以相互結合的方式進行討論，期望：

1. 在增進特定部門創新活動方面，作為一個基礎且相互交錯的目標。

2. 為部門進行創新生態系統架構條件的改善。

3. 識別會影響該部門創新的趨勢與型態。

4. 提升創新能力。

5. 識別特定的利基領域。

　　現今科技政策的制定已比以往要來的重要許多，這一方面是由於對科技進行擴散必須在經濟與社會層面上進行長期投資；另一方面，決策體系必須從長期永續發展的角度來管理有限的資源，並對其進行最佳利用。科技活動基本上是知識創造活動，然有鑑於今日知識生產的成本（包括知識的傳播和擴散）不斷上升，使得科技活動的投資將涉及到更大的風險（Risk）和不確定性（Uncertainty）。因此，不管創新體系所考量的是何種類型的前瞻計劃，在目前仍面臨一些難以解決的問題與困境。

　　首先，一種透過非線性與集體協調（Aggregative coordination）的滾動型（Rolling）計劃所建立的創新議程（Rip and Van der Meulen, 1996）（這可由共識會議以及德菲爾調查等作為代表），始終可能與由中央政府所引導，一種線性、統合途徑的創新策略（這可由國家型計劃、議定的「重點科技」表列、以及選擇性的訂定政策優先性作為代表）之間存在著緊張關係。此種緊張關係在於由中央政府所引導的型態往往將其所認定的「重點科技表列」置於最高的發展順序，因而同時對科技發展與政策制訂形成「路徑依賴」（Path-dependency），產生「自我認定」（Self-confirming）

的效果。例如英國國會科技局在對前瞻計劃所進行的檢討時就觀察到，「當『日本』科技計劃廳（Science and Technology Agency）早在1971年的調查中，預測到液晶顯示器（Liquid Crystal Displays, LCD）在未來將會成為取代傳統陰極射線管（Cathode Ray Tube, CRT）的後繼產品時，各方完全無法確信這是否是一個正確的科技前瞻，然在其後日本政府對LCD研發進行大幅投資的結果，卻使得此預測在往後成為事實」（POST, 1997, Annex B: 12）。

第二，在形成國家創新體系的基礎建設上（例如研發顧問委員會、政府部會、大學、廠商的實驗室等），創新體系一方面必須要積極促成新網絡的建立，但另一方面卻必須同時利用現有的機制（包括公、私部門），然此卻導致兩者在資源分配上存在著緊張關係。於此情勢下，新興網絡在發展上所面臨的限制可能比計劃管理者原本所期望的要來的更多，使發展時程僅能藉由現存網絡的研發活動來進行推斷。雖然如此可以減少不確定性的潛在來源（不確定與不穩定的網絡運作），然這卻也意謂著原本對創新體系的研發基礎建設所要求的組織制度多元性與彈性受到更多的限制。

第三，對於源自於創新體系中因研發行動者之間互相迥異的優先性設定而所形成的發展時程差異，前瞻活動必須有能力跨越這些不同的時間範圍來促成創新時程與需求的轉變。一般而言，前瞻均試圖以十到二十年的時間範圍決定出未來所必須發展的科技選項（然在某些國家，例如德國與日本，此時間範圍長達三十年），然在現實上，只有極少數的行動者（包括創新體系）有能力在此一時間序列中持續不斷地進行資源投入。在新產品開發所需的時程上，不同科技部門間實存在著相當大的差異。以生技製藥業開發新藥為例，廠商平均需要八年的時間才能使一款新藥進入市場，然同樣的八年對資訊產業而言，卻可能已歷經了四個世代，甚至五個世代的產品發展。

另外，縱使可以將公部門組織融入創新體系中，例如種種政府與民間合作的科技開發計劃，然即或是與研發相關的領域，政府還是必須以年度預算的編列方式作為其規劃的基礎。而有鑑於發展時程上的不確定性經常會對計劃運作本身產生衝擊，因此，如果某種新科技的發展被認為是必要的，且需要更多的時間來從事研發，滾動式的前瞻運作往往可以將其推播到更久遠的未來，使創新體系有更多的時間從事開發，反之，若先前的科技選項已不可行，也可藉由前瞻活動將其排除於優先表列之外，如此將可使因時間範圍差異所存在的緊張或不協調可以被忽略。

　　事實上，上述三種在前瞻中所可能引發的問題與困境，其特性是皆關係到創新體系將欲採取何種管理型態的議題，鼓勵瞬間成形的政策網絡發展與對不同研發時程進行配置，意謂著在研發的協調與創新管理的面向上，前瞻活動已可跨越傳統制度結構與政策過程。對此，比起在傳統上完全由研發部門所主導，導致決策者難以在各個行動者間進行協調的問題，前瞻為創新體系開展了一系列的新關係，其不僅必須基於現有的科技基礎，更必須基於其所建立的一個新「舞臺」，以及新型態的「對話」方式，使國家資源能進行更具競爭力的配置。

　　雖然科技前瞻已經很長時間被運用在工業發達國家，但由於科技發展的不可預測的特性，關於它們發展的最好的長期規劃是保證充分地同時支持基礎科學、應用科學以及技術，無論它們是否有跡象產生直接的經濟和社會效益。傳統的假定是企圖去計算出科技最終將會帶來那些效益，同時科技的快速發展及其巨大效益又反過來促使人們普遍認為，科學具有不可估量的投資價值，其回報率將是其他所有領域的投資活動所不能比擬的。然而，即使是相對富裕的國家，相較於日漸有限的政府資源，科技研發成本的逐步擴大使得這種策略要獲得全面性的支持幾乎是不可能的。此外，在既定的經濟和知識總和資源條件下，以及在共存的諸多投資領域中存在著相互競爭資源的條件下，所有國家或所有地區均面臨資源如何合理配置問題，故而有了關鍵技術（Key Technology）前瞻、選擇以及最適化的問題。

　圖14-4　馬克波特（Porter）教授是一位具有科技前瞻的學者（圖片來源：維基百科）

科管亮點

從銀行搶人，徵才困境談起

　　2019 年 7 月開始，國內各銀行持續徵才，搶的卻是資訊科技及法律專才。今年銀行界徵才的經驗，皆在搶資訊及法務人才；有多位銀行界人力資源高階主管提供人力資源的變化很大，近年來開始面臨少子化影響，年輕人漸少，素質也相較低，甚至連臺灣前段學校之學生（如臺政清交成學生），也相對退步很多，或許與臺灣在國際市場邁步被邊緣化有關。

　　目前各銀行人才之需求趨勢是：結合 VR 技術；運用 VR 於電銷部門人力，同時招募理工人才、數據分析、銀行資訊科技及內部控制人才之外，也針對財富管理、消費金融業務、電銷人員等。

　　依據中央銀行的主管建議：要重視資金之應用及人才培育是二大重點，如協助國內企業投資在高附加價值產業，例如，電子零組件、伺服器及網通設備等。在人才之培育部分，宜加強員工之認同感及歸屬感的行動方案，建立優質的人力資源管理。目前有多家銀行人力資源部特別重視，跨部門交流活動、主管同仁間的相互「Check in」員工探索課程、幫助員工的職涯和個人健全發展，鼓勵同仁勇於發聲，表達想法。

資料來源：經濟日報 2019.7.8，AB 版（經融），楊筱筠撰

14-4　科技前瞻作為創新政策的工具—各國經驗 ★

　　如同前文所提到的，一般而言，科技前瞻包含了下列4個過程：

1. 協助不同的創新領域列出所謂「關鍵」或「一般」的科技清單。

2. 進行以「共識導向」（Consensus-driven）為原則的諮詢活動，試圖去界定出能符合未來數十年社會需求的可能科技發展。

3. 進行能強化科技與工程基礎的政策優先性過程。

4. 去界定出並鼓勵被傳統學科領域與制度結構視為「非主流」，但具有「科技融合」（Technological Fusion）特性領域的發展。

一、前瞻文化

以目前各國的情形而論，經由上述過程所形成的政策論述確實賦予了國家角色的正當性。例如英國，前瞻活動被認為是創造了一種新的文化配置，即其科技局（Office of Science and Technology）所稱的「前瞻文化」（Foresight Culture）。創新行動者被鼓勵成為具有未來視野，並專注於長期的財富創造角色。同時，這也使創新體系在科技政策的執行上鼓勵形成普遍的「創新能力」（Innovation Competencies），而不是在過去所謂的「揀選贏家」（Picking Winners）。另外，透過鼓勵非正式的連結，前瞻計劃尋求去促進創新行動者新構想的聚集與主動形成新的政策網絡（Policy Network）。因此，「走出去與形成網絡」（Go out and Network）遂成為當時英國貿工部（Department of Trade and Industry）在贊助所有與前瞻議題相關的研討會時所訴求的口號。

雖然在快速流動（Fast-moving）的創新環境中，為了維繫其之所以形成的目的，政策網絡可能立即且迅速地產生變化。當然，跟所有其他網絡的形成過程一樣，其中的關係網絡建立是將其自身進行自我組織，使有相同理念的行動者擁有相對緊密的關係，因而可以分享相同的社會—經濟與政治利益（Gibbons et al., 1995）。然以英國為例，為因應決策經常只是在反映所謂「舊勢力網絡」（Old-boys Network）利益而招致的種種批評，其進行前瞻計劃的主要目的之一，即在政策優先性設定的過程中增加公民代表的比例，並盡可能地擴大參與層面，藉以確保前瞻計劃的社會課責性（Social Accountability）。

二、各國之科技前瞻

由表14-5可以看出，各國在實施前瞻研究時，主要利用的研究方法為「德爾菲法」研究，也有許多國家利用「情境分析法」來進行其研究。此外，專家腦力激盪法、開放式平臺、網路論壇等方式也都是很重要的研究方法。我們可以清楚看出各國在進行前瞻研究時所使用的各種研究方法中，有各種相異的運作模式，但其中以「情境分析」及「德爾菲法」的使用為最多，代表此兩種方式在探討國家政策的前瞻性創新思考中是較為有效益的。

國別	推動機構	推動緣由	參與層次	執行頻率	主要產出	應用層級	擴散效益（政策關聯性）
日本（第八次）	科技政策委員會（CSTP）	結合社經需求，評估科技發展方向	產學研及一般民眾	常態性定期執行（4-5年）	急速發展領域報告、情境模擬、社經需求分析	首相、各部會	做為科技基本計劃之重要參考（強）
英國（第三回合）	政府科學辦公室（GOS）	評估與預測未來政策相關之變動與可能之風險	政府、研究機構、產業界	滾動式常態性執行（同時有2～3個計劃進行）	國家科學檢討報告、行動方案、情境模擬	英國內閣辦公室	直接影響政策形成（強）
韓國	科技部、國家科技委員會（NSTC）	提供前瞻科技的願景與方向、了解產業競爭力與全球市場需求	產官學研	常態性定期執行（5年）	情境模擬、社經需求分析	總統、各部會	做為科技基本計劃規劃（強）
德國FUTUR	教育研究部（BMBF）	決定資源投入優先順序、擴大決策參與、考量社經需求	政府、研究機構、產業界	非定期性執行	建構「領導願景」（Lead Vision）	教育研究部	改變科技政策決策機制（強）
中國	科技部	尋找未來發展之關鍵科技	研究機構、學界	非定期性執行	前瞻技術報告	科技部	提供國家科技發展計劃參考、引導未來研發方向（中）
丹麥	科技創新部、能源署	做為決策支援工具、對未來研發與社會發展形成共識	政府、研究機構	非定期性執行	各領域前瞻研究報告	國家技術創新委員會	部分結果直接影響政府決策（中）
芬蘭Finn Sight 2015	芬蘭科學院、技術創新局（Tekes）	改善資源配置運用效率、建構永續發展願景	政府、研究機構、產業界	非定期性執行	選定之領域前瞻研究報告（10個領域）	芬蘭科學院、技術創新局（Tekes）	為芬蘭科技決策提供選擇的依據（中）
挪威	挪威研究委員會（RCN）	決定研發投入優先順序、辨識未來發展藍圖	研究機構、學界	非定期性執行	各領域前瞻報告	挪威研究委員會	提供未來研究資源投入之建議（中）

表14-5　各國科技前瞻之比較

國別	推動機構	推動緣由	參與層次	執行頻率	主要產出	應用層級	擴散效益（政策關聯性）
泰國	科技部	提高社會對科技的了解，將科技與社經發展連結	各領域專家	非定期性執行	13個領域前瞻報告	國家經濟社會發展局	成為10年國家科技策略計劃之參考（中）
瑞典	國家產業技術發展局、瑞典政府辦公室	針對瑞典創新前景之廣泛性討論	產官學研	非定期性執行	前瞻計劃報告	N/A	促成廣泛性的討論（弱）
法國 Futu RIS	國家科技研究協會、研究部、產業部	檢討法國國家創新系統	政府、研究機構、學界	非定期性執行	前瞻計劃報告	法國政府	提供法國政府擬定研究創新法案之建議（弱）

表14-5 各國科技前瞻之比較（續）

資料來源：柯承恩、陳忠仁、郭瑞祥、吳學良、孫智麗，2010，《科技發展支援系統建置試辦計劃：我國長期及前瞻科技政策之研究、規劃（第一期成果報告）》，臺北：行政院科技部。

而以各國的經驗而論，科技前瞻如何能有效地被運用在創新政策中：

1. 前瞻的運行可以吸引關鍵角色的參與，包括那些能行使權力，利益，智慧，創造力，以及於前瞻議題相關的專家。
2. 前瞻的運行是專為決策者的需要，並能在執行過程中適應這些需要。
3. 政策系絡（Policy Context）已足夠成熟，能進行更具企圖心的結構與系統性的前瞻。
4. 實施團隊有足夠的能力來確保一定程度的籌備和組織。
5. 透過明確和透明的過程中發展前瞻結果，並以條理清晰的方式向決策者提出。
6. 其運作能與政策循環（Policy Cycle）同步，準時提供政策建議，符合決策者的需求。
7. 為決策者所關心的特定問題進行標準評估。

綜合前面所述，科技前瞻的普及與否與科技政策制訂過程有很大的相關性，各國不同的政策形成機制，將使不同國家所推動的科技前瞻有所差異。也就是說前瞻活動會受到科技政策體制與決策外部環境的影響。因此，在前述已進行前瞻計劃的國家中，均將前瞻視為是一種「政策創新」（Policy Innovation），決策體制必須發展出適當的政策創新意識，同時在政策環境中必須累積足夠的供決策用的知識庫及一個能得以整合不同參與者意見與讓其互動的平臺，於此前瞻才能在科技政策的制訂過程中發揮影響力，得以超越從資料的產生、演化到意見整合的過程，進而最終形成一個可信度與可靠度高的

科技政策形成機制。因此，前瞻活動應可作為國家創新體系中一個很重要的協調機制，而不光只是作為提供政策制訂參考意見的一個過程而已。

因此，把科技政策的制定看作為一個社會過程是十分重要的，因為不存在固定的決策模式，不同國家可能有不同的手段和程序。在科技政策制定的過程中強調不同層次決策形成的具體程式，在這種方式下再達成一致意見將會使政策的實施更為有效。科技前瞻的目標是在面對外在環境的挑戰、內部政策社群的需求以及國家整體資源的限制之下，以經濟與社會的發展目標、科技資源的最適配置來界定科技發展的優先性。前瞻因此而成為國家科技政策、創新體系規劃、科技研發與產業科技發展策略的重要指引，有些國家甚至用強制命令的方式去推行這樣的政策，以保證最具前瞻性的建議能回饋到科技的投資之中，同時充分認識並考慮到不確定性的影響。建立在廣泛而又長期的基礎之上的策略規劃為預見的實現提供了路徑，以保證未來預定目標的實現。這樣的規劃通常包括在特定時間架構內所設定的不同目標以及不同的階段性目標。

科管亮點

傳統產業如何推動創新？——以黑松公司為例

黑松公司已成立 94 年，即將進入百年企業，但董事長張先生特別展現行銷新利器，透過大數據分析，把自動販機當無人商店，即時掌握銷售狀況與消費者使用習慣，努力創造佳績。黑松公司為迎新百年企業之榮耀與永續創新，特別聚焦於「生活品牌」、「超越代理」、「進化銷售」三大方向為發展重點，全力推動營運動能。推動創新與發展的內容有：

1. 透過創新及行銷適應兩大核心能力，打造「生活品牌」。讓品牌跳出原有的框架，不只單純開發新品，而是透過更多創新的思維，讓品牌融入消費者生活當中。

2. 近年來，黑松打破代理行銷模式，提升品牌價值。目前，黑松代理諸多知名酒類品牌，近年由 10 億營業部，增加為 40 億元，帶動黑松整體營收。

3. 黑松之產品讓所有經銷服務大躍進，「創新方式來進化售銷」拼業績；目前國內有 2.5 萬個連鎖通路及 1.5 萬個傳統與特殊通路，又加上有 7500 臺自動販賣機，利用綿密的經銷體系打造強大的銷售服務平臺，達到相當專業水準，並進行全面整合，讓行銷能力發揮到極致。

資料來源：經濟日報 2019.7.15，C8 版（企業新知），劉韋伶撰

14-5　科技前瞻的效用與影響評估

　　各國對於前瞻調查產生之結論，有不同的做法，大部分的國家會將部分的結論轉化成科技政策優先推動，或作為政府資源配置的依據。有些國家並未積極的將前瞻調查結果轉化成政策，以日本為例，因為容許多元發展，初期幾次調查的經驗不足，作為參考的意義較高，因此不希望與政策作強烈結合，因此未將前瞻調查之結論全數轉化為政策，以免誤導科技發展。因此第一次至第七次的調查結果僅供參考，未影響政策，直至第八次調查的部分結論才納入五年一期的「基本計劃」，由各部會推動。有些國家為使前瞻之結論能落實，因此擬定競爭計劃，提撥一定之經費，支持符合該精神與方向所提出之產學合作計劃、學術研究計劃，例如英國與愛爾蘭。

一、科技前瞻的執行

　　前瞻的運用可以嘗試解決創新活動所面臨的不足與缺陷，其中包括：

1. 創新政策是無效，或是過時的。
2. 無法因應創新的疲弱架構條件，需要對科學與創新體系進行調整，以邁向創新型的生態系統。
3. 研發與創新體系網絡的貧乏，需要包括新的行動者參與策略辯論，並重新配置舊有網絡與建立新的網絡，以連結各個領域、部門及市場、或其周遭問題。
4. 缺乏群聚效應（Critical Mass）與規模，需要透過研發和技術群聚以擴大規模。
5. 國家創新政策和區域創新體系之間僅存在弱連結，需要一個有效的區域創新政策（發展既有優勢和當地的隱性知識）。
6. 路徑依賴性和政策鎖定，需要轉移到一個新的行動典範，例如轉移到生物經濟。
7. 對需求面與社會創新的重視程度不足。
8. 零散的策略，需要訂定更加協調、匯集的策略。
9. 研發與創新的投資不足，需要確定優先領域的策略研究和關鍵技術的投資目標。
10. 對重大的挑戰與危機僅有貧乏的預測與因應能力，需要確定科技能扮演的角色與其潛在機會。

　　經過多年的發展，大部分的國家進行前瞻調查，已委託研究單位執行的方式進行，多由政府出資，例如日本，將調查能量蓄積於NISTP。也有國家如愛爾蘭，已成立任務

小組的方式推動，屬於臨時編組，任務完成即解散。也有國家成立專責單位，負責前瞻調查，如美國成立「國家關鍵技術委員會」，中國成立「中國科學技術促進發展研究中心」，英國成立「Horizon Scanning Center」。大部分國家對於調查能量之累積與傳承皆非常重視，但是在做法上、強度上有差異。而如何藉由科技前瞻的執行，掌握長期科技趨勢的脈絡，並引導科技政策與策略的形成，建構完善的科技基礎建設與有利於創新的發展環境，以提升國民福祉、強化國家競爭力，使經濟與社會獲得最大的效益，為刻不容緩的議題。如表所示，科技前瞻所能達成的效益如下（表14-6）：

⊙ 表14-6　科技前瞻之執行效益	
執行效益	科技前瞻活動成果
引導資源投入之方向及優先順序	▶ 依據定義的領域範圍，建立研究及創新時程表（Roadmap） ▶ 依據國家發展所需（轉型經濟階段）調整科學及創新系統的配置 ▶ 藉由優劣勢分析，協助建立國家性的科學及創新系統標竿，並辨認競爭威脅及合作機會 ▶ 強化政府的科學與創新活動，以吸引國內外投資建立資源配置之優先順序
建立網絡關係與共同願景	▶ 建立網絡關係，強化面臨共同問題的團體意識 ▶ 建立互信，降低不同利害關係人之衝突 ▶ 促進橫跨知識及管理領域的交流合作 ▶ 突顯跨領域的合作機會
延伸知識及遠景的廣度以因應未來	▶ 增加對於未來機會及挑戰的了解 ▶ 提供預測性知識（主要目標、成員以及趨勢）給參與者 ▶ 協助參與者辨認及建立未來遠景
擴大社群參與策略規劃、認同支持	▶ 增加系統參與者有助於廣泛整合知識有利於政策執行 ▶ 增加與科學、技術及創新議題的參與者 ▶ 提升特定議題之科技活動的認同與支持
改善科技政策制定及策略規劃品質	▶ 對該領域的政策執行及公共議題提供相關資訊 ▶ 改善科技及創新政策執行、及決策制定程序 ▶ 建立科技發展支援系統

資料來源：孫智麗（2012）修正自Georghiou, et al.（2008），The Handbook of Technology Foresight, Concepts and Practice.

二、科技前瞻的效用

科技前瞻對國家創新政策與產業創新策略可以擁有以下的功能：

1. 對國家，地區或部門的創新生態系統，進行整體策略與方向的檢視。
2. 確定研發或創新行動的優先性，並在多種層次再次確定。

3. 在可能無法共事的創新者與利害關係人之間，建立共同的願景（例如產學、採購、供應、或群聚內的不同部門）。

4. 透過情境勘探或更廣泛的專業知識汲取，能更加強化決策品質。

5. 藉由種種參與要素，讓更廣泛的利益關係人能進行參與，並增加共識的可能性。

　　若政府傾向對科技發展進行策略規劃，不僅要瞭解特定科技領域的專業知識，而且要熟悉新興科技發展在經濟和社會方面的內涵及影響。科技的系統性以及不同的領域和它們廣泛的社會影響結合在一起，要求計劃者同時具備廣闊的資訊基礎及決斷的深謀遠慮：一方面要對投入進行評估以保證科技發展目標的實現，另一方面也要評估科技的產出及其社會影響，以便能夠盡可能地判斷在一定的前瞻時期，這種必需的投入確實是理所當然的。

　　所以，規劃的制定者更重要的是知道並說明為什麼某些目標應該如此設置。此外，主觀的判斷和評價也應發揮作用，特別是在缺乏資源的情況下又必須做出長期的決策時更是如此。在一個共同的展望已經達成一致的同時，存在許多不同的可供選擇的路徑以達到展望的情形。因此，在科技前瞻中必須強化各創新主體之間的網路、互動與交流，通過系統化、多元性的科技政策過程，形成具有前瞻性與創意思考的政策規劃，促進形成高效率、公平的資源分配機制和建立具有公信力與客觀資訊基礎的科技政策決策體制。

　　科技前瞻成果已成為許多國家科技政策擬定的 考依據之一，其焦點在於迅速識別正在形成中的通用技術，因為它們還沒有達到市場化的階段，尚處於發展的前競爭階段，往往需要政府的支援以能夠在未來社會最大限度實現預見的利益，並將不利影響盡可能減小。

　　科技前瞻活動對於社會、經濟、技術長期性的發展及需求，具有結構化的預測和呈現。為建立國家科技發展策 ，各國均積極執行各類未來趨勢分析、科技程度評估、科技前瞻研究等科技發展評估。

　　科技發展日新月異，針對科技前瞻與未來策略方法論進行多面向研究是必要的，但也常面臨許多待克服之議題，例如如何分析未來科技趨勢，以執行前瞻研究，並擬定國家因應對策；如何考量經濟與社會衝擊，探索契合人民未來生活需求之新興科技；如何以前瞻的方法找出需由國家層級投入的關鍵領域；如何訂出科技發展目標、方向、策略與藍圖；如何提出合適的國家科技發展計劃，以解決國家所面臨之挑戰議題；如何從國家層級觀點評估關鍵的科技發展程度等。

圖14-5　科技前瞻之結論，得經過調查產生，圖為調查人員正在請教專家情形

科管亮點

教育訓練——AI 視覺與機器人

　　經濟部工業局為因應國內產業推動 AI 之應用，其首度人才培育。而經濟部相關單位為了執行 AI 人力培育，特別提出「AI 智慧應用新世代人才培育計畫」。其培育訓練的設計，介紹如下：

1. 共計 12 小時課程，課程名稱為：工業用機器人與 AI 視覺操作，並提供現場實機設備操作。

2. 本課程特色為應用可靠、更精密及更具生產力的機器手臂，及智慧型的 AI 視覺。此 AI 視覺來取代人眼的影像處理系統。

3. 此 AI 視覺亦可廣泛應用自動化業界商品之檢測、定位、量測等各種需求，並提升產品高速檢測量率及效率。

4. 此 AI 視覺技術，也可應用於無人車上，建立自動視覺感應的基礎。

5. 課程的內容包括有：1. 程式演練，2. 視覺技術硬體的選用，3. 視覺實機操作，4. 讓學員深入探討應用六軸機器手臂搭配視覺的應用。

　　從上述的 AI 教育訓練，可知在未來智慧製造或無人車的智慧應用，AI 視覺技術是不可或缺的。

資料來源：經濟日報 2019.6.12，A18 版，個人化周報，林志鴻撰

學 習 心 得

1

科技前瞻是一種集體探索、預測、和形塑科技發展未來的方法與途徑。

2

科技前瞻其驅動力為：
(1)市場經濟的競爭壓力、知識性產業及服務業的創新日益重要；
(2)科技前瞻可讓不同行動者參與科技預算共識的形成，使其發展能與經濟及社會需求間有更好的協調；
(3)知識生產的本質正在改變。

4

科技前瞻能有效運用在創新政策中包括：
(1)前瞻的運行可吸引關鍵角色的參與；
(2)前瞻的運行是專為決策者的需要；
(3)在政策學說已足夠成熟時；
(4)實施團隊有足夠能力時；
(5)透過明確與透明的過程中發展；
(6)運作能與政策循環同步；
(7)為決策者所關心的問題進行評估。

3

科技前瞻活動之運作程序分成：評估、規劃、執行及回饋等四個階段。

日本的「中長期發展的科學技術預測前瞻調查」

　　日本自1971年起，每隔5年實施「中長期發展的科學技術預測前瞻調查」。前瞻調查目的在於，藉由社會觀點的願景，發展科學觀點的技術預測，進而研議未來社會課題的篩選及因應的方向。第十次前瞻調查所研議的未來社會發展的方向，包含：

1. 從全球化觀點，探討日本的國際定位。

2. 從網絡化社會急速進化的觀點，探討社會緊密連結可能引發的新發展及不穩定性。

3. 從人口分布觀點，探討人口結構、都市、地方及社區。

4. 從產業優勢觀點探討知識社會及服務化、糧食等議題。

　　第十次前瞻調查從2013年起執行，以2030年為中心，展望2050年為止的科學技術發展。在第十次的科學技術預測調查的未來社會樣貌，包含網絡連結型社會、知識及服務化社會、生產型社會、健康長壽社會、永續發展型之地方社會、強韌社會，以及全球化中的日本；關於科學技術趨勢顯現變化主要有開放式、數據科學、大數據運用、決策支援、人工智能、ELSI（倫理、法律與社會影響）問題、國家安全與治安等發展。

　　針對未來科學技術的篩選與評估，則是透過蒐集及分析專家對於科學技術的中長期發展（2050年為止）方向，針對科技課題的研究開發特性及實現年度預測等進行網路問卷調查，調查中共區分8個領域與932個科技課題，有4,309名填答者進行回答，評估項目包含科技課題的重要性、國際競爭力、不確定性、非連續性、可實現性、重點施政等項目，最終第十次前瞻調查結果已於2015年9月公布於日本科學技術與學術政策研究所（National Institute of Science and Technology Policy, NISTEP）網站上（科學技術動向研究センター, 2015）。

　　日本第十次前瞻調查共區分為8個領域共932個科技課題。其中關於高齡化相關之技術課題經篩選後有36項技術課題，涵蓋在五個領域中，分別為ICT分析共4項、健康、醫療、生命科學領域共16項、農林水產、食品、生技共2項、社會基礎共7項、服務化社會共7項等。

ICT分析領域

1. 藉由大數據、物聯網技術解析出高齡人口之健康資料，以便於進行預測及提供預防醫學相關服務。

2. 在人工智慧技術支援上，則期望讓高齡者可以在不受人照護下，可自行生活。

3. 運用高速運算電腦強化機器人的使用效能。

健康醫療領域

1. 強化一般疾病的治療及預防，如老化造成咀嚼與嚥下功能之治療、模仿運動效果做為生活習慣病的治療藥、治療糖尿病、高血壓、動脈硬化性疾病的生活習慣病、使變年輕因子的治療或抑制老化與延長健康壽命之藥物等。

2. 在精神疾病的預防上，則有以幹細胞移植對中樞神經功能不全的治療法、根據痴呆症發病前的生物標記（**Biomaker**），找出與預防相關的先發療法、根據於神經變性疾病中抑制細胞凝集體的形成，預防和治療神經變性疾病：

3. 醫療資訊的整合，如藉由穿戴式感測器和床邊的高精確度感測器，於老人跌倒時立即引起照護者注意的系統、具有導航功能的電子病歷卡系統、利用活體感測器進行遠程診療、活用識別照護行動感測器的監控系統等技術課題。

食品領域

1. 發展防止高齡者特有之抗氧化功能降低之健康食品。

2. 發展防止高齡者腦部與咀嚼功能降低之健康食品。

社會基礎領域

1. 在城市建築環境方面，如開發可預測街道環境且隨著人口構造變動，建築物和基礎設施能逐年變化的模型；在無人協助下，可裝設支援飲食、入浴、排泄、娛樂等機器（人）的住宅。

2. 在基礎設施上以開發照護功能的支援生活型機器人為主。

3. 在物流基礎設施方面，有提供可安心並自由行動之資訊的導航系統、可單獨並安心的移動無縫交通系統。

4. 交通工具相關設施則有，高齡者需要時可利用的公共交通工具系統及高齡者可安心並自由行動之資訊導航系統等技術需求課題。

服務化社會領域

1. 強調服務型機器人之發展,如強化對人體安全性及接觸時加速運作兩全技術的照護機器人、藉由遠程操作可安全的對遠方的高齡者進行生活支援的智能機器人技術。

2. 在資訊整合上則有促進高齡者外出參與社會活動之資訊支援系統,如將生活空間感測資訊和網路資訊匯集後的預知危險系統。

3. 在針對高齡社會的設計,如對高齡者的興趣、健康狀況、醫療資料、生活行動等資訊加以管理與分析的資料庫;使高齡者可度過「理所當然的生活」時的無障礙設計,包括機器人共住的住宅設計。

　　而根據36項高齡化課題之技術與社會實現年之統計,可發現5年後2020年即有三分之一的技術將實現,10年後即2025年幾乎所有的技術都將實現來迎接高齡化社會所帶來的挑戰。此外,雖然技術上的發展已達到,然而要普及於社會應用卻仍須一些時間醞釀,由於高齡化社會進展快速,因此日本也預估10年後即2025 年將有二分之一的技術課題會實際應用於社會環境中,15年後即2030年則幾乎所有的技術都將會實現於社會情境中。

資料來源:節錄自葉席吟,日本第十次科技前瞻之高齡化課題初探,國家實驗研究院科技政策研究與資訊中心,2016/03/14。

活動與討論

1. 由於臺灣也已邁入高齡化社會,高齡化之課題亦是須正視的重要方向,日本前瞻調查之相關成果,是否也能提供臺灣在未來技術發展與資源投入的參考?

2. 試依己之所見,討論臺灣尚須進行何種領域的科技前瞻?

3. 依各國經驗,如何使前瞻調查之結論能有效執行,與政策擬定結合,不致僅淪為政策宣示的效果?

問題與討題

1. 科技前瞻的目的為何？

2. 在目前的環境中，科技前瞻可能需要面臨何種考驗？

3. 焦點在科技前瞻，或是要包含社會前瞻、經濟前瞻？以實施的角度而言，涵蓋範圍過大，是否可能會導致失焦或增加困難度？

4. 科技前瞻科技前瞻如何能有效地被運用在創新政策中？

5. 科技前瞻對國家創新政策與產業創新策略擁有哪些功能？

參考文獻

1. 柯承恩、孫智麗、吳學良、黃奕儒、鄒篪生，2011，〈科技前瞻與政策形成機制：以農業科技前瞻為例〉，《管理科技學刊》，16卷3期：頁1-28。

2. 孫智麗，2012，〈因應人口結構變遷下之科技發展規劃〉，《臺灣經濟研究月刊》，35卷3期：頁20-40。

3. 前瞻社（2010）。政策前瞻的思維。臺北：前瞻社。

4. Edquist, C.（Ed.）（1997）. Systems of Innovation. Pinter, London.

5. Hartman, A.（1981）. Reaching consensus using the Delphi technique. Education Leadership, 38, 495-97.

6. Linstone, H. A. & Turoff, M.（1979）. The Delphi method: Techniques and applications. MA: Addison-Wesley Publishing Company.

7. , B.（1995）"Foresight in science and technology". Technology Analysis and Strategic Management 7（2）, 139-168.

8. OECD（1996）, "Special issue on government technology foresight exercises". STI Review 17（1）.

CHAPTER

15

人工智慧、物聯網、大數據、工業4.0

本 章 大 綱

Technology Management

學習指引

1. 認識人工智慧之意涵。

2. 認識物聯網之意涵。

3. 了解物聯網的應用領域。

4. 認識大數據之意涵

5. 了解大數據的應用實例

6. 認識工業4.0之意義。

科管最前線

大數據是科技產業加值的寶貝嗎？

2016年10月在國內東吳大學巨量資料管理院舉辦的「全球大數據國防會議」中，張善政先生（前行政院院長）強調：要推動發展大數據，要重視：創新、洞見及智慧等三大關鍵，同時要視本土應用，來分析表象下真正原因。

張前院長指出：在他擔任行政院院長期間，進行了解500萬個家計單位，探討薪水真正很久沒有調薪嗎？結果發現多數的企業還是有加薪，只是在加薪幅度在3%以內，而最大發現是：全臺灣最窮的5%的人，無不是真的很窮，有的甚至有三棟房子，只是不願去工作，因為光是當包租公、包租婆就可以過活了。另外，有多位專家，也認為「大數據」有無特殊的功能性，他們建議：在面對大數據時代，從科技管理角色，可以重視下列議題，讓產業加值，建立時代的寶貝—「大數據」真正的價值。

專家一（王盈裕博士MIT工學院資料長）認為要重視：資料除了巨量、速度、多元三個「V」之外，另外兩個「V」就是準備性及價值性；同時要讓資料品質遠超過正確性；專家二（陳昇瑋博士，中央研究院研究員）認為：我國對大數據的熱情是全世界第一，但只在收集資料的階段，但有了資料，不要忘了進行分析與應用，提升功能性；專家三Keith B, Carter（新加坡國立大學客座教授）認為：如何把龐大的資料轉換成商業智能，同時找到對的資料，來交給對的人。

資料來源：《經濟日報》2016/10/23，A4版，詹惠珠撰

活動與討論

1. 請參考本個案，說明大數據成功術之內容。

2. 請說明發展大數據時代，你認為當務之急為何？全班同學可以分成若干組，並上網尋找相關資料，指出個人意見，並將分組結果，在全班討論會中，提供分享。（請任課教師安排20～30分鐘左右，來進行本活動）。

15-1　AI人工智慧

　　人工智慧（Artificial Intelligence，AI）在這幾年來成為熱門的話題，世界各國將人工智慧和5G視為未來國家科技發展的重要政策，最主要的原因是因為這些仿人類智慧所開發出來的演算法工具，可以在過去的工業化、自動化概念中，進化到具備有自我學習、自我成長的運算能力。在物聯網和雲端科技的年代，企業甚至可以透過網路將人工智慧服務部署到全球的實體店面，或者是無數的終端設備中。這些具備自我學習能力的人工智慧服務，可以透過語意分析技術理解人類的語言，透過有意義的資料蒐集，經由類似人類智慧的演算分析工具，用來提升人類的生產力。

一、人工智慧的意涵

　　人工智慧的概念大約在1950年代就已經誕生，近年來的發展可以突飛猛進的原因是因為人工智慧平臺（AI platform）的誕生，讓企業透過人工智慧工具（AI Tools）、人工智慧服務（AI services）、人工智慧架構（AI infrastructure）等三項成熟的核心技術，建立起企業可以快速開發和應用的基礎。

(一) 人工智慧工具

　　這些成熟的工具包含了深度學習（deep learning）的各項工具，可以串聯企業層級的雲端資料庫，透過整合式開發環境（Integrated Development Environment，IDE）達成更快速的建置和部署。

(二) 人工智慧服務

　　程式開發者可以透過人工智慧工具和企業的需求去設計各項服務，最常見的例子是網路銀行透過貸款者的條件分析，可以自動取代人工的行政流程作業，大幅度地提高企業的生產力。

(三) 人工智慧架構

　　包含了前述的工具和服務，在雲端上可以安全地、具備彈性的擴充能力，讓企業完成全球化的管理。由於5G是人工智慧架構中實踐物聯網的重要建設，這也是中美貿易下針對科技議題中最具戰略意義的關鍵。

二、人工智慧與深度學習、大數據的關係性

　　人工智慧、深度學習（Deep Learning）和大數據（Big Data），是當代最為熱門的議題。人工智慧在前面的章節已經有很多的說明，在這一小節則是進一步說明深度學習、大數據以及它們之間的關係。

（一）大數據

　　大數據的誕生是因為單位儲存成本大幅度降低。個人電腦剛上市的前幾年，電腦的硬碟通常是以10MB、20MB來計算，不像是現在2TB、3TB都已經標準配備。大家會很難去想像30年前的2TB儲存空間是需要耗費數十億美金，2020年的1TB只要低於1000元就可以取得。這30年期間的快速發展，使得Google的搜尋資料、Facebook的社群資料、YouTube的影音資料、NASA的天文資料、生物醫學的基因定序等，在過去無法處理和儲存的大量數據，可以透過全新的深度學習方式來處理和加值。

（二）深度學習

　　在人工智慧誕生後，資訊科學家不斷地推出各種機器學習（Machine Learning）的演算法，這些演算法有類神經網絡、基因演算法、決策樹、群集分析等數十種常見的工具。資訊科學家又進一步地去思考如何強化電腦的學習能力，於是從機器學習的基礎上產生了一個能夠處理更加複雜的演算法，例如，運用神經網絡強化電腦的影像辨識，這誕生了無人車的自動駕駛技術。資訊科學家的挑戰，則是在語音、影像、行為、數據等各種不同形式的資料，如何透過電腦的歸納來推理出正確的結果。例如，深度學習應用在新藥合成時，透過化合物的藥效會控制哪個基因、基因和哪個通道有關係，搭配生醫和化學專家討論，可以大幅度縮短藥物研發時間和花費。

科管亮點

臺灣有發展 AI 經驗的大好機會嗎？

以科技管理或一般管理學之研究，認識 AI 技術之發展，成為人人必備的一般知識。就讓我們一起來學習。

人工智慧（AI）能為人類做的事情越來越多，透過演算法，人工智慧不僅會跟人對話，能認出人臉，幫人看病，甚至還幫人開車。在 AI 加持下，也促進各產業創新與提升服務種類。這些新科技的應用背後的功臣，就是運算能力提高，而運算能力提高就是靠 AI 晶片的突破。其實，AI 概念出來，至今已經過六十年了，但受限於晶片運算處理效能及記憶體等技術限制，導致 AI 概念的真正實現，一直無法達到。而今天的 AI 晶片之發展，依賴於高效運算和演算法的進步，讓 AI 之應用發展可謂是水到渠成。而 AI 的基本要素有三項：硬體、軟體與應用，三者缺一不可。

AI 興起的先決條件在於：1. 運算速度快；2. 半導體（晶片）技術精進；3. 演算法優化。最近科技報導：AI 已能搭配硬體深入生活應用中，就像物聯網、自駕車、智慧製造等，而為生活與產業帶來各式新興應用。臺灣半導體產業發展世界前茅，目前成為發展 AI 晶片的雄厚基礎與大好機會。

資料來源：經濟日報 2019.7.7，A12 版（產業追蹤），吳志毅撰

三、人工智慧時代，人類受到的挑戰與變革

許多人都會說人工智慧會減少未來的工作，這些討論在過去幾百年來可說是不斷地重複出現。例如，當汽車工業誕生、馬車就失去了工作，但是卻造就了人類歷史上最便利的運輸時代，而運輸產業則創造了全球最多的就業人口。科技發展所帶動的產業結構改變，使得全球的勞動市場需要更全新的職能訓練，例如程式設計、AI 訓練師等。人工智慧的發展需要大量的資本投入，將導致社會的貧富不均、人口移動、醫療就業等議題，造成區域發展和全球化的矛盾與衝突日益加重。

四、人工智慧與科技管理融合的方向

　　人工智慧在科技管理部分，在15-4節提到的工業化4.0將會帶動關燈工廠的誕生、交通運輸上的無人駕駛技術、農業上的智慧農場、醫療上的新藥開發、服務業中廣泛的終端設備搭配物聯網的感應裝置，將這些所蒐集來的大數據透過人工智慧、深度學習，創造出一個高度生產力的時代。

科管亮點

AI 的應用，看到大商機

　　近日來，臺灣面板大廠，群創公司特別邀集在顯示器關鍵策略供應鏈廠商，共同推動「群創群力、智能智商、互聯雙贏」的共同願景。群創公司並展示 AI 應用之智慧化生產工廠，一共打造 45 條關燈生產的產線。群創公司的楊總經理特別指出：群創發展自動化 12 年有成，員工從 13.6 萬人降至 5.8 萬人，投資 30 億元，已回收約 36 億元。群創將把這項成果分享推廣至集團的其他工廠、供應商及半導體產業，也預備單獨成立 AI 自動化工廠的公司，來協助有需要的製造業者。

　　群創公司在 AI 的充份應用之下，成果優越，其功臣是前董事長段行建先生，退而不休，自願擔任 AI 智慧化工作的上級指導，培養群創智慧化團隊，建立了 AI 自動化智慧生產工廠（俗稱關燈工廠），達到觸控一條龍產線。而看到 AI 應用的大商機。

資料來源：經濟日報 2019.6.12，A3 版，李珣瑛撰

15-2 物聯網 ★

一、物聯網的意涵

　　根據維基百科的定義，物聯網（Internet of Things，IoT）就是網際網路（Internet）、傳統電信網等的資訊承載體，讓所有能行使獨立功能的普通物體，實現互聯互通的網路。在IoT中，每個人都可以應用電子標籤將真實的物體上網聯結，也可以查出它們的具體位置。透過IoT可以用中心電腦對機器、裝置、人員進行集中管理、控制，也可以對家庭裝置、汽車進行遙控，以及搜尋位置、防止物品被盜等，類似自動化操控系統，同時透過收集這些小個體的資料，最後可以匯聚整合成巨量資料，在網絡上相互交換數據，包含重新設計道路以減少車禍、都市更新、災害預測與犯罪防治、流行病控制等社會的重大改變。IoT拉近了分散的資訊，統整物與物的數位資訊，在運輸和物流領域、工業製造、健康醫療領域範圍、智慧型環境（家庭、辦公、工廠）領域、個人和社會領域等，都具有十分廣闊的市場和應用前景。

圖15-1　物聯網示意圖

從建構面來看,具智能系統的物聯網組成乃是由下列組合來驅動的:

1. 感測器和致動器(如圖15-2所示)。

我們正在建立一個全球數位神經系統,用全球定位系統(GPS)感測器收集資料,用照相機和麥克風收集眼睛看到和耳朵聽到的,伴隨著感測裝置能夠衡量從溫度到壓力的變化等各種事情。

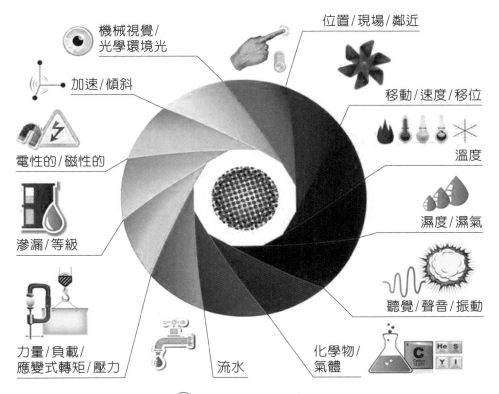

圖15-2　感測器和致動器

2. 連接（如圖15-3所示）。

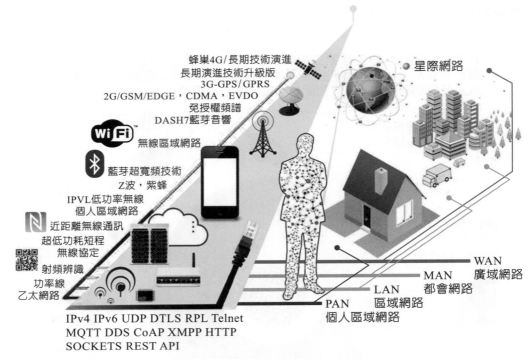

蜂巢4G/長期技術演進
長期演進技術升級版
3G-GPS/GPRS
2G/GSM/EDGE，CDMA，EVDO
免授權頻譜
DASH7藍芽音響

星際網路

無線區域網路

藍芽超寬頻技術
Z波，紫蜂
IPVL低功率無線
個人區域網路
近距離無線通訊
超低功耗短程
無線協定
射頻辨識
功率線
乙太網路

IPv4 IPv6 UDP DTLS RPL Telnet
MQTT DDS CoAP XMPP HTTP
SOCKETS REST API

WAN
廣域網路
MAN
都會網路
LAN
區域網路
PAN
個人區域網路

圖15-3　連接

3. 人與過程（如圖15-4所示）。

這些網路的輸入能夠連結在一起並進入雙向系統中，它整合了數據、
人、過程和系統以完成更好的決策。

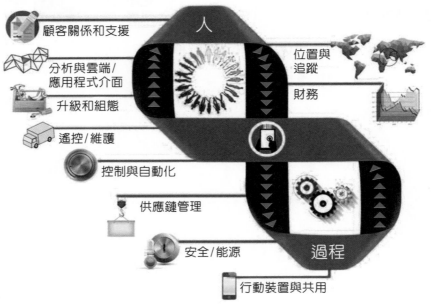

顧客關係和支援

人

位置與
追蹤

分析與雲端/
應用程式介面

財務

升級和組態

遙控/維護

控制與自動化

供應鏈管理

安全/能源

過程

行動裝置與共用

圖15-4　人與過程

經由這些SENSORS + CONNECTIVITY + PEOPLE + PROCESSES在實體之間的交互作用，就可以創建出許多新類型的智能應用程序和服務。

二、物聯網的應用領域

物聯網是許多組織數位化轉型的基石，它能優化現有業務和營運並擅長創造出新的應用與服務。採用物聯網裝置和服務的市場，已在2019年引爆一個新的轉捩點（如圖15-5所示），此顯示新的應用商機即將開始大量湧現。IoT的應用領域很廣泛，以下舉例列出一些應用說明：

下個 10 年之後，物聯網的採用率將接近 100%

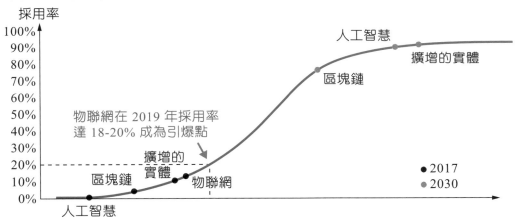

物聯網的採用已取得動能

	2016	2017	2018	2019
已安裝基座的物聯網單位－總計（百萬）	6,382	8,381	11,197	125,000
消費的裝置（百萬）	3,963	5,244	7,036	75,000
消費的裝置與全體裝置的百分比	62%	63%	63%	60%
每個人的連結裝置	5	5	5	5
世界人口（百萬）	7,400	7,600	7,700	8,500
物聯網採用率	11%	14%	18%	176%

圖15-5　物聯網採用的市場成長狀況

1. 智能家居

   智能家庭（Smart Home）的概念用於節省時間、精力和金錢。隨著智能家居的推出，即使您不在家，我們也可以在到家之前打開空調或者在離開家後關掉燈或者打開朋友的門以便臨時訪問（如圖15-6所示）。

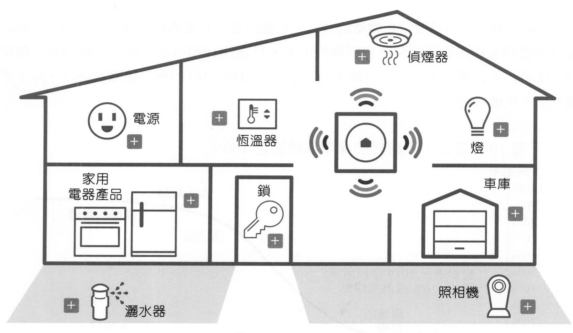

圖15-6　智能家庭

2. 智能城市

   智能監控、自動化運輸、智能能源管理系統、配水、安全和環境監控都是智能城市在物聯網應用的例子。物聯網解決了生活在城市的人們面臨的主要問題，例如，污染，交通擁堵和能源供應短缺等，通過安裝感測器和使用網絡應用程序，人們可以在整個城市中找到免費的停車位。此外感測器可以檢測電錶篡改問題以及一般故障和電力系統中的任何安裝問題（如圖15-7所示）。

3. 穿戴式設備

   可穿戴設備安裝有感測器和軟體，用於收集有關用戶的數據和訊息。這些設備廣泛涵蓋健身、健康和娛樂需求。可穿戴式應用的物聯網技術的先決條件是在於高能效或超低功耗和輕、薄、短、小等。

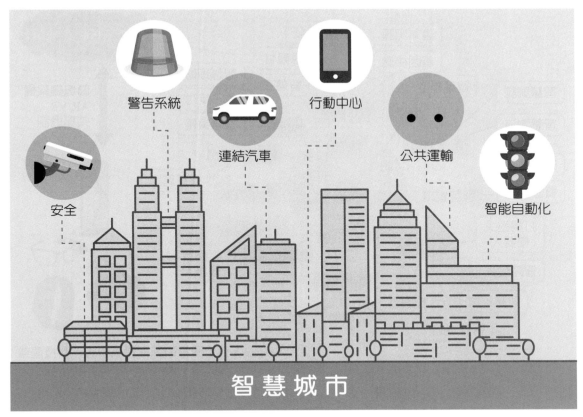

警告系統

行動中心

連結汽車

公共運輸

安全

智能自動化

智慧城市

🧭 圖15-7　智慧城市

4. 衛生保健

　醫療保健中的物聯網指在通過佩戴連接設備，使人們過上更健康的生活，定期檢查收集的數據將有助於個人健康的分析，並提供量身定制的戰勝和預防疾病的功能。

　在上述各項應用中，有一項非常重要的技術就是人工智慧（Artificial Intelligence，AI），它是物聯網發展的核心（如圖15-8所示）。AI應用接受度愈高的國家，其對該國GDP（Gross Domestic Product）產值的貢獻度就愈大。由於應用面的需求，在2108年以後，AI與IoT快速集結匯流，兩者進化成為智慧物聯網（AIoT）（如圖15-9所示）。

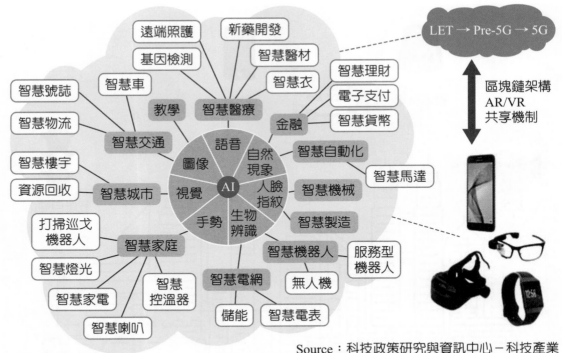

Source：科技政策研究與資訊中心－科技產業
　　　　資訊室（iKnow）整理，2017/10

圖15-8　人工智慧是物聯網時代之核心

圖15-9　三位一體的未來AIoT

三、物聯網與科技管理

　　在物聯網時代，一切都是連結在一起與相互聯繫，並且遠遠超過我們周圍所看到的。物聯網無疑爲許多機遇敞開了大門，同時也引發了許多挑戰與科技管理上的問題，加上安全是物聯網設備的一個大問題。隨著數十億設備通過互聯網連接在一起，有可能被駭客侵入（如圖15-10所示），所以人們怎樣才能確保他們的訊息是安全的呢？這些問題可以列舉如下：

圖15-10　駭客入侵物聯網

1. 數據加密

　　物聯網應用程序收集大量數據以及數據檢索和處理是整個物聯網環境的組成部分，大多數此類數據都是個人數據，需要通過加密進行保護，加密廣泛用於互聯網上，以保護在瀏覽器和服務器之間發送的用戶訊息，包括密碼、支付訊息和其他應被視爲私密的個人訊息。組織和個人使用加密來保護存儲在計算機、伺服器和移動設備（如手機或平板電腦等）上的敏感數據，以確保安全。

2. 數據認證

在成功加密數據之後，設備本身被駭客攻擊的機會仍然存在，如果無法確定與IoT設備之間傳送數據的眞實性，則會降低其安全性。例如，假設您爲智能家居製造了溫度感測器，即使您對傳輸的數據進行加密，也無法對數據源進行身份驗證，然後任何人都可以僞造假數據並將其發送到感測器中，這些都會造成管理上的困擾。

3. 側通道攻擊

現有的加密和身份驗證仍然存在側通道攻擊的範圍內，此類攻擊較少關注訊息本身，而是更多關注於訊息的呈現方式。例如，如果某人可以取得諸如定時訊息、功耗或電磁洩漏之類的數據，則所有這些訊息都可用於側通道攻擊。

4. 隱私的挑戰

物聯網有潛藏隱私和數據共享的問題，這是因爲這些設備不僅收集用戶姓名和電話號碼等個人訊息，還可以監控用戶活動（例如當用戶在他們的房子裡活動以及他們午餐吃什麼等），這也造成了如何避免隱私被侵犯的管理問題。

5. 連接的挑戰

物聯網未來面臨的最大挑戰之一是要連接所有這些裝置而產生的大量設備和大量數據，目前的做法是依靠集中的伺服器/客戶端模型來授權、驗證和連接網絡上存在的多個節點，此模型足以滿足當前生態系統一部分的物聯網設備的數量，但是在未來當數千億臺設備加入網絡時，管理所有數據將會造成很大的困難，而且當前雲端伺服器的功能小，如果要它處理大量的數據，可能就會崩潰。

6. 相容性和持久性的挑戰

ZigBee、Z-Wave、Wi-Fi、藍牙和藍牙低功耗（BTLE）等不同技術都在積極成爲設備和集線器之間的主要傳輸機制，當必須連接許多設備時，其介面的連結和相容性將會成爲問題的主要來源，這種密集連接需要部署額外的硬體和軟體。

物聯網的網絡連結正在世界各地如火如荼的展開，隨著越來越多的設備開始加入物聯網，這將會如何影響我們的生活？更會面臨許多機遇和挑戰與科技管理上的問題，這些都必須要逐一去面對解決。

　　展望未來，根據工研院的預測，2025年到2030年，IoT和AI將遍及臺灣的製造業和服務業（如圖15-11所示）。因此我們所能做的就是積極研發物聯網的相關技術，快速解決建構和整合IoT系統的標準和應用的問題，開拓新的市場商機。隨著日新月異的科技發展，未來在任何時間、任何地點都可以和任何物件與個體即時（Real Time）相互交換訊息的地球村，將指日而待。

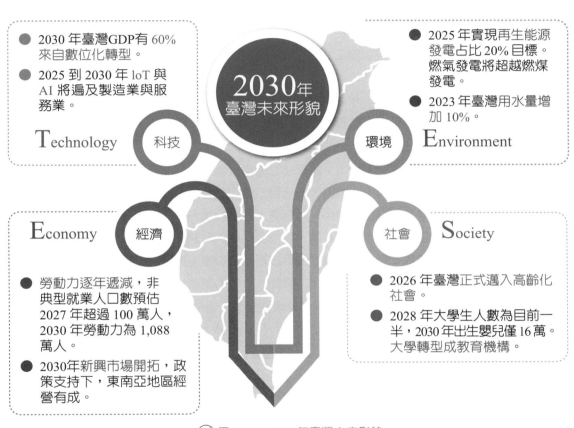

● 圖15-11　2030年臺灣未來形貌

科管亮點

物聯網（IOT）的發展與機會

物聯網（IOT）是近年來最被重視的新科技之一，以大陸華為公司為例，其創辦人任正非先生特別指出：「物聯網是下個競爭力之戰場」。華為公司目前正積極跨入物聯網（IOT）與智慧工廠領域。最近，華為公司以更迅速的為企業開發——物聯網工廠的晶片和軟體，運用感測器連到自動化並智慧地監控生產線。

在科技管理及一般管理學習領域中，物聯網之應用，特別藉此個案來介紹未來物聯網的特色及應用性。任正非創辦人認為：「中國大陸的製造實力，將可以與華為公司在物聯網研發相輔相成」。物聯網與智慧工廠之結合應用，將有龐大的市場潛力，並有機會成為未來設備規格化與標準的制定者。依任正非創辦人之說明，其他公司尚未針對物聯網領域著力太多，而華為公司在目前即投入大量的物聯網研發。據多種科技期刊之指迷，到目前並沒有明顯的產業領導者，但從華為公司目前的投入即可獲知不少，例如，針對前端晶片、作業系統、網路、資料分析等皆擁有全方位的能耐，也積極發展物聯網的技術，並創造市場機會。

資料來源：經濟日報 2019.7.5，A2 版，黃淑玲、林奕榮玲編譯

15-3　大數據

一、何謂大數據

大數據（Big Data）又稱為「巨量資料」，是指由大型未經過人工整理、分析、應用的數據集合；也可以是指傳統資料處理應用軟體無法處理的大量或複雜的資料集合，上述所謂的「大」則是指來自各種領域的大量非結構化或是結構化的資料，這些領域包括：行銷領域的顧客購買紀錄、交通領域的運輸數據、醫學領域的病患就醫紀錄、金融領域的交易紀錄、網際網路的搜尋引擎紀錄等。

二、大數據的特性

　　隨著組織或企業要處理的資料量愈來愈多，所以給予大數據3V（Volume, Variety, and Velocity）特性，然而要從如此多資料找到有價值（Value）的訊息是相當不易，因此如何提高應用分析軟體的處理技術，就變成一項科技業具有挑戰的趨勢。

1. 數據的資料量大（High Volume）

　　傳統資料處理應用軟體所分析的數據量，少則3、5佰筆，多則上仟筆。但現在大數據的資料量，可能高達幾十萬筆，甚至幾佰萬筆。

2. 數據的類型多樣（High Variety）

　　現在分析的數據類型，已非過去單純的數字，有時候會包括：表達文字、呈現的圖片、聽到的音樂、述說的聲音、演出的影片等，都是屬於多樣化的數據類型。

3. 數據的處理速度快（High Velocity）

　　由於數據的資料量大，所以希望在短時間從大數據中尋求具有價值的訊息，所以受到資訊科技進步之賜，資料處理應用軟體的分析速度都相當快速。

4. 數據的單位價值偏低（Low Value of a Unit）

　　因為數據的資料量大，處理應用軟體可能要處理幾佰筆或是幾仟筆資料，才能發現數據真正的價值，所以數據呈現的單位價值比較低。

三、大數據的功能

1. 大數據在組織內外部設備、物料、軟體的精準分析，可協助組織經理人不再根據感覺或直覺進行判斷與決策，而是對組織所面臨的環境問題、管理問題、員工問題、顧客問題、競爭環境等問題，進行比較客觀且精確的判斷與決策。

2. 大數據可成為企業或產業提升核心競爭力的關鍵與優勢：掌握行銷領域的顧客購買紀錄，可讓企業對消費者做出精準行銷，提供消費者更客製化的產品或服務；掌握醫學領域的病患就醫紀錄，也可以讓醫師對病患做出更精準的醫療分析。

3. 大數據是資訊科技產業成長的主要動力來源之一：隨著各領域大數據分析的普遍應用，因此資訊科技產業在有關大數據的儲存技術、運算速度、資料挖掘等軟體、硬體設備就必須不斷更新，因此大數據的發展也引發資訊科技產業的成長。

4. 一個好的大數據處理系統，能讓組織或企業的大量資料建置在安全有保障的應用程式內，並可隨時透過分析工具或視覺化的分析結果，有效呈現在管理者或使用者面前，進而提高管理者或使用者對組織或企業的信心。

四、大數據的管理思維

1. 面對複雜的組織環境，管理者必須認清大數據已成為組織提升競爭力的主要關鍵因素。

2. 組織遇到問題時，管理者的決策不再憑藉直覺，應以數據管理分析結果為依據。

3. 組織應該選擇適合的數據管理的應用程式或工具，可提升管理者決策時間與品質。

4. 為從複雜數據尋找解決組織問題機會，管理者應知道唯有組織內部的技術部門與業務部門的跨部門合作。

五、大數據的應用實例

1. 零售業

    美國知名零售巨擘Wal-Mart利用顧客消費的帳單分析，找出「啤酒、尿布、星期五」的關聯性，並將實體店面的櫃位進行調整，對特定消費族群推出促銷方案，進而帶動特定產品的業績成長。

2. 金融業

    香港滙豐銀行為防範信用卡欺詐行為，利用SAS構建全球防欺詐管理系統，該系統通過收集和分析大數據，以更快資訊收集交易的不正當行為，並與警察系統連結，迅速啟動緊急報警作業。

3. 科技業

    記憶體大廠威剛科技推出親子陪伴機器人「萌啵啵」，公司利用「不記名」的雲端數據資料做計算，獲取每月哪個故事點擊率最高、某應用程式開啟次數最高，掌握整體用戶啟動機器人次數和停留時間，亦即透過大數據科技完善整體功能，提高消費者使用產品的感受。

4. 網路業

    Google每日蒐集使用者數據包括：天氣信息、航班延誤、股票漲跌、購物訊息等。所以在Google搜索就運用複雜大數據分析，讓用戶查詢訊息可與相關數據進行匹配。Google搜索也在嘗試判斷，用戶是否在尋找新聞、實時、人或統計數據。

15-4 工業4.0

一、工業4.0的興起

工業4.0最早是於德國2011年的漢諾瓦工業博覽會被提出，又於2012年10月由羅伯特、博世有限公司的SiegfriedDais及利奧波第那科學學院的孔翰寧組成工業4.0工作小組，一致向德國聯邦政府提出了工業4.0的建議，並在2013年4月8日的漢諾瓦工業4.0工業博覽會中，工業4.0工作小組提出了最終報告。由此可知，工業4.0是德國政府率先提倡，開始整合教育與研究部門、經濟部及科技部等單位，正式將工業4.0 入「國家技術戰略2020」專業計畫。初期投入2.0億歐元，用來提升製造業的電腦化、數位化與智慧化。同時，德國機械及製造商協會即設立「工業4.0平臺」。工業4.0除了建立智慧化工廠之外，同時注重「商業流程」、「價值流程」的整合。

工業4.0的特色，是將智慧整合下列新技術，例如：感測控制系統、大數據分析及物聯網等基本技術。德國專家桑德勒明確指出，工業4.0的定義，是「透過虛實整合，實際地掌握與分析終端使用者，來驅動生產、服務及商業模式的創新」。從上面的資料，可以獲知工業4.0與新科技、科技管理有密切的關係。

二、工業4.0與智慧製造

國內重視工業4.0之發展，自2015年開始。無論政府、民間及學術界皆極為重視，國內製造界即有上百家公司提出以工業4.0為目標，並開始實際採取行動，應用工業4.0理念，使工廠變聰明。工業4.0的願望，就是向智慧化所需的關鍵機械製造因素邁進，落實工廠生產智慧化。另一個智慧化工廠的功能，在於個人化及智慧化服務，可以縮短開發測試時間，減少研華成本；同時進行與供應商完全配合，在接單與採購方面，縮短進料、接單與生產時間，致而減少庫存。當工業4.0引進在客戶服務中，可以增加機器狀態監控及預防性維護，甚至可以展開客戶機器遠端維修。商業活動之行銷服務，讓消費者獲得個人化產品，而接近企業與消費者互動機會。在這方面工業4.0與智慧化製造，要開始有以下三點功能：(1)上中下游所有機器聯網連 ，自動對話溝通（即物聯網）；(2)開始進行各零組件，產品全生命周期追捕記錄；(3)應用生產數據即時分析，提供生產系統。

三、工業4.0與新技術的結合

在學習科技管理的課程中，認識新科技的應用非常重要；其中邁向工業4.0的智慧化工廠，就是將新的軟體、硬體及創新科技，將其整合之。其軟硬體設備與新技術，可細節說明如下，硬體方面有：感測裝置、網路裝置、機器人、穿戴式裝置、3D列印、智慧型手機、平板電腦及工業電腦。而軟體部分包括有：雲端平臺、大數據分析、人工智慧（AI）、虛擬實境VR/擴增實境AR。創新科技包括5G新技術、AI及機器人，將撐起工業4.0骨幹之地位。

近年來，德國政府與民間皆認為，工業4.0是各種新技術的結合，一般學者認為工業4.0不只是生產和自動化，還包括行銷與售後服務。

四、工業4.0與科技管理

面對工業4.0時代來臨，亦可稱是第四次工業革命。各位工程師們，在迎接工業4.0的大時代裡，必須先有學習動機與關注力，在此謹以工業4.0與科技管理的主要議題，說明如下：1.如何提升新科技應用與管理績效呢？2.新科技力與科技管理的創新互動模式為何？3.當工業4.0發展到智慧化生產過程中，管理變革問題宜及早因應。4.科技管理的核心功能是創造新價值的堅持，其對工業4.0的影響為何？在此，筆者列舉幾個重要課題，給有興趣在研讀科技管理的朋友們，參考與討論。

學 習 心 得

1

人工智慧的意涵本章說明了從下列三方面，包括：人工智慧工具、人工智慧服務與人工智慧架構。

2

資工智慧、深度學習及大數據是當代新科技的議題。

5

工業4.0的特色，是智慧整合的新技術，例如：感測控制系統、大數據分析及物聯網等基本技術。本章針對智慧製造應用、新技術的結合等加以說明之。

3

物聯網的意涵及應用領域，由本章加以說明之，例如：智能家居、智能城市、穿戴式設備及衛生保健等功能。

4

大數據之意涵特性、功能在本章加以說明之，例如：巨星資料的分析功能性廣大，包括行銷、交通運輸、醫療領域、金融交易等

AI最佳案例，翻轉傳統眼鏡店的新市場

有人問：到底AI有何助益呢？又問：眼鏡行能做什麼異業結合？可以延伸什麼生意？甚至怎麼重新定位自己的角色？而最有創新構想的——星創視界集團（Nova Vision）計畫從賣眼鏡的驗光中找出新商機。此集團之構想是：透過拍攝眼鏡底圖片可以篩查出來三十多種疾病。未來將在中國展開初篩計畫，預計在2019年底之前在所有內市設置1000臺設備，同時，這些篩檢機制已經與一些藥廠、藥店及醫院合作，展開多元合作計畫。

星創視界集團王董事長也開始將寶島眼鏡公司從「銷售驅動」轉變成「醫療專業驅動」，透過AI（人工智慧）演算法進行驗光等方式，將身體健康狀況迅速分析出來，並形成電子病歷表。

王董事長同時建議，要翻轉傳統眼鏡行的行銷方式，即能夠快速結合「商品品項」＋「消費者的ID」，高速來批配眼鏡之效率問題。所以，王董事長努力翻轉傳統行銷，建構新市場，他建議要有3「S」：第一個是SKU（Stock Keeping Unit，商品品項與消費者ID）；第二個是Store（門市）；第三個是Sale（門市裡面的銷售）。王董事長期望建立消費者ID之後，以消費者中心的服務科學體系，包括組織架構，文化及供應鏈，在銷售產品端要產生數據，用服務科學化服務消費者，同時讓門市智慧化。這樣的傳統眼鏡行，要翻轉就是藉AI「神助攻」。

資料來源：經濟日報2019.7.19，A16版（經營管理），林辰誼撰

活動與討論

1. 請介紹星創視界集團（Nova Vision）的公司願景。

2. 請剖析星創視界集團負責人——王董事長，希望推動之三個「S」做法，內涵為何？其對傳統產業有何啟發呢？

問 題 與 討 題

1. 請說明人工智慧之意涵。

2. 介紹人工智慧與深度學習、大數據的關係性。

3. 請說明物聯網的意涵。

4. 介紹物聯網的應用領域。

5. 剖析物聯網與科技管理的關係性。

6. 說明大數據的意涵。

7. 分析大數據的特性與功能。

8. 介紹大數據的應用實例。

9. 為何工業4.0會興起呢？請介紹之。

10.工業4.0在智慧製造之角色為何？請介紹之。

11.工業4.0是由哪些主要對新技術的結合之。

參考文獻

1. 圖解IoT物聯網，譯者:黃玉寧，晨星出版有限公司，2108年4月20日

2. https://medium.com/iot-with-raspberry-pi/chapter-1-introduction-to-internet-of-things-c8c459f4f961

3. https://www.rs-online.com/designspark/content-2427

4. 科技政策研究與資訊中心，科技產業資訊室，2017年10月

   http://iknow.stpi.narl.org.tw/Post/Read.aspx?PostID=13837

5. 今周刊，2018年2月9日出版https://www.businesstoday.com.tw/article/category/80394/post/201802090008

6. 工業技術與資訊，工業技術研究院，VOL325 2018年12月號

   https://www.itri.org.tw/chi/content/publications/contents.aspx?&SiteID=1&MmmID=2000&MSid=1003031456043444702

7. https://www.forbes.com/sites/louiscolumbus/2018/12/13/2018-roundup-of-internet-of-things-forecasts-and-market-estimates/#4461fb287d83

8. 劉益宏、柯開雅、郭忠義、王正豪、林顯易、陳凱瀛、蕭俊祥、汪家昌等編著，工業4.0理論與實務，國立臺北科技大學出版，全華圖書公司代製作與總經銷，2016年6月，第1版。

9. 萬中一、陳嘉宇、呂佩如、陳梅鈴撰稿，產業追蹤－智慧注入Aij塊－創有感需求，及5G新技術－撐起工業4.0骨幹，經濟日報，2017年7月9日出刊，A12版。

10. 魯修斌撰，機械產業等再活化，經濟日報－機械展望專利，2016年12月8日出刊，第1版。

11. 工業4.0－維基百科，自由百科全集，http:zh.wikipedia.org.zh-tw，工業4.0。

12. 未來製造它說了算!德國的章魚戰略：工業4.0/產業，工業4.0/2015-01-06/即時/天下雜誌，www.cw.com.tw，article.Action?Id=5063514。

CHAPTER 16

綠色產業開發與設計

本 章 大 綱

Technology Management

1　了解綠色設計的意義與特性。

2　認識綠色設計之核心3R。

3　認識我國在綠色永續發展的政策層面內涵。

4　了解企業社會責任的內涵。

科管最前線

談公司治理「設立獨立董事」的功能性與制度

　　最近國內上市櫃公司發生經營弊端，部分股東怪罪獨立董事未盡責，但獨立董事其功能，真有能耐防範於未然嗎？2016年國內上市櫃公司的獨立董事辭職人數創新高，也讓大家再次討論獨立董事的功能性與選出制度。

　　大家皆知道獨立董事的基本職務應以維護整個股東權益為依歸，且在決策時不受管理階層影響。現況在公司法及相關法律規定，獨立董事就是一定期間內在公司或關係企業任職，與公司無財務關係，且與公司其他董監事、高階管理人員不具親屬關係者。獨立董事為了能夠有專業知識進行商業判斷，因此主管機關還要求需有一定工作經驗，且有持續進修的紀錄。在今年（2016年）有相關單位，建議改革獨立董事的產生方式，如獨立董事的選舉權與候選人制度，由持有1%股份之股東或由董事會提出獨立董事候選人名單，並與一般董事一起選擇、分開計票。有專家建議降低獨立董事的提名門檻，由持股1%降為0.5%，改由股東一人一票選舉獨立董事。

　　獨立董事在選任之後，如何與一般董事、管理階層溝通，也是執行職責的重要工作。獨立董事任期為何？有專家建議以最多兩任為限；亦有專家覺得按照有些國家規定在第三任9年之後，得保持嚴格審查來產生。

資料來源：經濟日報2016/12/09，A2版，經濟日報社論

活動與討論

1. 請介紹目前國內上市櫃公司獨立董事產生與功能性，並剖析在2016年為何有不少獨立董事提出辭職之情事。
2. 若要改革獨立董事之選舉，你認為應該注意哪些原則？

2003年10月歐盟提出廢電機電子設備及危害物質限用指令（WEEE）與電機電子產品危害物質限用指令（RoHS），對廢電機電子設備之分類收集、回收再利用、廢棄處理，及產品之禁用物質作出要求，進一步規範製造廠之產品環保責任，包含產品廢棄後之回收與再利用，管制資訊通訊電子、家電、醫療器材等十項產品須達一定「回收率或禁用有毒物質」。國際大廠SONY及NEC等廠商，已針對歐盟未來可能採取之新規定，分別推出相關因應作法。SONY 公司亦透過全球採購系統，向供應商提出在採購行為中加入禁止與限用物質之技術文件條款（SS-00259 SONY Technical Standard），同時鼓勵供應商申請成為SONY之綠色伙伴（Green Partner）。

2003年10月歐盟提出廢電機電子設備及危害物質限用指令（WEEE）與電機電子產品危害物質限用指令（RoHS），對廢電機電子設備之分類收集、回收再利用、廢棄處理，及產品之禁用物質作出要求，進一步規範製造廠之產品環保責任，包含產品廢棄後之回收與再利用，管制資訊通訊電子、家電、醫療器材等十項產品須達一定「回收率或禁用有毒物質」。國際大廠SONY及NEC等廠商，已針對歐盟未來可能採取之新規定，分別推出相關因應作法。SONY 公司亦透過全球採購系統，向供應商提出在採購行為中加入禁止與限用物質之技術文件條款（SS-00259 SONY Technical Standard），同時鼓勵供應商申請成為SONY之綠色伙伴（Green Partner）。

我國產品以外銷為導向，歐盟之綠色規範，已對我國相關產業造成極大衝擊，並使部分廠商訂單受影響，及早因應已為當務之急。依據荷蘭Delft大學Brezet教授在2000年提出綠色設計四個層次觀念中，我國廠商採取綠色設計措施為「產品改良」（Product Improvement）與「產品重新設計」（Product Redesign）層次，而「功能創新」（Function Innovation）與「系統創新」（System Innovation）層次，則為現階段之積極作為。面對歐盟綠色規範，我國廠商在學習各種綠色設計方法，並採取各種因應措施（如：綠色思維、綠色製程、綠色供應鏈、綠色採購、綠色行銷、綠色風險管理、綠色績效評估、永續發展、企業社會責任）與開發禁用材質替代技術及節能使用（相關）產品，開創臺灣綠色創新產品新契機，已為刻不容緩之議題。

隨著國際間對產品之環境保護要求所衍生「生產者責任觀念」已儼然成形，生產者對其所製造產品之環境影響，須以產品生命週期（Product Life Cycle, PLC）為考量，負擔起從搖籃到墳墓之責任。隨著責任之擴大與加重，生產者須在產品設計起始，即將環境因素納入其中，讓所生產之產品在生命週期每一階段均能符合環境保護與綠色規範之要求。除對產品之分類收集、回收再利用、廢棄處理、禁用物質及節能產品要求外，同時亦規範製造商之社會責任必須包含產品使用終了（End-of-life）之回收與再利用。

 圖16-1 圖為綠色能源為風車發電，在臺灣海峽之沿岸（圖片來源：維基百科）

為此，本章節特就設計與開發、綠色設計、永續發展與企業社會責任四大單元進行闡述之。

16-1 設計與開發 ★

依據ISO 9001: 2015-7.3設計與開發（Design and Development, DD）規定組織應「規劃與管制」（Plan and Control）產品之設計開發（如圖16-2），以確保有效之溝通與責任指派。

組織應決定：

1. 設計及開發階段。

2. 審查（Review）、查證（Verification）及確認（Validation）。

3. 責任與權限。

在適當階段，應依所規劃安排事項執行設計與開發之「系統性審查」（Systematic Reviews），以評估（Evaluate）設計與開發結果符合要求之能力（Ability）及鑑別（Identify）任何問題與提出必要之措施（Actions）。

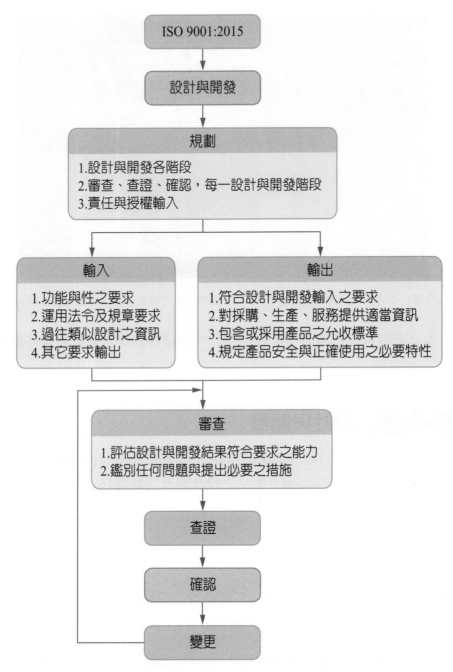

ISO 9001:2015

設計與開發

規劃
1.設計與開發各階段
2.審查、查證、確認，每一設計與開發階段
3.責任與授權輸入

輸入
1.功能與性之要求
2.運用法令及規章要求
3.過往類似設計之資訊
4.其它要求輸出

輸出
1.符合設計與開發輸入之要求
2.對採購、生產、服務提供適當資訊
3.包含或採用產品之允收標準
4.規定產品安全與正確使用之必要特性

審查
1.評估設計與開發結果符合要求之能力
2.鑑別任何問題與提出必要之措施

查證

確認

變更

🧭 圖16-2　ISO 9001:2015-7.3設計與開發整體關係圖

16-2　綠色設計　★

　　綠色設計（Green Design, GD）又名環境化設計（Design for Environment, DfE），或生態設計（Ecological Design, ED），起源於20世紀80年代末期。反映自工業革命迄今，人們對於地球資源過度消耗與生存環境極度污染與破壞後之省思與檢討，同時亦是展現企業對社會責任與永續發展之重視。

　　綠色設計思維主軸，係指在設計階段，將環境考量面和污染防治措施，納入產品設計之中，期將產品在其生命週期中，對環境衝擊及影響減少至最小。

（一）3R

　　在執行綠色設計上其核心為3R。

1. 再製造（Regenerate）。
2. 再循環（Recycle）。
3. 再使用（Reuse）：不僅要減少有害物質之使用、能源消耗與廢棄物排放，更要使產品零附件易於拆解回收，而再生或再利用。並需以綠色設計技術與資源整合系統進行綠色供應鏈管理（Green Supply Chain Management, GSCM）之技術、人力與資源整合。

圖16-3　太陽能發電也是綠色能源的一種，在臺灣中、南部已開始發展
（圖片來源：TechNews科技新報）

(二) 綠色產品

　　我國係屬全球資訊產業（如半導體、光電產業、電腦週邊等）之主要代工廠（OEM/ODM），極易受到國際上對於產品環保性要求等非關稅性貿易障礙之影響。若出口產品遭受抵制，將使我國遭受重大之打擊與影響，依WEEE指令，其規範之電子電機設備對照我國財政部進出口貿易統計（資料顯示其出口值占國家總出口值約62%），故產業界如能在產品大量生產前之設計端，設計一套符合「綠色產品」（Green Product）要求之設計管制程序，將可大幅降低我國產品在外銷時所可能遭遇之風險，同時亦可增加產品在國際上之競爭力。

(三) 綠色產品設計資源整合系統

　　公司內部若能建立一套符合公司本身文化特色之「綠色產品設計資源整合系統」，可協助公司內部相關之研發與設計人員，在新產品設計或研發初期，即能依循綠色產品設計資源整合系統之技術進行設計與選料工作，繼而符合國際產品環保特性要求，如ISO 9001、ISO 1400及歐盟WEEE, RoHS, Eu/rP指令規定，更能契合公司內既有產品之開發與管理系統「綠色產品設計管制技術」將基植於既有產品設計系統與技術上，隨著環境與品質管理系統將之分為四種流程。

📀 圖16-4　Gogoro是臺灣發明的電動機車（圖片來源：Gogoro官網）

1. 執行（Plan, P）。

2. 稽核（Do, D）。

3. 改正（Check, C）。

4. 運作模式（Action Taken, A）。

　　使產品對環境之衝擊與影響持續減少、改善與污染預防，最終達到與大自然相互調合並生產與製造地球友善之綠色產品。

　　ISO9001、ISO14001、清潔生產及環保產業發展相關技術，可充分將企業經營上各單元與對象，包括原料、製程、污染物、環境衝擊、產品、顧客及廢棄物等，做一有效之整合管理（如圖16-5）。永續產業基本精神在於「提升企業之綠色生產力」（Green Productivity），此乃亞洲生產力組織（Asian Productivity Organization）於1996年起積極推動之訴求，其內涵則與聯合國環境規劃署推動之「Eco-Business」近乎一致。

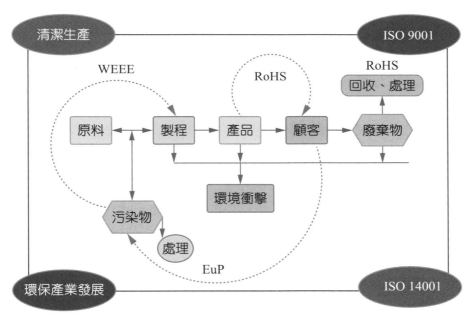

🧭 圖16-5　企業生產、環保工作流程與「永續產業」關聯圖

16-3　永續發展

二十世紀後半工業及人類活動的急遽擴張，加上大量生產、大量消費、大量廢棄的生活型態，造成環境污染及資源銳減，進而危及人類世代的生存與發展。

(一) 永續發展

1. 聯合國與環境發展之歷程

1987年聯合國第42屆大會中，世界環境與發展委員會（World Commission on Environment and Development, WCED）發表「我們共同的未來」報告，提出永續發展的理念，並將永續發展（Sustainable Development）」一詞定義為：「能夠滿足當代的需要，且不致危害到未來世代滿足其需要的發展」。

1992年6月，聯合國於巴西里約召開「地球高峰會」，其間通過《里約環境與發展宣言》、《二十一世紀議程》等重要文件，並簽署《氣候變化綱要公約》及《生物多樣性公約》。其中《二十一世紀議程》呼籲各國制訂永續發展政策，鼓勵國際合作，加強夥伴關係，共謀全人類的福祉。

1993年1月聯合國設置「永續發展委員會」，協助及監督各國推動永續發展工作。1996年1月聯合國發表「永續發展指標系統」，鼓勵各國擬定適合國情之指標系統，具體檢視國家的永續發展推動成效。

2. 臺灣環境的永續發展

我國近半世紀的發展，從農業經濟轉型為工業經濟，再由勞力密集的工業時代經濟，轉型為技術密集的資訊時代經濟。經濟發展不僅大幅提高國民生活水準，也建立了我國在國際社會的地位，但由於環境負荷的失衡，影響國家永續發展。為此，如何於持續維持經濟活力與競爭力中，確保自然資源與環境品質，維護國人健康與文化資源，提昇社會和諧與福祉，使國家發展符合永續發展原則，實為二十一世紀的我國重要課題。

為追求國家永續發展，民國91年11月，立法院三讀通過《環境基本法》，依據該法第29條「行政院應設置國家永續發展委員會。國家永續發展委員會已完成我國21世紀議程、永續發展政策綱領、永續發展行動計畫及永續發展指標系統等重要文件。臺灣地狹人稠、自然資源有限、天然災害頻繁、國際地位特殊等，對永續發展的追求，比其他國家更具有迫切性。

永續發展政策綱領中，提及永續發展願景為當代及未來世代均能享有寧適多樣的環境生態、活力開放的繁榮經濟及安全和諧的福祉社會（福祉社會係指安全無懼、生活無虞、福利無缺、健康無憂、文化無際）。

綱領分為永續的環境、永續的社會、永續的經濟、執行的機制等四項「政策層面」，每個政策層面包含五至六個面向，合計二十二面向。各政策層面下之面向分別為：

(1) 永續的環境層面包含：大氣、水、土地、海洋、生物多樣性及環境管理等六個面向。

(2) 永續的社會層面包含：人口與健康、居住環境、社會福利、文化多樣性及災害防救等五個面向。

(3) 永續的經濟層面包含：經濟發展、產業發展、交通發展、永續能源及資源再利用等五個面向。

(4) 執行的機制層面包含：教育、科技發展、資訊化社會、公眾參與、政府再造及國際合作等六個面向。

(二) 臺灣永續發展宣言

四百年前，臺灣因它美麗的山川風貌，被世人稱為「福爾摩沙—美麗之島」。而在近代數十年的發展歷程中，臺灣人民創造了國民所得超過一萬三千美元的經濟成長奇蹟，同時也建立了全民參與的政治民主奇蹟。但在經濟發展過程中，我們的生態環境遭到污染和破壞，導致公害嚴重、物種漸減、森林及水資源減少等現象，因而影響了今後世代的永續發展。

我們瞭解：永續發展的真諦是「促進當代的發展，但不得損害後代子孫生存發展的權利」。永續發展必須是建構在兼顧海島環境保護、經濟發展與社會正義三大基礎之上。我們也體認：臺灣因地狹人稠、自然資源有限、天然災害頻繁、國際地位特殊等，對永續發展的追求，比其他國家更具有迫切性。

我們將基於世代公平、社會正義、均衡環境與發展、知識經濟、保障人權、重視教育、尊重原住民傳統、國際參與等原則，並遵循聯合國地球高峰會《里約宣言》及世界高峰會《約翰尼斯堡永續發展宣言》，擬定永續發展策略與行動方案；以「全球考量，在地行動」的國際共識，由生活環境、消費行為、經營活動，從民間到政府，從每個個人到整體社會，以實際行動，全面落實永續發展。我們的願景是：打造一個安全、健康、舒適、美麗而永續的生存環境，建構一個多元、和諧、繁榮、充滿生機和活力的社會，並成為地球村的一位良好公民。

臺灣，人才濟濟、活力充沛，歷史與地理的特殊性，不但孕育臺灣多元的文化，她更是我們共同摯愛的母親。目前，臺灣正處於能否永續發展的關鍵點，我們有責任，也有信心克服所面臨的挑戰。我們決心，以2003年做為永續發展的行動元年，不分族群、性別、年齡、行業和地區，竭盡所能，攜手合作，以有願景、目標及理念的行動，共同創造21世紀的永續臺灣、活力臺灣及魅力臺灣。

16-4 企業社會責任

世界企業永續發展協會（WBCSD）定義企業社會責任（Corporate Social Responsibility, CSR）為企業對社會合乎「道德」之行為，承諾持續遵守道德規範，為經濟發展而貢獻，並改善員工及家庭、當地社區與社會之生活品質。基本精神為企業追求利潤同時對所有利害關係人（stakeholders）負責，繼而履行實現環境、經濟、社會三重盈餘之義務，以臻共同永續發展之目標。企業主需表達其當責性（accountability），對利害關係者所關切之議題予以回應與履行責任。

加拿大全球公共意見及利害關係人研究公司Environics International指出：有關企業社會責任調查顯示，消費者會因為公司社會績效差而採取抵制其產品。若公司社會績效表現不良，即使獲利高，消費者亦會拋售持股。若公司能善盡社會責任，消費者將對公司更忠誠。公司若能積極朝CSR方向採取前瞻性作法，將快速成為市場領頭羊，贏取客戶忠誠度。

企業非財務面績效報告書在國際上快速興起，經濟、環境、社會整合為一之永續發展報告書已為新興趨勢。報告書可提供金融業有效評估企業經營績效外，對大型企業之保險業務、市場發展、股東權益，及資金籌措均具有其重要性。國內已有101家企業永續發展報告書揭露（如圖16-6），藉由發行報告書展現管理績效、改善對外形象，以作為與利害相關者溝通之工具。

臺灣企業在國際供應鏈中扮演不可或缺角色，永續報告書之編撰與揭露更是不可或缺之重大工程。企業發佈永續發展報告書已日趨主流化，值此資訊揭露公開之際備受矚目。全球永續性報告指南第4版（GRI Guideline Ver.4, G4），已由全球永續性報告書組織（Global Reporting Initiative, GRI）於2013年5月正式發布。揭露要求包含：公司治理、道德和誠信、供應鏈、反貪腐及溫室氣體排放。

🧭 圖16-6　我國揭露企業社會責任報告書廠商名錄
　　　　（圖片來源：中華民國企業永續發展協
　　　　會）

學習心得

1

綠色設計（GD）思維主軸，係指在設計階段，將環境產量面和汙染防治措施，納入產品設計中，產品在其生命週期，對環境衝擊及影響減少至最小。

2

綠色設計上其核心3R為：再製造（Regenerate）、再循環（Recycle）、再使用（Reuse）。

3

我國綠色永續發展之政策層面包括有：永續的環境，永續的社會，永續的經濟及執行的機制等。

4

企業社會責任（CSR）為企業對社會合乎道德之行為，承諾持續遵守規範，為經濟發展而貢獻，並改善員工及家庭、當地社區與社會之生活品質。

介紹綠能產品，以東元南進為例

　　綠能產業與產品之推動，是我國政府的長期目標，已經有多年之經驗，尤其在2016年對政府的南進策略更努力在推動臺商到東南亞國家的目標。本個案以臺灣著名電器廠商—東元電機公司為例，來說明綠能產品之發展情形。

　　以東元公司在南進政策中，產品是以電動三輪車、電動車、風機為三大主軸。其中在菲律賓以電動三輪車為主，並沒有生產線，而建立電動車生產基地，其中以整車技術與動力套件的研發優勢，並與當地公司採合資方式，搶進電動車零組件供應鏈。東元更積極推動新能源事業，邁向風機、電動車、工業4.0等級的馬達，是今年東元創業60週年的新里程碑，將陸續開花結果，2017年表現應會更好。東元公司在越南的蘇比克灣場斥資上億元設立電動車組裝廠，作為拓展東協市場的基地。

　　東元公司強調，最近與越南胡志明市運輸機械公司SAMCO談定中型電21人廠電動車合作開發案，東元提供動力底盤，瞄向胡志明市中型電動公司公車市場。

資料來源：《經濟日報》2016/12/15，C4版，張義宮撰

活動與討論

1. 請介紹綠能產品，在整個新產品推動之地位與重要性。

2. 請說明東元公司在南進策略中，對綠能產品的貢獻及成就。

問 題 與 討 題

1. 介紹綠色產業之範圍。

2. 從綠色產業角度,談設計與開發之意義。

3. 說明綠色設計得思維與內涵。

4. 永續發展與綠色產業之關聯性為何?

5. 永續發展與企業社會責任之相關性為何?

參考文獻

1. 永續發展政策綱領
   http://nsdn.epa.gov.tw/Nsdn_Article_Page.aspx?midnb1=BB&midnb2=B4&midnb3=0&midnb4=0

2. 永續發展行動計畫
   http://nsdn.epa.gov.tw/Nsdn_Article_Page.aspx?midnb1=BB&midnb2=B5&midnb3=0&midnb4=0

3. 臺灣21世紀議程
   http://nsdn.epa.gov.tw/Nsdn_Article_Page.aspx?midnb1=BB&midnb2=B6&midnb3=0&midnb4=0

4. 臺灣永續發展宣言
   http://nsdn.epa.gov.tw/Nsdn_Article_Page.aspx?midnb1=BB&midnb2=B8&midnb3=0&midnb4=0

5. 中華民國企業永續發展協會http://www.bcsd.org.tw/report

6. www.wbcsd.org

7. http://www.EnvironicsInternational.com/sp-csr.asp

8. http://www.lrqa.com.tw/what-we-do/training/CSR_GRI_G4training.aspx#sthash.zfSEDAXd.dpuf

NOTE

國家圖書館出版品預行編目資料

科技管理(第五版)/ 張昌財等編著.
-- 五版. -- 新北市：全華.
 2019.11
  面 ； 公分
 參考書目：面
 ISBN 978-986-503-299-9
 1.科技管理
494.1   108018889

科技管理(第五版)

作者 / 張昌財 黃廷合 賴沅暉 李沿儒 梅國忠 張盛鴻 吳贊鐸 李漢宗 邱奕嘉

發行人 / 陳本源

執行編輯 / 鄭皖襄

封面設計 / 簡邑儒

出版者 / 全華圖書股份有限公司

郵政帳號 / 0100836-1 號

印刷者 / 宏懋打字印刷股份有限公司

圖書編號 / 0801104

五版三刷 / 2023 年 8 月

定價 / 新台幣 580 元

ISBN / 978-986-503-299-9(平裝)

全華圖書 / www.chwa.com.tw

全華網路書店 Open Tech / www.opentech.com.tw

若您對書籍內容、排版印刷有任何問題，歡迎來信指導 book@chwa.com.tw

臺北總公司(北區營業處)
地址：23671 新北市土城區忠義路 21 號
電話：(02) 2262-5666
傳真：(02) 6637-3695、6637-3696

南區營業處
地址：80769 高雄市三民區應安街 12 號
電話：(07) 381-1377
傳真：(07) 862-5562

中區營業處
地址：40256 臺中市南區樹義一巷 26 號
電話：(04) 2261-8485
傳真：(04) 3600-9806(高中職)
　　　(04) 3601-8600(大專)

歡迎加入 全華會員

● 會員獨享

會員享購書折扣、紅利積點、生日禮金、不定期優惠活動⋯⋯等。

● 如何加入會員

填妥讀者回函卡直接傳真 (02) 2262-0900 或寄回,將由專人協助登入會員資料,待收到
E-MAIL 通知後即可成為會員。

如何購買 全華書籍

1. 網路購書

全華網路書店「http://www.opentech.com.tw」,加入會員購書更便利,並享有紅利積點
回饋等各式優惠。

2. 全華門市、全省書局

歡迎至全華門市(新北市土城區忠義路 21 號)或全省各大書局、連鎖書店選購。

3. 來電訂購

(1) 訂購專線:(02) 2262-5666 轉 321-324
(2) 傳真專線:(02) 6637-3696
(3) 郵局劃撥(帳號:0100836-1 戶名:全華圖書股份有限公司)
※ 購書未滿一千元者,酌收運費 70 元。

OpenTech.com.tw
全華網路書店

全華網路書店 www.opentech.com.tw
E-mail: service@chwa.com.tw

※ 本會員制如有變更則以最新修訂制度為準,造成不便請見諒。

讀者回函卡

填寫日期： ___/___/___

姓名： _____ 生日：西元 ___ 年 ___ 月 ___ 日 性別：□男 □女

電話：( ) _____ 傳真：( ) _____ 手機： _____

e-mail： _____ (必填)

註：數字零，請用 φ 表示，數字 1 與英文 L 請另註明並書寫端正，謝謝。

通訊處：□□□□□

學歷：□博士 □碩士 □大學 □專科 □高中·職

職業：□工程師 □教師 □學生 □軍·公 □其他

學校/公司： _____ 科系/部門： _____

· 需求書類：

□A. 電子 □B. 電機 □C. 計算機工程 □D. 資訊 □E. 機械 □F. 汽車 □I. 工管 □J. 土木

□K. 化工 □L. 設計 □M. 商管 □N. 日文 □O. 美容 □P. 休閒 □Q. 餐飲 □B. 其他

· 本次購買圖書為： _____ 書號： _____

· 您對本書的評價：

封面設計：□非常滿意 □滿意 □尚可 □需改善，請說明 _____

內容表達：□非常滿意 □滿意 □尚可 □需改善，請說明 _____

版面編排：□非常滿意 □滿意 □尚可 □需改善，請說明 _____

印刷品質：□非常滿意 □滿意 □尚可 □需改善，請說明 _____

書籍定價：□非常滿意 □滿意 □尚可 □需改善，請說明 _____

整體評價：請說明 _____

· 您在何處購買本書？

□書局 □網路書店 □書展 □團購 □其他

· 您購買本書的原因？（可複選）

□個人需要 □幫公司採購 □親友推薦 □老師指定之課本 □其他

· 您希望全華以何種方式提供出版訊息及特惠活動？

□電子報 □DM □廣告 (媒體名稱 _____)

· 您是否上過全華網路書店？ (www.opentech.com.tw)

□是 □否 您的建議 _____

· 您希望全華出版那方面書籍？ _____

· 您希望全華加強那些服務？ _____

~感謝您提供寶貴意見，全華將秉持服務的熱忱，出版更多好書，以饗讀者。

全華網路書店 http://www.opentech.com.tw 客服信箱 service@chwa.com.tw

2011.03 修訂

親愛的讀者：

感謝您對全華圖書的支持與愛護，雖然我們很慎重的處理每一本書，但恐仍有疏漏之處，若您發現本書有任何錯誤，請填寫於勘誤表內寄回，我們將於再版時修正，您的批評與指教是我們進步的原動力，謝謝！

全華圖書 敬上

勘 誤 表

書號			書名		作者
頁數	行數		錯誤或不當之詞句		建議修改之詞句

我有話要說：(其它之批評與建議，如封面、編排、內容、印刷品質等‧‧‧)

得　分

科技管理
學後評量
CH01 科技管理演變與影響

班級：_____
學號：_____
姓名：_____

一、是非題：每題5分

1.(　　) 科技管理包含有科技與管理兩部份，並進行價值的創造。

2.(　　) 工程管理研究者，主要研究科技管理重點在於，企業家精神與新創事業應如何募集資金。

3.(　　) 高科技是指應用先進且複雜度高的技術，且大量運用先進技術在許多特定的產業領域之中。

4.(　　) 創新不包括發明及商業化。

5.(　　) 代理孕母一旦合法化，很難管制是否牽涉交易行為，如何解決此問題，顯然需要集思廣益。

二、選擇題：每題5分

1.(　　) 科技管理是一個涵蓋科技能力的規劃、發展和執行，並用以規劃和完成組織之營運策略目標的跨學科領域。是　(A)日本　(B)韓國　(C)美國　(D)中華民國　國家研究委員會定義之內容。

2.(　　) 科技管理在策略或是作業管理要素，其構面是在　(A)管理上　(B)層級上　(C)管制上　(D)自由上　的焦點。

3.(　　) 下列哪一項是科技管理的研究主題？　(A)科技政策　(B)R&D策略　(C)技術移轉　(D)以上皆是。

4.(　　) 科技管理的角色扮演頗為複雜，其富有：　(A)互動性　(B)系統化　(C)動態性　(D)以上皆有。

5.(　　) 希望能透過某些行為規範，來彌補無法經由法律制約限制，又亟需對網路使用社群的行為有所制約者，是指：　(A)民間倫理　(B)社會倫理　(C)網路倫理　(D)跨國倫理。

三、問答題：每題25分

1.何謂科技管理？並説明其演進過程。

2.説明科技與創新的關係性。

得　分

科技管理
學後評量
CH02 科技政策制定與競爭力策略

班級：＿＿＿＿＿＿＿＿
學號：＿＿＿＿＿＿＿＿
姓名：＿＿＿＿＿＿＿＿

一、是非題：每題5分

1.(　　) 產業是指一群彼此在市場有關聯的公司或組織。

2.(　　) 善用資訊科技，是美國科技政策制度的願景目標之一。

3.(　　) 韓國科技研發二大方針：(1)明確的科技政策課題；(2)勾勒重點研發政策。

4.(　　) 中國大陸的科技政策制定中，2016年至2020之計畫，簡稱為「十四五」。

5.(　　) 知識系統是國家創新系統之一。

二、選擇題：每題5分

1.(　　) 推動我國科技與產業技術發展的第一層單位有： (A)總統府 (B)行政院 (C)科技部 (D)以上皆是。

2.(　　) 下列哪一項不是美國科技研發體系的機構？ (A)宗教機構 (B)大學 (C)產業界 (D)政府設置之發展機構。

3.(　　) 下列哪一項不是研發人力資源？ (A)研究人員 (B)技術人員 (C)宗教人員 (D)行政及其他救援人員。

4.(　　) 我國在2016年再次政黨輪替，提出 (A)5項 (B)5+2項 (C)5+2+2項 (D)5+2+2+2項 的科技政策。

5.(　　) 下列哪一項是國家競爭力評量的參考指標？ (A)R&D策略 (B)R&D的人力 (C)科技管理各項實施 (D)以上皆是。

三、問答題：每題25分

1.請比較海峽兩岸的科技政策制定之特色。

2.請分析我國國家競爭力與創新體系。

得 分

科技管理
學後評量
CH03 科技變遷與技術替代

班級：_____
學號：_____
姓名：_____

一、是非題：每題5分

1.(　　) 科技的不斷創新，也同時開啓了未來產業和經濟持續成長的新希望。

2.(　　) 科技前瞻乃是著重在科技變遷的預測活動。

3.(　　) 科學與科技政策制定基本架構中，溝通與協調不是其中的重要項目。

4.(　　) 人類需求之科技與前瞻預測是會某種程度的交會。

5.(　　) 目前預測國家的科技發展，很少應用德菲法。

二、選擇題：每題5分

1.(　　) 技術生命週期包括有： (A)新興階段　(B)初始成長階段　(C)晚期成長階段　(D)以上皆是。

2.(　　) 研發資源包括有： (A)研發投資　(B)研發人力　(C)科學與科技資訊　(D)以上皆是。

3.(　　) 下列哪一項不是科學與科技規劃之項目？ (A)資訊與電子　(B)行動通訊(5G)　(C)茶葉技術　(D)物聯網。

4.(　　) 韓國應用德菲法預測前瞻科技時，有： (A)預備階段　(B)事前階段　(C)主要預測　(D)以上皆是。

5.(　　) 下列哪一項不是前瞻預測方法？ (A)交際能力　(B)創造力　(C)專家意見　(D)各因素之調整互動。

三、問答題：每題25分

1. 請說明一個國家科技前瞻的重要性。

2. 請分析科學與科技規劃活動之流程。

得　分

科技管理
學後評量
CH04 科技規劃與評估

班級：_____
學號：_____
姓名：_____

一、是非題：每題5分

1.(　　) 科技評估已從傳統的單一產出評估，拓展到科技規劃。

2.(　　) 評估規劃內容之設計，若缺乏對流程了解，可能會產生不切實際的效果，而形成規劃缺口。

3.(　　) 完善的科技規劃並非等同於良好的科技成果。

4.(　　) 建立科技流程及應用工作團隊是製造科技路徑圖之一。

5.(　　) 改變市場及競爭並不是產業效率的主因。

二、選擇題：每題5分

1.(　　) 科技規劃宜包括有：　(A)科技規劃　(B)科技流程　(C)成果　(D)以上皆是。

2.(　　) 下列哪一項不是從變革、複雜性及競爭等角度的要素？　(A)成本壓力　(B)快速科技變革　(C)不用注意法令　(D)技術產品複雜性。

3.(　　) 從科技路徑圖中，下列哪一項不屬於其中？　(A)產業地圖　(B)資金地圖　(C)技術地圖　(D)產品地圖。

4.(　　) 從研發之商業化，包括有　(A)研究與發展　(B)技術移轉　(C)市場與商業化　(D)以上皆要。

5.(　　) 下列哪一項不是製造科技路徑圖中之重點？　(A)確認社會的愛心　(B)確認需求與利益　(C)確認產業競爭與利益　(D)確認資源需求及現有資源。

三、問答題：每題25分

1. 請說明科技規劃的目的與優先性。

2. 請介紹科技評估的模式及方法。

得　分

科技管理
學後評量
CH05 技術創新與產品開發

班級：_____
學號：_____
姓名：_____

一、是非題：每題5分

1.(　　) 一個新的理念有觀念化之實現的一組活動是創新的概念之一。

2.(　　) 技術創新中的第一階段為生產階段。

3.(　　) 行銷階段在技術創新中，其重點為對市場的評估及消費者行為之評估。

4.(　　) 漸進式技術創新是指技術發展過程中有重大的技術發現或發明。

5.(　　) 「意料之外的事件」是技術創新機會的第一項來源。

二、選擇題：每題5分

1.(　　) 下列哪一項是技術創新的概念？　(A)新設施的發明與執行　(B)一個新理念，由產生至採用的一連串零件　(C)結合兩種或兩種以上的現有事務，以較新穎的方式產生　(D)以上皆是。

2.(　　) 技術創新的過程一般有：　(A)8個階段　(B)7個階段　(C)6個階段　(D)5個階段。

3.(　　) 下列哪一項不是技術創新的類型？　(A)躍進式創新　(B)單獨式創新　(C)漸進式創新　(D)系統式創新。

4.(　　) 下列哪一項是非數量性的技術預測方法？　(A)德菲法　(B)時間序列法　(C)多變量技術　(D)迴歸分析性。

5.(　　) 新產品開發管理流程有：　(A)新產品構想　(B)市場分析　(C)新產品試銷　(D)以上皆有。

1. 介紹影響技術創新的因素為何？

2. 請說明新產品的開發原則。

得　分

科技管理
學後評量
CH06 創新策略與管理

班級：＿＿＿＿＿＿＿＿＿
學號：＿＿＿＿＿＿＿＿＿
姓名：＿＿＿＿＿＿＿＿＿

一、是非題：每題5分

1.（　　）知識是企業最重要的資產，如何建立知識管理的整體架構，成為企業運作下之關鍵。

2.（　　）激進式創新是代表了一個具破壞性的科技變遷結果。

3.（　　）創新管理的程序中，其第一階段產品發展。

4.（　　）科技創新是將無形的知識轉換成可使用的產品與服務，所以，創新導入市場的過程中許多因素會影響其成果。

5.（　　）企業應加強管理能力，不斷的投入研發與創新，才能在這個競爭激烈的全球環境中存活。

二、選擇題：每題5分

1.（　　）代表對現存的產品與製程系統進行小規模的修正是：　(A)漸進式創新　(B)激進式創新　(C)系統式創新　(D)以上皆是。

2.（　　）創新管理的程序，最後一項是：　(A)原型實證　(B)產品發展　(C)完全商品化　(D)概念收集。

3.（　　）下列哪一項不是創新漏斗的要素：　(A)顧客　(B)複製　(C)目標　(D)團隊。

4.（　　）產品發展循環的內容包括有：　(A)概念產生　(B)科技發展　(C)彈性經　(D)以上皆有。

5.（　　）下列哪一項是支援創新行為：　(A)品質關注　(B)策略執行　(C)彈性經營　(D)以上皆是。

三、問答題：每題25分

1. 試說明創新循環之內涵。

2. 請分析創新過程中組織所扮演之角色。

得 分

科技管理
學後評量
CH07 知識管理與企業價值

班級：＿＿＿＿＿＿＿＿
學號：＿＿＿＿＿＿＿＿
姓名：＿＿＿＿＿＿＿＿

一、是非題：每題5分

1.（　　）企業文化由思想、信念（仰）、願景、任務與價值觀所組成。

2.（　　）顯性知識是指無法透過語言或文字表達的知識。

3.（　　）運用各種科技技術，在限定枝起迄時間與預算內，完成企業目標。

4.（　　）組織變革包括：組織再造、策略再造、文化再造及流程再造。

5.（　　）知識創新是科技知識管理系統之核心。

二、選擇題：每題5分

1.（　　）企業文化的培養可藉著：　(A)典範與歷史　(B)標語與手勢　(C)政策與方針　(D)以上皆可。

2.（　　）下列哪一項不是麥肯錫的7S的項目？　(A)Structure　(B)School　(C)System　(D)Style。

3.（　　）$K=(P+I)^S$，是智慧管理的試中，其S代表：　(A)分享Share　(B)看See　(C)季節Season　(D)學生Student。

4.（　　）知識螺旋包括有：　(A)共同化　(B)外化　(C)結合化及內化　(D)以上皆要。

5.（　　）企業文化類型有：　(A)學院型　(B)俱樂部型　(C)棒球隊型　(D)以上皆有。

三、問答題：每題25分

1. 請介紹並分析麥肯錫（Mokinsey）7S，為何是企業成功的結構要素？就你的看法，加以說明。

2. 知識管理對企業加值再造有直接的影響，其理由何在？

得　分

科技管理
學後評量
CH08 科技專案管理

班級：＿＿＿＿＿＿＿＿
學號：＿＿＿＿＿＿＿＿
姓名：＿＿＿＿＿＿＿＿

一、是非題：每題5分

1.（　　）專案是指透過一組相互關連的任務（或稱作業），努力的去達成一特定的目標，同時能充分利用資源。

2.（　　）專案資訊的蒐集對專業管控非常重要，但其回饋並不是很重要。

3.（　　）科技專案與一般專案的管理沒有兩樣，只有科技專案的不確定性與複雜性比一般專案來得更高。

4.（　　）大部分的專案成員都會有學生症候群，開始做一點，很有把握，而且時間還很多，不急，更何況還有其他更急的事要做，因此，提升完成的機率為零。

5.（　　）明確目標及獨立性任務是專案的共同特性。

二、選擇題：每題5分

1.（　　）一般專案管理的目標，包括有：　(A)範圍　(B)時程　(C)成本　(D)以上皆要。

2.（　　）下列哪一項不是專案誕生之理由？　(A)新鮮感　(B)需求的發生　(C)解決問題　(D)尋求機會。

3.（　　）專案進度的管控工具有：　(A)控制點確認表　(B)專案控制表　(C)里程碑　(D)以上皆有。

4.（　　）專案管理中的專案緩衝包括：　(A)行動區　(B)警告區　(C)安全區　(D)以上皆是。

5.（　　）專案生命週期有起始、規劃、執行與控管及　(A)公布　(B)建議　(C)結案　(D)時間　等四大階段。

三、問答題：每題25分

1. 請說明專案的生命週期內涵。

2. 你認爲現代科技專案管理的問題有哪些？

得　分

科技管理
學後評量
CH09 科技行銷

班級：_____
學號：_____
姓名：_____

一、是非題：每題5分

1.（　　） 科技行銷著重於消費性生活結合了電腦通訊，甚至控制等科技成分較重的科技類產品。

2.（　　） 科技行銷人員只要一般專業知識即可，不需要了解其他領域知識。

3.（　　） 科技行銷的通路，是混合行銷系統。

4.（　　） 科技產品行銷策略中，Relation是第一個R，係指回報是行銷的泉源。

5.（　　） 物聯網之應用是未來科技行銷的新型態。

二、選擇題：每題5分

1.（　　） 科技行銷人員在實證中，下列哪一項不是？　(A)傳統行銷　(B)服務行銷　(C)體驗行銷　(D)以上皆是。

2.（　　） 科技行銷的環境特性有　(A)未來市場不確定性　(B)技術創新變化太快　(C)財務資金需求大　(D)以上皆有。

3.（　　） 2010年Geoffrey A.Moor（傑弗里‧摩爾）提出了新一類的新五力分析，即有：　(A)品類力　(B)公司力　(C)市場力　(D)以上皆是。

4.（　　） 科技產品之顧客訴求的層次有三層，下列哪一項不是？　(A)彈性　(B)價格　(C)功能特色　(D)價值。

5.（　　） Kimberly Collins副總裁提出新行銷4P，下列哪一項不是？　(A)人(People)　(B)成效(Performance)　(C)定價(Price)　(D)過程(Process)。

三、問答題：每題25分

1. 請說明科技產品行銷的影響因素。

2. 說明科技行銷的新型態。

得 分

科技管理
學後評量
CH10 智慧財產權的管理與應用

班級：＿＿＿＿＿＿＿＿＿
學號：＿＿＿＿＿＿＿＿＿
姓名：＿＿＿＿＿＿＿＿＿

一、是非題：每題5分

1.(　　) 智慧財產權是高科技產業發展的重要策略性資產。

2.(　　) 國內企業在智慧財產權的重視程度上已經相當充足，皆為世界的楷模。

3.(　　) 增加企業之競爭力是企業運用智慧財產權的第一項優點。

4.(　　) 發明是對於物品之形狀、構造或裝置之改良、得申請新型專利。

5.(　　) 商標法是表彰與自己營運有關的商品，以便與他人之商品相區別的標識。

二、選擇題：每題5分

1.(　　) 知識經濟時代，最重視知識的創新，而其創新成果的展現，必須透過 (A)公平交易法　(B)勞動法　(C)智慧財產權　(D)退休法　的保障。

2.(　　) 一般智慧財產權包括有：　(A)專利權　(B)著作權　(C)商標權　(D)以上皆是。

3.(　　) 帶來潛在的權利金收入，其策略思維可應用　(A)企業購併　(B)授權 (C)合作研發　(D)以上皆是。

4.(　　) 申請商標時，為了與他人商品相互區別，可採用自己的　(A)文字 (B)名稱　(C)符號與圖樣　(D)以上皆可。

5.(　　) 我國積體電路布局保護法，在　(A)1990年　(B)1995年　(C)2000年 (D)2005年　即公布此法。

三、問答題：每題25分

1. 請說明智慧財產權在企業中的角色。

2. 請介紹智慧財產權的應用策略。

得　分

科技管理
學後評量
CH11 技術移轉策略規劃

班級：＿＿＿＿＿＿＿＿＿
學號：＿＿＿＿＿＿＿＿＿
姓名：＿＿＿＿＿＿＿＿＿

一、是非題：每題5分

1.(　　) 技術移轉的基本對象，可分為技術提供者和技術接受者。

2.(　　) 技術移轉無法縮短研發時間。

3.(　　) 技術授權若以專利權為依據，可分為專利授權、非專利授權兩種。

4.(　　) 交互授權就是本身所擁有的技術和對方相信，有互蒙其利的商業價值。

5.(　　) 技術移轉的談判協商過程中，需透過技術人員、管理人員及法務人員之充分配合。

二、選擇題：每題5分

1.(　　) 技術由產出單位移至使用單位，使技術發揮效益，提升企業競爭力，稱之為　(A)技術買賣　(B)技術移轉　(C)技術風險　(D)技術專利。

2.(　　) 技術提供者宜有三個策略　(A)戰略策略　(B)戰術策略　(C)作業策略　(D)以上皆有。

3.(　　) 技術移轉之任務決策過程包括有：　(A)技術源搜尋　(B)對象選擇　(C)分析與評價　(D)以上皆有。

4.(　　) 技術移轉談判時，要有很多談判人員參與，如　(A)法務人員　(B)製造技術人員　(C)行銷人員　(D)以上皆要。

5.(　　) 授權在長期技術合作關係，在簽約訂契約時宜求取雙方有　(A)雙贏的策略　(B)單方技術為先　(C)互相體係策略　(D)以上皆有。

三、問答題：每題25分

1. 請說明技術移轉之策略規劃。

2. 請介紹技術移轉之成功關鍵因素。

得　分

科技管理
學後評量
CH12 技術商品化

班級：_____
學號：_____
姓名：_____

一、是非題：每題5分

1.(　　) 技術商品化即指技術從研究發展到設計、製造、成品上市或技術本身成爲流通性有價商品之過程。

2.(　　) 技術商品化並不會創造新商機，反而會增加營運成本。

3.(　　) 績優商品化的公司，會將技術商品化列入公司的章程中，並列爲公司優先發展之項目。

4.(　　) 訂定商品化策略，不用對市場潛在顧客進行評估。

5.(　　) 高階主管必須經常參與技術商品化過程，密切控制進度和成本，迅速排除各合作部門間的爭端。

二、選擇題：每題5分

1.(　　) 企業商品化之目的有　(A)增加收入　(B)公司可以成長　(C)呆滯技術的活化　(D)以上皆有。

2.(　　) 下列哪一項不是技術商品化能力的指標項目？　(A)上市時程　(B)社會評價　(C)市場範圍　(D)市場區隔數。

3.(　　) 技術商品化的流程宜包括　(A)整合研究　(B)發展與製造　(C)行銷和服務　(D)以上皆是。

4.(　　) 技術商品化之技術發展爲技術包裹，宜採行　(A)授權　(B)合資經營　(C)成立衍生公司　(D)以上皆可。

5.(　　) 下列哪一項不是技術商品化之關鍵人物？　(A)律師　(B)科學家　(C)創業家　(D)技術守門員。

三、問答題：每題25分

1. 請說明技術商品化的目的。

2. 請分析技術商品化之過程。

得 分

科技管理
學後評量
CH13 策略聯盟與生態系統

班級：_____
學號：_____
姓名：_____

一、是非題：每題5分

1.(　　) 企業購併執行過程中，必須特別注意技術層面的相關事項。

2.(　　) 策略聯盟指兩個或多個的企業或事業單位，用於達成策略上彼此互利的重要目標。

3.(　　) 購併被視為企業很難快速成長的方法，也是現代高科技企業慣用的一種方式。

4.(　　) 兩家或兩家以上的公司依照彼此所簽訂的合約，透過法定程序結合成新的公司。

5.(　　) 購併策略中，宜主動鼓勵員工的家庭成員支持這項新計畫，應該會使員工有更多的向心力。

二、選擇題：每題5分

1.(　　) 就美國高科技產業中，當企業走到成長時，會有　(A)1/3　(B)1/6　(C)1/9　(D)1/12　的企業採取合併的策略。

2.(　　) 以收購「股份」或「資產」取得目標公司經營者，這稱為　(A)合併　(B)收購　(C)策略聯盟　(D)頂讓。

3.(　　) 企業購併乃指企業進行：　(A)合併　(B)收購股權　(C)收購資產　(D)以上皆是　的方式，以取得經營權之經濟行為。

4.(　　) 下列何者為企業購併中值得注意的問題？　(A)建立新的文化　(B)合理化來管理變革的員工　(C)要有新的組織溝通策略　(D)以上皆要。

5.(　　) 購併實務中最困難的問題是：　(A)專業技能化　(B)如何慰留和辨識關鍵性員工　(C)效能化　(D)多元化。

三、問答題：每題25分

1. 請說明企業購併的策略規劃與方式。

2. 請說明購併後企業組織策略的調整。

得 分

科技管理
學後評量
CH14 科技前瞻與影響評估

班級：_____
學號：_____
姓名：_____

一、是非題：每題5分

1. (　　) 科技前瞻是一種集體探索、預測、和型塑科技發展未來的方式與途徑。

2. (　　) 前瞻所指的並不是一種「技術」，也不是技術的組合，而是一種過程。

3. (　　) 改變趨勢不是前瞻概念之一。

4. (　　) 近年來，前瞻已逐漸不以大型計畫的方式進行，而是以更適度、分散、嵌入的方式進行之。

5. (　　) 科技前瞻的普及性，與科技政策訂過程有很少的相關性。

二、選擇題：每題5分

1. (　　) 下列哪一項不是OECO定義「前瞻」的重要面向？　(A)學院性　(B)回顧過去　(C)是一種過程　(D)是一項先期競爭。

2. (　　) 科技前瞻的驅策力有下列何項重點？　(A)市場經濟的競爭壓力　(B)研發成本的控制　(C)知識生產的本質正在改變　(D)以上皆是。

3. (　　) 科技前瞻之政策宜包括：　(A)重視經濟成長　(B)訂定技術發展的優先順序　(C)研擬創新政策　(D)以上皆是。

4. (　　) 下列哪一項不是前瞻程序各階段的內涵　(A)懷舊　(B)先期規劃　(C)行動　(D)更新。

5. (　　) 下列哪一項是第一代前瞻研究法的重點　(A)技術預測　(B)專家參與　(C)科學導向　(D)以上皆是。

三、問答題：每題25分

1. 何謂科技前瞻？又如何執行與落實之？

2. 請說明臺灣的科技前瞻做法。

得　分

科技管理
學後評量
CH15 人工智慧、物聯網、大數據、
工業4.0

班級：＿＿＿＿＿＿＿＿

學號：＿＿＿＿＿＿＿＿

姓名：＿＿＿＿＿＿＿＿

一、是非題：每題5分

1.（　　）學習科技管理，一定要將新的整合科技，進行一些了解與認識。

2.（　　）「Big Data」又名「大數據或巨量資料」，是數據「e化」第一步。

3.（　　）物聯網（Internet of Things, IOT），係指「物物相聯，物物溝通之網際網路」。

4.（　　）物聯網只能應用於工業上，不能應用於家庭。

5.（　　）國內生產力4.0是仿德國工業4.0之系統為概念策略，加以推動之。

二、選擇題：每題5分

1.（　　）數據（Data）是記錄資訊之用，可以以　(A)文字與數字　(B)圖像　(C)符號　(D)以上皆是　表現之。

2.（　　）大數據獨具4V優勢，下列哪一項不是在4V的內容？　(A)Vertical　(B)Volume　(C)Value　(D)Velocity。

3.（　　）物聯網應用領域有：　(A)辦公室上　(B)工廠上　(C)家庭及個人　(D)以上皆有。

4.（　　）物聯網層級架構有　(A)四層　(B)五層　(C)六層　(D)七層　的應用領域。

5.（　　）國內推動生產力4.0（或稱工業4.0），其願景目標為快速提高生產力，包括　(A)機械智能製造　(B)智慧服務　(C)物聯網　(D)以上皆是。

三、問答題：每題25分

1. 請介紹大數據及物聯網之應用領域與展望。

2. 請說明人工智慧及工業4.0的應用領域與展望。

得 分

科技管理
學後評量
CH16 綠色產業開發與設計

班級：_____
學號：_____
姓名：_____

一、是非題：每題5分

1.（　）企業設置獨立董事的基本職務應以維護整個股東權益為依歸，且在決策時不受管理階層影響。

2.（　）我國產品以外銷為導向，而歐盟之綠色規範，對我們產業影響不大。

3.（　）隨著國際間對產品之環境保護要求，所衍生「生產者責任觀念」已儼然成形。

4.（　）ISO9001的規範對綠色產品之設計有整體之說明。

5.（　）綠色供應鏈管理與綠色設計技術有相當大的關係性。

二、選擇題：每題5分

1.（　）我國廠商採取綠色產品設計措施有：　(A)產品改良　(B)產品重新設計　(C)功能及系統創新　(D)以上皆有。

2.（　）綠色設計又名為環境化設計，起源於　(A)1970年代　(B)1980年代　(C)2000年代　(D)2010年代。

3.（　）執行綠色設計上其核心為3R，代表著：　(A)Regenerate（再製造）　(B)Recycle（再循環）　(C)Reuse（再使用）　(D)以上皆是。

4.（　）永續產業基本精神在於：　(A)提升企業之規劃力　(B)提升企業的市場銷售力　(C)提升企業的綠色生產力　(D)提升創業者的學識力。

5.（　）臺灣永續發展宣言包括有：　(A)知識經濟　(B)保障人權　(C)重視教育　(D)以上皆有。

三、問答題：每題25分

1. 請介紹綠色設計與開發之現況與展望。

2. 請介紹並剖析永續發展與企業社會責任之相關性。